PAUL TILLICH · GESAMMELTE WERKE

BAND IV

PAUL TILLICH

PHILOSOPHIE UND SCHICKSAL

Schriften zur Erkenntnislehre und Existenzphilosophie

GESAMMELTE WERKE

BAND IV

EVANGELISCHES VERLAGSWERK STUTTGART

Herausgegeben von Renate Albrecht

1. Auflage

Erschienen 1961 im Evangelischen Verlagswerk GmbH, Stuttgart
Gesamtherstellung: Union Druckerei GmbH Stuttgart

Gewidmet meinen Übersetzern

RENATE ALBRECHT, NINA BARING,
HILDEGARD UND MAX BEHRMANN,
MARIA RHINE, GERTIE SIEMSEN,
FRANZ STEINRATH †, GERTRAUT STÜBER

mit Dank für viel Mühe
und viel Geduld

VORBEMERKUNG DES HERAUSGEBERS

Mit dem vorliegenden Band beginnt die Reihe der philosophischen Aufsätze Paul Tillichs. Bei ihrer Aufteilung und Gruppierung waren systematische Gesichtspunkte maßgebend. Es ergaben sich vier Sachgebiete: Erkenntnislehre, Existenzphilosophie, Geschichtsphilosophie, Religionsphilosophie. Die Reihenfolge der philosophischen Bände und die Reihenfolge der Aufsätze innerhalb eines Sachgebietes wurde nach Möglichkeit chronologisch bestimmt, so daß die einzelnen Arbeiten bis zu einem gewissen Grade die Entwicklung des Autors widerspiegeln. Jedoch erfordert die innere Spannung eines Lebenswerkes oftmals Abweichungen vom chronologischen Prinzip, um grundlegenden Abhandlungen in der Reihenfolge den Vorrang vor speziellen Betrachtungen zu geben.

Zur Orientierung für den Leser enthält jeder Band „Bibliographische Anmerkungen“, die besonders aufschlußreich da sind, wo mehrere Fassungen einer Abhandlung vorliegen. Bei all den Arbeiten, die zunächst in Deutsch geschrieben, dann ins Englische übersetzt und später rückübersetzt wurden, war es der Wunsch des Autors, daß die englische Fassung maßgebend sein sollte. Sie weist gegenüber der alten deutschen Fassung Veränderungen auf, die sich aus der Weiterentwicklung seiner philosophischen und theologischen Gedanken ergeben. Bezüglich weiterer Einzelheiten wird auf die Bibliographie (Gesammelte Werke, Band 1) verwiesen.

Auf das Übersetzungsproblem wurde vom Autor selbst in seinem Vorwort ausführlich hingewiesen. Hier sei ergänzt, daß außer den von ihm genannten Übersetzern weitere wertvolle Mitarbeit von verschiedenster Seite geleistet wurde. Es sei dafür gedankt:

Herrn *Dr. Heinz Emunds,* der in mühevoller, intuitionsreicher Kleinarbeit Übersetzungsprobleme löste, die über den Rahmen bloßer Übersetzung hinausgingen und die Kenntnisse des Philosophen vom Fach erforderten,
Rev. Peter John, der durch die Herstellung der Bibliographie es erst ermöglichte, einen Überblick über das gesamte Werk des Autors zu

erhalten, und damit die Voraussetzung für die Herausgabe der Gesammelten Werke schuf,

Herrn *Prof. D. Dr. Carl Heinz Ratschow*, der die Übersetzungsmanuskripte begutachtete und wertvolle Ratschläge und Hinweise gab. Besonders hilfreich war es, daß er durch seinen *Assistenten Herrn Dr. Theodor Mahlmann das Sachregister herstellen ließ,*

Frau *Gertraut Stöber*, die die bibliographischen Zitate kontrollierte und unter großen Schwierigkeiten Zitate der englischen Texte auf die deutschen Quellen umstellte.

Weiter sei den Verlagen gedankt, die ihre Erlaubnis zum Wiederabdruck gaben, und zwar:

J. C. B. Mohr (Paul Siebeck), Tübingen, für „Philosophie" und „Wissenschaft",

Otto Reichl, Darmstadt, für „Kairos und Logos".

(Die genauen bibliographischen Angaben finden sich auf Seite 199)

Düren, im April 1961

Renate Albrecht

INHALT

VORWORT ZU SAMMELBAND IV

Im Unterschied zu dem zuerst veröffentlichten Band I enthält dieser Band Übersetzungen aus dem Englischen. Aus diesem Grunde habe ich ihn den Übersetzern gewidmet, die sich seit 1948 an die Arbeit gemacht haben, meine englischen Schriften in Deutschland zugänglich zu machen. Übersetzen ist eine Kunst, die mehr erfordert als bloße Sprachkenntnis. Und so ist es nicht verwunderlich, daß vieles erst nach mehreren Versuchen seine endgültige Form erhielt. Um so mehr bin ich den Genannten zu Dank verpflichtet für die große Geduld, mit der sie kritische Würdigung annahmen, und für die Opfer an Zeit und Kraft, die der Prozeß des Schreibens und Wiederschreibens forderte. Es liegt eine gewisse Paradoxie in der Tatsache, daß meine Schriften, die ohne meine Vergangenheit in Deutschland nicht entstanden wären, nun ins Deutsche zurückübersetzt werden müssen. Ein Gutes hat diese Notwendigkeit: An vielen Stellen ist der deutsche Text eine Kontrolle des englischen und der englische Text eine Kontrolle des deutschen. Man muß Herr seiner Gedanken sein, um sie in zwei Sprachen adäquat auszudrücken. Oft zeigt es sich beim Übersetzen, daß man es nicht ist. Und das bringt Schwierigkeiten für Verfasser und Übersetzer. Die Übersetzungen haben verschiedene Arbeitsgänge durchgemacht und liegen nun in dieser von mir zuletzt durchgesehenen Form vor. Daß trotz allem dieser Band zustande gekommen ist, verdanke ich außer den Übersetzern der Herausgeberin und meinem Helfer in Amerika, Dr. Eberhard Amelung.

Hawai, im Juli 1960 — Paul Tillich

ZUR GRUNDLEGUNG

PHILOSOPHIE

1. Das Wesen der Philosophie kann nur von der Philosophie selbst bestimmt werden, denn es gibt keine Instanz außer ihr oder über ihr. Sie ist sich selbst letzte Instanz; darum ist jedes Verständnis von Philosophie Ausdruck einer philosophischen Haltung, und es ist unmöglich, allgemein über das Wesen der Philosophie zu reden. – Ebenso unmöglich ist es freilich, einen Eindruck von dem, was Philosophie ist, dadurch zu geben, daß man die zahllosen in der Geschichte aufgetretenen Definitionen der Philosophie aneinanderreiht; denn das Verständnis einer philosophischen Aussage ist niemals von außen her zu gewinnen, sondern nur aus der philosophischen Haltung und den Spannungen der konkreten philosophischen Arbeit. Eine Untersuchung über das Wesen der Philosophie ist darum notwendig eine konkrete philosophische Untersuchung und ihr Ergebnis Ausdruck einer bestimmten philosophischen Überzeugung. – In diesen Bestimmungen ist aber ein Moment, dessen Entfaltung grundsätzlichere Bedeutung beanspruchen kann, nämlich der Charakter der Philosophie, ihre eigene letzte Instanz zu sein. Denn dieser ihr Charakter gibt der Philosophie die unbegrenzte Möglichkeit freier Selbstbestimmungen. Mit der Explikation dieses Charakters wäre darum etwas Übergreifendes geleistet; also mehr als die bloße Entfaltung der eigenen philosophischen Überzeugung. Aber auch das gilt nur bedingt, denn jenes Übergreifen hat nicht den Charakter abstrakter Allgemeinheit. Die Philosophie, die sich auf sich selbst als letzte Instanz besinnt, bleibt an sich gebunden. Sie hebt ein Element heraus, das nie als solches abstrakt erfaßt werden kann, sondern immer eingelagert ist in die konkreten Lösungen. Es kann darum nur konkret, im Zusammenhang mit bestimmter philosophischer Überzeugung, herausgehoben werden. Dieser Spannung entgeht keine noch so allgemein gemeinte Äußerung über Philosophie.

2. Die Philosophie ist ihre eigene letzte Instanz. Der Anfang der Philosophie ist das Absehen von jeder möglichen Instanz außer ihr. Er ist die Frage in der radikalen Form, die grundsätzlich nichts Vorgegebenes als vorgegeben stehen läßt. *Die Philosophie läßt sich nichts vorgeben außer sich selbst; sie hat keinen Anfang als das Anfangen selbst.* – Die Möglichkeit solcher Haltung ist im Wesen des Menschen

begründet; denn der Mensch ist dadurch charakterisiert, daß er nicht gebunden ist an das, was ihm begegnet, sondern in jeder Begegnung zugleich über sie hinaus sein kann. Darum kann er „Welt" haben, d. h. er kann sich das Begegnende als Ganzheit gegenüberstellen. Und darum kann er Philosophie haben, d. h. er kann nach der Ganzheit des Gegenüber, nach der Welt, fragen. Im Fragen liegt dieses, daß sein unmittelbares Haben der Welt ihm nicht genügt, daß er die Welt von sich aus neu haben, als begriffene haben will. Begreifen ist eine Art, in der der Mensch das ihm Begegnende hat, die Art nämlich, in der das Begegnende zum Gegenüber gemacht, als Gegenüber festgehalten und dann zerfällt wird: zerfällt in das unmittelbar Begegnende und die wahre, im Gegenüber erkennbare Gestalt. Diese Stellung des Menschen zum Begegnenden macht ihn zum Menschen; sie ist noch nicht Philosophie, sie ist der Möglichkeitsgrund der Philosophie. Aber diese Möglichkeit bleibt latent, solange das Fragen des Menschen sich in den Zusammenhängen seines Handelns hält, solange er die Dinge sich gegenüberstellt, um richtig mit ihnen umzugehen, d. h. so, daß die eigene „Richtung" sich im Umgang mit ihnen durchsetzt. Auch darin ist schon Gegenüberhalten und Zerfällen des Begegnenden. Aber das Gegenüber und die Unterscheidung von wahr und unwahr ist noch nicht ausdrücklich gemeint. Es kommt nicht auf sie an, sie ist nur Voraussetzung, z. B. für den richtigen Kultus oder für die richtige Technik. Philosophie ist in dem Augenblick da, wo das Gegenüber und die Zerfällung des Begegnenden ausdrücklich gemeint sind. – Diese Haltung kann als reine „Theorie" bezeichnet werden. Nur ist dabei ein häufiges modernes Mißverständnis abzuwehren: „Theorie" darf nicht gefaßt werden als in sich genügsame, von der „Praxis" getrennte Betrachtung. Vielmehr bedeutet Theorie ihrem ursprünglichen Sinn nach die Haltung der Schau als höchste Lebensform überhaupt. Die „Richtung", um derentwillen das Begegnende gegenübergestellt und zerfällt wird in wahr und unwahr, ist der Wille zum Einswerden mit dem an sich Wahren, mit der Wahrheit selbst. Es soll nicht mit dem Angeschauten darüber hinaus etwas „angefangen" werden. Vielmehr ist die Erfassung seines wahren Seins das, was mit ihm anzufangen ist. Die Gesamthaltung erfüllt sich in der Theorie. Und eine Praxis darüber hinaus ist nicht grundsätzlich gemeint, auch wenn sie sich tatsächlich ergeben sollte. Dieses ist die ursprüngliche Haltung, der die Philosophie Dasein und Haltung verdankt. Philosophie ist die Haltung des ausdrücklichen Fragens, des Fragens, das zur Theorie führt und sich grundsätzlich in der Theorie erfüllt. *Philosophie ist diejenige Haltung, in der die spezifisch menschliche Möglichkeit des Fragens ausdrücklich wird.*

3. Mit dieser Herausarbeitung des Charakters der Philosophie als einer menschlichen Möglichkeit ist nun freilich noch keine allgemeine Definition der Philosophie gegeben. Eine solche ist unmöglich, denn der konkrete Charakter der Philosophie hängt davon ab, wie die Haltung der reinen Theorie im Zusammenhang möglicher menschlicher Haltungen überhaupt steht. Das kann sehr verschieden sein. *Das „Wesen" der Philosophie ist selbst historisch, nicht nur die philosophischen Lehren.*

Die Philosophie steht im Schicksal, und darum ist es möglich, daß sich ihr Wesen einmal *klassisch* erfüllt hat, so daß alle ihre weiteren Verwirklichungen nur in abgeleiteter Weise den Namen Philosophie für sich beanspruchen können. Und diese Möglichkeit ist Wirklichkeit: der ursprünglich griechische Sinn von Philosophie ist nie wieder erreicht worden und kann nie wieder erreicht werden; denn er ruht auf dem Hintergrund der griechischen Existenz in ihrer Ganzheit. Nur auf dem Boden der homerischen Götterwelt, insonderheit des apollinischen Bewußtseins, konnte die „Schau" als Vollendung menschlichen Seins alle übrigen Haltungen zum Begegnenden sich unterordnen und von sich aus durchdringen.

Schon in den ethischen und religiösen Schulen der spätantiken Philosophie änderte sich die Sachlage: *die reine Theorie wurde zur Grundlage eines rationalen Ethos, oder sie wurde erfüllt mit religiöser Ekstatik.* Vollends auf christlichem und analog später auf islamischem Boden gewann die spezifisch religiöse Haltung das Übergewicht. Und doch blieb das griechische Erbe wirksam. Die Schau – nun freilich des Göttlichen in seiner reinen Transzendenz – bleibt religiöses Ziel, und – was noch schwerer wiegt – die religiösen Lehren selbst bieten sich als Philosophie dar. Sie erhalten, auch wenn sie auf Offenbarung zurückgeführt werden, die Qualität von Antworten auf die radikale, d. h. philosophische Frage. Philosophie gewinnt unter diesen Umständen einen neuen Sinn. Das radikale Fragen, das reine Anfangen wird begrenzt durch die vorgegebene religiöse Tradition. Aber es wird nicht beseitigt. *Die Philosophie wird formalisiert, zur Propädeutik, zum Organon gemacht.* Die maßgebenden Inhalte sind außer Frage.

Dieser Zustand fand sein Ende mit dem Ausgang des Mittelalters. Die Formalisierung der Philosophie ließ sich nicht aufrechterhalten. Der Ausweg der doppelten Wahrheit war politisch begründet, sachlich undurchführbar. Die Philosophie im griechischen Sinne schien mit der gesamten Antike ihre Wiedergeburt zu erleben. Das war Schein. In Wirklichkeit erfuhr die Philosophie ein neues Schicksal. Ihr Sinn wandelte sich. Nicht die griechische Haltung der reinen Theorie war es, die sich wieder durchsetzte, sondern der aktive, weltgestaltende Wille der abendländischen Völker. Er greift nach der Tradition der Griechen, um sie seinen Zielen gemäß umzuwenden. *Philosophie wird zum Mittel radikaler Rationalisierung des Begegnenden im Dienste der Weltgestaltung.* Und zwar nach zwei Seiten: Philosophie wird Theorie einer der Weltgestaltung zugewandten rationalen Wissenschaft, und sie wird Theorie einer die autonome Weltgestaltung zulassenden rationalen Weltanschauung und Ethik. In der zweiten Richtung bedarf es der ständigen Auseinandersetzung mit den religiös begründeten Weltanschauungen. Dabei schien zeitweise der Ausgangspunkt, der Wille zur rationalen Weltgestaltung preisgegeben zu sein, z. B. in den romantischen Systemen. Aber nicht einmal hier trifft es zu: kein romantischer Philosoph wollte zur reinen Theorie im griechischen Sinne zurücklenken. Auch zeigen die heftigen Gegenschläge gegen die Romantik, was eigentlich der Sinn von Philosophie im Abendland ist.

4. Es ist charakteristisch für die *gegenwärtige* Philosophie, daß das Bewußtsein um ihr Stehen im Schicksal sich durchsetzt. Das ist zunächst begründet in der Historisierung unseres gesamten Denkens, die auch vor den angeblich ewigen Kategorien und Funktionen nicht Halt macht, sondern sie an ihren geschichtlichen Ort stellt. Es hängt ferner zusammen mit dem grundsätzlichen Angriff, den namentlich die marxistisch beeinflußte Soziologie gegen die Philosophie richtet, und durch den sie die Philosophie als eine gesellschaftlich rückständige Haltung beseitigen will. Auch von seiten der jüngsten protestantischen Theologie wird Philosophie als mögliche Haltung in Frage gestellt. Im günstigsten Falle wird ihr die Aufgabe gestellt, die Grenzen menschlicher Möglichkeit gegen metaphysische Überschreitungen zu schützen. Sie wird als antimetaphysischer Kritizismus zugelassen. Und endlich zwingt die innere Zerrissenheit der gegenwärtigen philosophischen Lage zur Selbstbesinnung über die Gegenwartsbedeutung und das zukünftige Schicksal der Philosophie. Es kann kaum bestritten werden, daß ihre Gegenwartsbedeutung gering ist. Wissenschaftstheoretisch führen zur Zeit die Einzelwissenschaften, und es ist ein Zeichen philosophischer Ehrlichkeit, daß der Philosoph sich dieser Entwicklung gegenüber zunächst zurückhält. Weltanschaulich und ethisch hat die Philosophie ihr Ziel erreicht, der autonomen Weltgestaltung die Hindernisse wegzuräumen. Aber einen positiven Ersatz hat sie nicht gegeben. Auf die Frage nach dem Sinn des weltgestaltenden Handelns ist sie die Antwort schuldig geblieben. Die Antworten der religiösen Tradition aber erweisen sich der neuen Lage gegenüber als unzulänglich. Unter diesen Umständen ist eine

neue schicksalhafte Wendung der Philosophie vorbereitet und vielleicht schon in den Anfängen vorhanden. Der Zusammenschluß von Lebensphilosophie und Phänomenologie und die geschichtsphilosophische Richtung, die dabei immer stärker hervortritt, weisen darauf hin; denn das Geschichtsphilosophische bedeutet nicht die Bearbeitung eines neuen Gegenstandes neben den übrigen, sondern eine neue philosophische Haltung. Man gibt ihr den Namen „existentielle Philosophie". Der letzte Sinn und die Konsequenzen dieses vieldeutigen Begriffs lassen sich zur Zeit nicht übersehen. Sicher aber ist, daß mit ihm der Philosophie eine Aufgabe gestellt ist, die sich von den Zielen der bisherigen philosophischen Arbeit des Abendlandes ebenso unterscheidet wie diese von der griechischen oder mittelalterlichen Philosophie. Denn mit der Einbeziehung des Erkennenden in die Erkenntnis — dieses soll „existentiell" heißen — ist *an Stelle der bloßen Gestaltungsfrage die konkrete, historisch-soziologische Sinnfrage getreten.* Ihre Beantwortung aber verlangt andere Kategorien und eine andere Haltung als die Philosophie der Weltgestaltung.

5. Das Verhältnis der Philosophie zu den übrigen Gebieten gehört selbst zum Schicksal der Philosophie und kann nicht allgemein bestimmt werden. Das gilt insonderheit für verwandte Gebiete: Religion auf der einen, Wissenschaft auf der anderen Seite. Sie sind verwandt mit der Philosophie, sofern auch zu ihnen das grundsätzliche Fragen gehört. Aber es gehört in anderem Sinne zu ihnen als zur Philosophie. Da das Verhältnis der Religion zur Philosophie gesondert behandelt wird, soll hier nur einiges über das *Verhältnis der Philosophie zur Wissenschaft* gesagt werden. Zunächst ist festzustellen, daß die Philosophie ihrem Sinn nach den unbedingten Primat gegenüber der Wissenschaft beanspruchen muß; denn das philosophische Fragen hat eine Radikalität, die das wissenschaftliche nicht haben kann, weil es sich seinen jeweiligen Gegenstand vorgeben lassen muß. Darum ist es unangemessen, von „wissenschaftlicher Philosophie" zu reden. Was Wissenschaft ist, bestimmt die Philosophie, nicht umgekehrt. Eine solche Redeweise kann höchstens den Sinn von „strenge" oder „methodische" Philosophie haben. Aber streng und methodisch ist nicht nur die Wissenschaft. — Das Verhältnis kann also so bestimmt werden, daß das wissenschaftliche Fragen auf konkrete, vorgegebene Gegenstandsarten geht, das philosophische Fragen auf das Fragen selbst, seinen Charakter und seinen Gegenstand. *Das philosophische Fragen ist radikal,* es geht auf die Wurzeln; dahin nämlich, wo das Fragen überhaupt entsteht, während *Wissenschaft das Fragen und seine Gegenstände schon voraussetzt.* Doch ist diese Bestimmung noch nicht kon-

kret. Es fehlt die nähere Verknüpfung beider Arten des Fragens. Eine solche läßt sich wieder nicht allgemein geben. In der älteren griechischen Philosophie war das wissenschaftliche Fragen noch vollkommen eingebettet in das philosophische. In der griechischen Spätzeit gewann es teilweise Selbständigkeit. Ähnlich ist die Entwicklung von der Renaissance zum 19. Jahrhundert. Eine wirkliche Trennung hat es freilich nie gegeben und kann es nie geben, da die Art des konkreten Fragens immer abhängig ist von der Art des radikalen Fragens, das im Hintergrund liegt. Jede Wissenschaft hat ausgesprochen oder unausgesprochen philosophische Grundlagen. Und gelegentlich ist die Philosophie einer Zeit am deutlichsten aus dem philosophischen Geist abzulesen, in dem Wissenschaft getrieben wird. Philosophie ist nicht nur da zu suchen, wo philosophiert wird, oft da am wenigsten. – Der Primat der Philosophie bedeutet darum auch nicht einen zeitlich-kausalen Vorrang der Philosophie vor der Wissenschaft. Vielmehr ist es häufig so, daß die Wissenschaft vorangeht und die Philosophie nachträglich ihre Grundlagen enthüllt. Das prinzipielle Verhältnis wird dadurch nicht berührt. Der Primat des radikalen Fragens vor den konkret gebundenen Fragen bleibt bestehen.

6. Die *Methode* der Philosophie kann nur ihr Wesen und die Philosophie selbst bestimmen. *Ihre Methode ist ihr Wesen.* Die phänomenologische Philosophie ist die phänomenologische Methode, und die kritische Philosophie ist die kritische Methode. Methode und Sache sind eins, wo es um das Anfangen schlechthin geht; die Methode der Philosophie ist eben dieses, sich eine Methode zu geben, sich einen Weg zu bahnen, wo es noch keinen Weg gibt. Die *Gegenstände* der Philosophie zu bestimmen, ist wieder Aufgabe der Philosophie selbst. Doch ist es möglich, die Probleme von übergreifender Bedeutung herauszuheben. Das erste ergibt sich aus der Tatsache, daß die Gegenstände der Philosophie und der Wissenschaft weithin die gleichen sind: Natur und Geschichte, Mensch und Geistesleben in all seinen theoretischen oder praktischen Richtungen. Der Unterschied kann also nicht in dieser Art von Gegenständlichkeit liegen. Die Gegenstände der Philosophie können nicht Gegenstände neben anderen sein, sondern der Gegenstand der Philosophie muß eine besondere Qualität aller Gegenstandsgebiete sein. *Die Philosophie hat es nicht mit Gebieten, sondern mit einer Qualität der Gebiete zu tun:* Es ist die Qualität der Gegenständlichkeit überhaupt, die Qualität, Gegenstand des radikalen Fragens sein zu können, der Frage nach der Frage. Die Gegenstände konstituieren jede in ihrer Art *den* philosophischen Gegenstand, sofern sie konkrete Repräsentanten des Gegenständlichen überhaupt, der Fragbarkeit sind.

So kann auf der einen Seite alles philosophischer Gegenstand sein, auf der anderen Seite kommt der Philosophie kein Sondergegenstand zu. Dem scheint zu widersprechen, daß gewisse Gebiete von jeher die Neigung hatten, sich als Sondergebiete der Philosophie zu konstituieren: Logik, Erkenntnistheorie, Metaphysik. Nicht hierher zu rechnen ist die *Psychologie.* Ihre tatsächlich noch immer enge Verbindung mit der Philosophie weist zwar auf die Unsicherheit ihrer einzelwissenschaftlichen Struktur hin, zeigt auch die Nähe ihrer besonderen Fragen zum Fragen überhaupt an — berechtigt aber nicht zu ihrer Wertung als philosophische Sonderdisziplin. Anders steht es mit der *Logik.* Sie ist gerichtet auf den der Frage sowie jeder möglichen Antwort immanenten Logos. Darum hat sie eigentlich philosophische Qualität — solange sie nämlich ihre Aufgabe so faßt und sich nicht zu einer normativen Denklehre mißbrauchen läßt. Wo sie das tut, büßt sie ihre philosophische Qualität ein. Wo sie aber Frage nach dem jeder Frage immanenten Logos geblieben ist, da ist sie keine philosophische Sonderdisziplin, sondern die Philosophie selbst in ihrer Eigenschaft des reinen Anfangens.

Ähnlich, wenn auch komplizierter, liegen die Dinge in der *Erkenntnistheorie.* Mit der Frage nach der Frage ist das Problem der Erkenntnis unmittelbar gestellt. Aber es ist nicht als ein Sonderproblem gestellt, sondern als Moment der philosophischen Frage selbst. Ihre Sonderstellung hat die Erkenntnistheorie durch eine einmalige historische Konstellation erhalten, durch den Kampf des Kritizismus gegen eine schlechte Metaphysik. Dieser Kampf wurde von der Erkenntnisfrage aus geführt. Der Gedanke Kants, daß man erst das Instrument untersuchen müsse, ehe man es verwendet, gab der Erkenntnistheorie den Rang der fundamental-philosophischen Disziplin. Aber diese ihre Stellung läßt sich ebensowenig halten wie jener Gedanke von Kant. Jede Erkenntnislehre enthält eine grundsätzliche Antwort auf die Frage nach der Frage — als Hintergrund und uneingestandene Voraussetzung. Das „Erkenntnisinstrument", das untersucht werden soll, kann nur durch sich selbst untersucht werden, ist sich also immer schon vorgegeben. Das Erkenntnisproblem ist dem philosophischen Gesamtproblem immanent, hat aber keinen Primat und keine Selbständigkeit ihm gegenüber. — So bleibt als umstrittenstes philosophisches Sondergebiet die Metaphysik. Aber die *Metaphysik ist entweder die Philosophie selbst, oder sie ist nichts.* Die Annahme eines besonderen Gegenstandes, auf den sich die Metaphysik zu richten hätte, ist das Kennzeichen jener schlechten Metaphysik, die der Kritizismus zerstört hat. Die Transzendenz, mit der es jede Philosophie zu tun hat, ist nicht die unechte Transzendenz einer Wirklichkeit jenseits der Erfahrungswelt, sondern sie ist die echte Transzendenz der radikalen Frage, die nach der Frage selbst fragt. Die „Gegenstände" der Metaphysik — denn eben dieses ist Metaphysik — sind nicht gesonderte, erfahrungsjenseitige Dinge, sondern die Qualitäten der Erfahrungswelt, aus denen Antworten für die radikale Frage entnommen werden können. Von hier aus gesehen sind Metaphysik und Philosophie identisch, und in der philosophischen *oder* metaphysischen Fragestellung sind enthalten ebenso die logische wie die erkenntnistheoretische Frage und zugleich die Frage nach den philosophisch bedeutungsvollen Qualitäten aller Seinsgebiete. Es gibt also nur eine Philosophie — und keine philosophischen „Disziplinen". Unterschieden werden könnten höchstens fundamentale und abgeleitete Philosophie. Aber auch gegen diese Unterscheidung bestehen Bedenken. Je „existentieller" die Philosophie vorgeht, desto weniger kann sie absehen von den konkretesten Bestimmungen des Begegnenden. Gerade in ihrer Konkretheit werden sie für eine „geschichtliche" Philosophie metaphysisch belangvoll. Jenseits dieser Konkretheit gibt es kein allgemeines „fundamentum". Auch gegenüber dem Unterschied von fundamental und abgeleitet ist es darum nötig, die Einheit der Philosophie, d. h. die Frage nach dem Fragen oder die radikale Frage aufrechtzuerhalten.

PHILOSOPHIE UND SCHICKSAL

Sich philosophisch in sein Schicksal finden, mit Philosophie dem Schicksal trotzen, das erscheint als die übliche und selbstverständliche Antwort auf die Frage nach dem Verhältnis von Schicksal und Philosophie. Und diese Antwort hat ein tiefes Recht. Seit den Tagen der Griechen wird es als Aufgabe der Philosophie angesehen, ihren Schülern die Kraft zu verleihen, dem Schicksal zu widerstehen. Philosoph sein heißt, eine Haltung einnehmen, die dem Schicksal überlegen ist. Philosophische Erkenntnis ist schicksalslose Erkenntnis, denn sie ist Erkenntnis der ewigen Struktur des Seins, die als Bedingung allen geschichtlichen Wandels selbst wandellos ist.

Gilt auch für uns der Satz, daß Erkenntnis schicksalslos ist, weil das Sein jenseits des Schicksals steht? Ist für uns das Sein schicksalslos, auf das sich die Erkenntnis richtet? Ist die Wahrheit schicksalslos? Können wir sagen, daß sowohl Denken als auch Sein schicksalslos sind, oder ist die Wahrheit dem Schicksal unterworfen? Und wenn sie im Schicksal steht, was bedeutet es für sie? Wie sieht Wahrheit aus, die im Schicksal steht? Wie schicksalsgebundene Erkenntnis? Und welche gewaltigen Wandlungen muß die Philosophie erlebt haben, in welchem Schicksalswandel muß sie selbst gestanden haben, damit sie den Weg gehen konnte von der schicksalslosen zur schicksalsgebundenen Wahrheit? Das sind die Fragen, die uns gestellt sind.

1. *Der Begriff des Schicksals*

Das Thema „Philosophie und Schicksal" hätte noch eine andere Deutung zugelassen: die Frage nach dem philosophischen Begriff von Schicksal. Sie ist nicht gemeint, aber sie kann auch nicht ganz übergangen werden.

Schicksal ist die transzendente Notwendigkeit, in die die Freiheit verflochten ist. Darin liegt ein Dreifaches: zuerst dies, daß Schicksal bezogen ist auf Freiheit. Wo keine Freiheit, da ist kein Schicksal, da ist nur Notwendigkeit. Das bloße Ding, das allseitig Bedingte, ist ganz schicksalslos, weil ganz der Notwendigkeit unterworfen. Je mehr

Freiheit, das heißt Bestimmung durch sich selbst oder Selbstmächtigkeit, desto mehr Schicksalsfähigkeit. Weil Philosophie frei ist, weil sie bestimmt ist durch die ihr innewohnenden Gesetze, also durch sich selbst, darum ist sie schicksalsfähig. *Nicht nur der Philosoph als Mensch kann ein Schicksal haben, sondern auch der Philosoph als Philosoph, und das heißt ja die Philosophie.* Wird der Philosophie die Freiheit genommen, wird sie zur Funktion von etwas anderem gemacht, sei es der Materie, sei es der Seele, sei es der Gesellschaft, so wird sie schicksalslos gemacht, verliert ihr eigenes Schicksal.

Zweitens besagt Schicksal, daß ein Freies einbezogen ist in die Notwendigkeit. Die Notwendigkeit, die im Schicksal liegt, greift über das Einzelne hinaus; sie erscheint als fremde Notwendigkeit, die nicht eins ist mit der Freiheit. Sie ordnet die Freiheit ein, d. h. sie verneint sie. Sie verneint auch die Freiheit des Philosophen als Philosophen, d. h. die Freiheit der Philosophie. Nur derjenige, dessen Freiheit absolut wäre, hätte kein Schicksal. Nur ein Wesen mit unbedingter Macht über sich selbst, mit unbedingter Freiheit, wäre schicksalslos. Oft genug hat sich die Philosophie in eine solche Stellung zu setzen versucht, sie ist der Verlockung der *eritis sicut Deus* gefolgt und hat geglaubt, dadurch schicksalslos werden zu können. Sie hat gemeint, daß ihr Gedanke der Gedanke ist, mit dem das Unbedingte sich selbst denkt. Der Hybris folgte der Fall, für uns am erschütterndsten anzuschauen im Zusammenbruch von Hegels System des Absoluten.

Drittens besagt Schicksal, daß Freiheit und Notwendigkeit nicht getrennt sind, sondern daß in jedem Moment schicksalhaften Geschehens Freiheit und Notwendigkeit sich durchdringen. Jeder tiefere Mensch ahnt oder weiß, daß seine selbstgegebene Prägung, sein „Charakter", auch das scheinbar Äußerlichste und Zufälligste bestimmt, was ihn betrifft. Und er weiß oder ahnt zugleich, daß seine selbstgegebene Prägung, sein Charakter, bestimmt ist durch Ereignisse, die zurückgehen in vergangene Generationen, in vergangene Zustände der lebendigen Substanz, in vergangene Weltzustände. Er fühlt, daß die Notwendigkeit im Schicksalsbegriff Notwendigkeit des Seins überhaupt ist, eine Notwendigkeit, die jede Einzelkette von Ereignissen übersteigt. Hat Philosophie ein Schicksal, so ist auch sie getragen von solch universaler Notwendigkeit. Zugleich aber gilt auch, daß nichts die Philosophie bestimmen kann, was nicht andererseits bestimmt ist durch die Freiheit der Philosophie. Auch die Philosophie trifft kein Zufall, der nicht bedingt ist durch ihren Charakter, ihre selbstgegebene Prägung.

Damit ist der Begriff des Schicksals erklärt, der hier verwendet wird, und zugleich der Sinn, in dem von einem Schicksal der Philosophie gesprochen werden kann: die Freiheit der Philosophie ist eingeschlossen in eine übergreifende universale Notwendigkeit, so daß Freiheit und Notwendigkeit durcheinander bedingt sind und unlöslich ineinanderliegen.

Wir wenden uns nun einer Erörterung der Beziehungen zwischen Philosophie und Schicksal zu, wie sie sich in der Geschichte finden. Wir müssen sehen, wie die Frage nach der Beziehung zwischen Philosophie und Schicksal entstanden ist. Zuerst müssen wir fragen: Welches Schicksal hat die Philosophie getrieben, sich selbst als schicksalsbedingt zu erfassen? Und zweitens fragen wir grundsätzlich: Wie kann die Philosophie ihre Schicksalsbedingtheit begrifflich fassen? Wie kann sie ihr Stehen im Schicksal wirksam werden lassen für ihr Werk?

2. *Philosophie und Schicksal in der griechischen Entwicklung*

Die griechische Philosophie wie die griechische Tragödie wie die griechische Religion und das griechische Mysterium ist Kampf gegen das Schicksal, Versuch, sich über das Schicksal zu erheben. Weder kann die Entstehung der Mysterien kultisch, noch die der Tragödie ästhetisch, noch die der Philosophie logisch verstanden werden. Wohl sind sie die Grundlagen geworden selbständiger kultischer, ästhetischer und logischer Entwicklungen, aber sie sind nicht geboren aus diesen getrennten Ausformungen, sondern aus gemeinsamer tieferer Seinsschicht, aus dem Ringen um Sein und Nichtsein, aus dem Kampf gegen das Schicksal. Dem Griechen war der Kampf gegen das Schicksal Notwendigkeit; denn das Schicksal hatte für ihn dämonische Qualitäten. Es war heilig-zerstörerische Macht. Es verstrickte den Menschen in objektive Schuld, die ohne Rücksicht auf die individuelle Person zu verderblichen Folgen trieb, es strafte die Schuld mit harter Strafe, obwohl sie „schuldlos" begangen war. So gibt das Mysterium Entsühnung durch den Gott, der, selbst dem Schicksal unterworfen, das Schicksal überwindet. Und die Tragödie behandelt den Heros, der das Schicksal in Freiheit auf sich nimmt und überwindet, und die Philosophie gibt Erkenntnis, erkennende Einung mit dem vom Schicksal freien ewigen Sein. Die ungeheure Tat der griechischen Philosophie, alle Dinge und Lebensformen zu entmächtigen und alle Macht des Seins zu konzentrieren auf eine Substanz, ja auf die höchste Abstraktion, das „reine Sein", ist nicht verständlich ohne eine ungeheure Not. Es ist die Not der tragischen Schicksalsgebundenheit, die überwunden werden soll. Dies kommt klar in den Worten Anaximanders zum Ausdruck, den ersten Worten griechischer Philosophie überhaupt. Er spricht von den Dingen, „die in das hinein vergehen, woraus sie geboren wurden, denn sie zahlen einander gerechte Strafe und Buße für ihre Ungerechtigkeit nach der Zeit Ordnung". Diese Welt objektiver Schuld und tragischer Strafe drohte das Bewußtsein der Griechen zu überschatten. Worte eines tiefen Pessimismus klingen aus der Lyrik und manchen Weisheitssprüchen der vorphilosophischen Zeit. Aber der leidenschaftliche Lebenswille der Griechen, geleitet von der einzigartigen Helligkeit ihres Geistes, durchbrach den Bann, der ihn zu fesseln drohte. Nicht umsonst haben die Griechen Tage durchlebt, über denen die Sonne des homerischen Olymps eine Welt beschien, die fast frei war von Dämonenangst. Sie war zwar fast verdunkelt in jenen Zeiten religiöser Umwälzung, als die Griechen in tieferen Schichten religiöser Erfahrung betroffen wurden. Aber die homerische Sonne hatte nicht umsonst geschienen. Wieder überwand der griechische Geist das Dämonische, wenn auch nicht mehr mit Hilfe der olympischen Götter. Sondern in der Philosophie wurde es vollbracht im Begriff des reinen Seins, als Substanz oder Zahl, als Idee, als Logos, als reine Form, als Element und Atom und schließlich als das letzte Eine. Der Mut zur Erkenntnis rang mit der Schwermut des Schicksalsgefühls. Jeder Schritt vorwärts in der Erkenntnis des Seienden ist Entdämonisierung des Seienden. Die Erkenntnis schränkt die Schicksalsmacht ein, sie beraubt die Dinge ihres furchtbaren Mysteriums, sie entmächtigt sie zum bloßen Ding und unterwirft sie dem Geist. In einem ungeheuren, von höchstem Mut und hellster Klarheit getragenen Angriff stürmt die griechische Philosophie gegen das Geheimnis des Schicksals an und enthüllt es Schritt für Schritt mit bewundernswerter Kraft. In solch einem Kampf kann die Haltung der Philosophen sehr verschieden sein. Sie kann sein: kritische Auflösung der alten Schicksalsmächte wie bei den Sophisten und Zynikern oder ihre Verwandlung in Maß und Zahl wie bei den Pythagoräern, in Quantität und Gesetz wie bei Demokrit; sie kann sein Widerstand gegen die Schicksalsmacht wie bei den Stoikern oder innere Freiheit gegen sie wie bei Sokrates; sie kann sein ihre kluge Benutzung wie bei den Epikuräern oder der Versuch ihrer Gestaltung wie in Platons Staat; sie kann sein ihre paradoxe Bejahung wie bei Heraklit oder die Flucht vor ihr wie bei den Skeptikern; sie kann sein und ist bei den griechischsten der Griechen, bei Parmenides, bei Plato bei Aristoteles, bei Plotin: Erhebung über das Sein. In all dieser Mannigfaltigkeit aber ist eins immer gleich: der Kampf des Erkennenden gegen die schicksalsgeladene, dämonisch beherrschte Existenz. Darum wird das höchste Ideal im Bereich des Denkens, im Theoretischen, gefunden, in der Erhebung über die Existenz, nicht im Bereich des Handelns, nicht in ihrer Gestaltung. Nie vorher und nie nachher hat der Kampf der Philosophie gegen die Schicksalsangst so schnelle und entscheidende Siege errungen, und nie wieder ist die siegreiche Philosophie vom Schicksal so schwer getroffen und zu Boden geworfen worden.

Wie die homerische Götterwelt die dämonischen Mächte der Vergangenheit zwar verbannte, aber nicht beseitigte, so unterdrückte die griechische Philosophie die Schicksalsgewalt im Seienden, ohne sie beseitigen zu können. Der Bannung der Dämonen in die Unterwelt durch die Götter Homers entspricht die Bannung des Widerstrebenden in das Nichtseiende, in das *mē on,* durch die Philosophen, also in das, was jeder Seinsmacht entkleidet ist. Aber dieses *mē on* behielt in seiner Ohnmacht die Macht, der Form, dem Erkennen zu widerstehen, wie die Unterirdischen der ohnmächtige und doch immer wirksame Widerstand gegen die Olympischen waren; und irgendwann wurde der Widerstand übermächtig. Das Schicksal kehrte wieder; drohend standen *tyche* und *heimarmene* (Zufall und Notwendigkeit) über dem Himmel der Spätantike, das astrologische Schicksalsdenken nahm die astronomische Befreiung vom Schicksal zurück. Dämonenfurcht legte sich wie eine Wolke über die Geister. Vergeblich priesen die Epikuräer ihren Meister als *soter,* weil er sie durch seinen Materialismus von der Furcht befreit hatte. Aber es war keine Erlösung von Dauer. Epikur selbst ließ das Schicksal als Zufall in sein System hinein und bewahrte so der Furcht eine Stelle. Und die Neuplatoniker konnten mit den dämonischen Mächten nicht mehr anders fertig werden, als daß sie sie in das System aufnahmen. Und zugleich wurde die Philosophie ihres eigenen Schicksals bewußt. Sie überschaute ihre Geschichte und sie sah ihr hoffnungsloses Ringen, zu eindeutiger, das Leben bestimmender Erkenntnis zu gelangen. Der Kampf der Schulen hatte selbst die platonische Akademie zur Skepsis getrieben, und an Lebensgestaltung war nicht zu denken in einer Zeit, wo Rom als übermenschliche Schicksalsmacht Volk auf Volk unterwarf. Aus der Skepsis heraus rief man nach Offenbarung. Die alten Schulen umkleideten ihre Häupter mit religiöser Weihe. Orientalische Offenbarungen gaben tiefere Gewißheit als die alten Philosophen. Im Begriff, dem dämonischen Schicksal zu verfallen, sehnte man sich nach rettendem Schicksal, nach Gnade.

3. *Philosophie und Schicksal in der abendländischen Entwicklung*

Der Sieg des Christentums ist der Sieg des Schöpfungsgedankens über den Glauben an eine widerstrebende ewige Materie. Es ist der Sieg des Glaubens an die Vollkommenheit des geschaffenen Seins in allen seinen Stufen über die tragische Furcht vor der widerstrebenden gottfeindlichen Materie. Es ist die radikale Entdämonisierung des Seienden als solchem und das Ja zur Existenz. Und das bedeutet weiter, daß es Ja zum Geschehen ist, daß „der Zeit Ordnung" nicht nur, wie bei Anaximander, das Werden und Vergehen, sondern das Neuwerden, die Gestaltung und das sinngebende Ziel in sich birgt. Die Zeit siegt im Christentum über den Raum, die einmalige sinnerfüllte Richtung der Zeit über das kreisförmige, sich wiederholende Werden und Vergehen, das „gnädige" Schicksal, das Heil in Zeit und Geschichte bringt, siegt über das dämonisierte Schicksal, das das Neue in der Geschichte leugnet. Damit ist die griechische Anschauung des Lebens und der Welt überwunden, und mit ihr die Voraussetzung der griechischen Philosophie wie die Voraussetzung der griechischen Tragödie. Nie wieder kann Philosophie das sein, was sie ursprünglich war. Sie, die das Schicksal überwinden wollte, ist selbst vom Schicksal ergriffen und eine andere geworden. Wer das nicht sieht, wer von einer einheitlichen Geschichte der Philosophie träumt, geht an dem Eigentlichsten und Tiefsten der abendländischen Geistesgeschichte, des abendländischen Geistschicksals vorüber.

Die Philosophie hatte in ihrer Verzweiflung nach Offenbarung gerufen. Nun ergriff die Offenbarung sie und ordnete sie sich ein. Sie stieß ab, was dämonisch an ihr war, und nahm auf ihre logischen Formen und sachlichen Inhalte. Das Metaphysische in ihr, der eigentlich sinngebende Gehalt, wurde unterdrückt. Die Philosophie wurde profan und eben dadurch geeignet, dem Heiligen zu dienen. Hätte sie selbst Heiligkeit beansprucht, so wäre sie von dem siegreichen Heiligen abgestoßen und vernichtet worden. Das war ihr Schicksal, in Knechtschaft zu verfallen, und dies Schicksal war nicht nur äußerlich begründet. Die Philosophie war nicht nur das unschuldige Opfer einer Vergewaltigung durch die Religion. Das Schicksal, das über die Philosophie kam, entsprang der inneren Logik ihrer eigenen geschichtlichen Entwicklung. Daß die Philosophie zur Magd der Theologie wurde, war in einem echten Sinn ihr eigenes Schicksal. Der Gedanke an ihr vergangenes Schicksal in der skeptischen Periode machte ihr die Dienstbarkeit leicht, wie überhaupt die Katastrophe der Spätantike die ständig mittönende negative Voraussetzung für die kirchliche Autorität des Mittelalters ist – bis die Töne verklangen, die Schicksalsstunde der Philosophie vergessen wurde, die Herrlichkeit ihres ersten großen Siegeslaufes den Geist der abendländischen Völker berauschte. *Alles Griechische kehrte wieder, aber nichts war in Wahrheit griechisch, denn der religiöse Boden war verwandelt.* Nicht Werden und Vergehen, sondern Schöpfung des Seienden, sinnhafte Vorsehung und heilsgeschichtliches Ziel der Zeit bestimmen die Substanz des abendländischen Bewußtseins. Was geschaffen wurde, war nicht Griechentum, sondern *christlicher Humanismus.* Dieser Begriff, dessen überragende Wichtigkeit für das Verständnis der gesamten Moderne noch längst nicht erkannt ist, enthält auch eine Antwort auf unsere Frage: Christlicher Humanismus ist sogar noch in seinen höchst antireligiösen und antichristlichen Formen der Substanz nach christlich. Im christlichen Humanismus sind das christliche Schicksal und das Schicksal der Philosophie miteinander verknüpft.

Die griechische Philosophie hatte Kategorien und Methoden von universaler Bedeutung bereitgestellt. Aber der religiöse Charakter der griechischen Kultur verhinderte ihre Verwendung zur Umformung der Welt. Sie wurden entweder für die ästhetische Schau der Welt verwendet, für ethische Resignation vor ihr oder für mystische Erhebung über sie. Im Gegensatz zu diesen Verwendungen gebrauchte der christliche Humanismus die griechischen Begriffe zur technischen Beherrschung und revolutionären Umgestaltung der Wirklichkeit. Besonders brauchbar für diesen Zweck war das mathematisch-quantitative Weltbild der Pythagoräer und Platos. Es war kein Zufall, sondern wurzelte tief in der griechischen Geistigkeit, daß dieses Weltbild durch das biologisch-qualitative des Aristoteles unterdrückt wurde. Die moderne Philosophie geht den umgekehrten Weg. Sie überwindet die existentielle Skepsis der letzten Periode der griechischen Philosophie durch eine methodische Skepsis als der Grundlage der mathematischen Wissenschaft und der Technik. Und es gibt keine bessere und zuverlässigere Probe auf die Gültigkeit der wissenschaftlichen Welterkenntnis als die Tatsache, daß die technischen Schöpfungen, die darauf beruhen, funktionieren und jeden Tag wirksamer funktionieren. Zur Ergänzung dient eine Morallehre, die den einzelnen geschickt macht zum Zweck der Weltgestaltung, und eine Staatslehre, die den Staat dem gleichen Ziele unterordnet. Zur Beseitigung störender Eingriffe aus der Transzendenz drängt eine skeptische oder rationale Metaphysik das Göttliche an den Rand des Weltbildes und unterwirft es der technischen und moralischen Idee. In diesem Stadium ihrer Entwicklung glaubt die Philosophie nicht nur, daß sie aufgehört hat, die

Magd der Theologie zu sein, sondern auch, daß sie vollkommen autonom geworden ist, nur bestimmt durch die Gesetze der Vernunft und frei von jedem religiösen Element. Aber das war eine Täuschung. Während der ganzen Entwicklung der modernen Kultur, die der Ausdruck des kämpfenden und siegreichen Bürgertums ist, behielt die Philosophie noch den Glauben an die Vorsehung. Sie sprach zwar nicht von Vorsehung, sondern von prästabilierter Harmonie oder vom Gesetz des Fortschritts. Sie machte die Entwicklung nicht von göttlichen Handlungen, sondern von politischen und pädagogischen Handlungen des Menschen abhängig. Wie die Philosophie selber, so folgten diese Handlungen den Forderungen der Vernunft. Und die Vernunft hat, wie die Rationalisten glauben, kein Schicksal. Ihre Prinzipien sind unveränderlich. Ihr Verständnis kann und muß wachsen. In Zeiten wie dem Mittelalter hatte die Vernunft kein Glück, in der modernen Zeit hatte sie Glück. Aber niemals hatte und niemals kann sie je ein Schicksal haben, eine Einheit von Freiheit und Notwendigkeit. Wahrheit und Schicksal sind getrennt.

Aber der Anspruch der modernen Philosophie, jenseits von Schicksal und Tragik zu stehen, wurde durch ihre eigene Geschichte widerlegt. Der selbstsichere Rationalismus des 18. Jahrhunderts war erschüttert worden durch die Angriffe von Hume, Kant, Comte und anderen. Sogar in seiner großen Zeit, den Tagen der Revolution und des Sieges, hatte der Rationalismus die religiösen und klassischen Traditionen nicht zunichte machen können. Nun war er in sich geschwächt, und einige dieser Traditionen gewannen wieder Macht. Die Romantik sehnte sich nach dem Mittelalter zurück. Der ästhetische Klassizismus tauchte wieder auf; der orthodoxe Protestantismus und die pietistische Mystik erlebten eine Auferstehung. Aber entscheidender für die Zukunft war eine andere Richtung, eine Richtung, die unter der Oberfläche des Rationalismus in den Tagen seiner Schwäche geschlummert hatte, eine Richtung zum Irrationalismus hin, in einigen Fällen sogar zum Antirationalismus. Eine alte, fast vergessene Tradition, die von Duns Scotus und der Naturphilosophie der Renaissance über Luther und Jakob Böhme zu Oetinger und Schelling läuft, trat plötzlich hervor. Unter dem Einfluß dieser Tradition zogen neue Motive die Aufmerksamkeit auf sich: die Zweideutigkeit des Seienden, der irrationale Wille, der jede statische Ideenwelt zerbricht, der Widerstreit des unbewußten und bewußten Willens, die dämonische Tiefe im Göttlichen selbst. Ein leidenschaftlicher Protest richtet sich gegen die cartesianische Schule.

Eine Entdeckung von unabsehbarer Tragweite war gemacht worden, entscheidend für die Frage Philosophie und Schicksal. Der Ort gleichsam war gefunden, an dem das Schicksal wieder die Philosophie bestimmen konnte – die nichtrationale Schicht des Seienden und des Denkens. Im Mittelalter wurde die nichtrationale Schicht des Seienden als die Seelentiefe bezeichnet, Einbruchspunkt von Begnadung und Besessenheit. Diese Schicht erschien nun wieder in mannigfachen Formen, als dunkler Wille, als Leben, als Vitalsphäre, als Unbewußtes, als Wille zur Macht, als Erostrieb, als kollektives Unbewußtes, als Klassenkampf. Das Denken hatte sich selbst in den vorrationalen Schichten der Seele gefunden, in denen das Schicksal das Denken bestimmt. Auf welche Weise dies vor sich geht, ist seit dem Zusammenbruch von Hegels Erneuerung des allumfassenden Vernunftsystems, und zumeist im Gegensatz zu ihm sehr verschieden beschrieben worden. So in Feuerbachs materialistischer Analyse der Religion, in Marx' ökonomischer Geschichtsauffassung, in der pragmatischen Erkenntnistheorie bei Nietzsche und William James, in der Tiefenpsychologie bei Freud und Jung und ihren Schulen, unterstützt durch die großen französischen und russischen Romanschriftsteller und Dichter. Jede dieser Richtungen stellte mit neuer, immer gesteigerter Eindringlichkeit die Frage nach der geschichtlichen Existenz, der Schicksalsgebundenheit des Denkens. Nur die Schulphilosophie vernahm die Frage nicht. Sie wiegte sich mit Erkenntnistheorie und Morallehre in das Gefühl schicksalsloser Geborgenheit. Aber die Frage ist unentrinnbar an uns gestellt. Wir können ihr nicht ausweichen. Es gibt keinen Schutz vor ihr, nicht einmal in der formalen Logik, wie es keinen Ort mehr gibt, an dem die bürgerliche Gesellschaft sich der Frage nach ihrem Schicksal entziehen könnte. Die Frage aber lautet: Was ist die Wahrheit, die im Schicksal steht?

4. *Wahrheit und Schicksal*

Die erste große und grundsätzliche Antwort auf die Frage nach der Wahrheit, die im Schicksal steht, hat Hegel gegeben. Er gibt sie in seiner Geschichtsphilosophie: die Geschichte ist der Ort, an dem die ewigen Ideen, die göttliche Vernunft, in dialektischer Folge in Zeit und Endlichkeit erscheinen. Und die Geschichte ist der Ort, an dem die Völker mit ihrem Willen zur Macht einander bekämpfen. Die Idee für sich und ihre rationale Notwendigkeit ergibt noch nicht Geschichte. Und auch die Völker und ihr rationaler Lebenswille ergeben noch keine sinnerfüllte Geschichte. Beide müssen zusammenkommen, damit sinnerfüllte Geschichte sei. Nur wenn die Völker Träger der Idee werden, gibt es Sinn und Geschichte zugleich. Das geschieht aber durch das, was Hegel die List der Idee nennt. Die Idee benutzt die vitalen Mächte der Individuen und der Völker, um sich zu verwirklichen. Die Lehre von der List der Idee ist kein Mythos, sondern ein paradoxer Ausdruck für den Vorsehungsglauben in idealistischer Umformung. Auch der Vorsehungsgläubige wußte, daß die Wege der Vorsehung dunkel, widerspruchsvoll, verborgen sind, und dennoch glaubte er an sie und war gewiß, daß sie zum Ziele führe. Hegel geht einen Schritt weiter. Er kennt die Wege der Idee, er weiß um ihre Listen und den Sinn ihrer Umwege. Er steht am Ziel und kann die Entwicklung überschauen. In seinem, des Philosophen Denken, hat das Denken sich selbst gefunden, hat es seine Freiheit vom Schicksal erreicht. Jede äußere Notwendigkeit verschwindet in dem „absoluten" System. Die Teilnahme an der unbedingten Freiheit des Unbedingten ist möglich. Damit war die Drohung des Schicksals beseitigt. Selbst die Geschichte war in das System aufgenommen. Die Freiheit triumphierte über die Notwendigkeit.

Diese Lösung mußte zerbrechen; sie war in sich selbst widerspruchsvoll. Denn war einmal das Schicksal zugegeben, wie konnte es vor dem Hegelschen Denken haltmachen? Es machte nicht halt, und es trieb zu der entgegengesetzten Lösung. Man brauchte nur das Bild von der List der Idee umzudrehen. War nicht vielleicht, so konnte man fragen, der Volkswille oder der Machtwille der Klassen oder waren die Triebtendenzen der Seele das Überlistende und die Idee das, was die vitalen Mächte benutzten, um sich durchzusetzen? Dieses ist die Auffassung, in die sich weithin Soziologie und Psychologie teilen, und die bedeutet, daß jede Wahrheit, die nicht den Tatsachen entspricht, geopfert wird: Ideen sind Ideologien, illusionärer Ausdruck des Willens zur Macht oder der Libido. Die Philosophie wird einer äußeren, sinnfremden Notwendigkeit unterworfen. Sie hat keine Freiheit mehr, ihren eigenen Strukturen und Forderungen zu folgen, kein eigenes Schicksal. Denn, wie bereits gesagt, setzt Schicksal die Einheit von Notwendigkeit und Freiheit voraus. Diese allgemeine Ideologielehre aufrechtzuerhalten ist natürlich unmöglich. Wenn sie eine wahre Theorie wäre (und sie erhebt diesen Anspruch), dann setzt sie die Wahrheit wenigstens an *einem* Punkte voraus und hört damit auf, allgemein zu sein. An dieser Stelle ist Notwendigkeit mit Freiheit vereint. Es ist nicht mehr äußere Notwendigkeit. Der Philosoph, der die Philosophie untergräbt, muß zugleich zeigen, warum er nicht sein eigenes Untergraben untergräbt. Er muß den Ort zeigen, auf dem er steht. Und alle Irrationalisten in der Philosophie haben gerade dies immer zu tun versucht. Wie Hegel den Ort am Ende der Philosophie den „Ort der Wahrheit" nannte, so dachte Marx, daß das Proletariat diese begünstigte Stellung einnähme, und die Psychoanalytiker schreiben ihn der völlig analysierten Persönlichkeit zu, und die Vertreter des Vitalismus dem stärksten Leben, dem Wachstumsprozeß, der Elite oder einer Rasse. Gemäß diesen Ideen gibt es in der Geschichte begünstigte Augenblicke und Stellungen, in denen die Wahrheit erscheint und die Vernunft mit dem Irrationalen geeint ist. Es gibt Augenblicke, wie ich selbst bei verschiedenen Gelegenheiten mit Nachdruck dargelegt habe, in denen „Kairos", die rechte Zeit, vereint ist mit „Logos", der „ewigen Wahrheit", und in denen das Schicksal der Philosophie für eine besondere Epoche entschieden wird.

Als Vertreter des Vitalismus versuchte Max Scheler, ein Mann großer intuitiver Kraft, auf andere Art eine Lösung zu geben. Er meint, die realen Mächte: Wirtschaft, Vitaltrieb usw. entscheiden darüber, was jederzeit gedacht werden kann, aber sie entscheiden nicht über Sinn und Geltung des Gedankens selbst. Diese irrationalen Mächte bestimmen, welche der Ideen wirklich werden können, aber sie bestimmen nicht ihre Wahrheit. Soweit es die reale Welt angeht, ist die Entwicklung streng determiniert. Kein Gedanke hat die Macht, sich ihr entgegenzusetzen. Scheler verkündigt damit die Machtlosigkeit der Idee und die ausschließliche Macht der Vitalkräfte in der Geschichtsentscheidung. Es gibt gleichsam ein unerschöpfliches Reservoir der Ideen, aus dem der geschichtliche Prozeß das herausholt, was ihm adäquat ist. Damit aber ist Idee und Existenz getrennt; Philosophie und Schicksal sind nur äußerlich verknüpft. Aber in dieser Lösung ist eine weitere unhaltbare Voraussetzung enthalten: der Bereich der geschichtlichen Prozesse wird völlig bestimmt durch eine Notwendigkeit, die keinen Bezug zum Sinn dieser Prozesse hat. Wäre das aber der Fall, wie könnte dann eine Affinität bestimmter Situationen zu bestimmten Ideen da sein? Der geschichtliche Prozeß muß im innersten Kern den Ideen verwandt sein, um sie in sich aufnehmen zu können. Und andererseits sind Ideen keine statischen Möglichkeiten, sondern dynamische Kräfte, deren Ewigkeit sie nicht daran hindert, zeitlich zu werden, deren Wesen sie dazu treibt, in der Existenz zu erscheinen. Hier haben Aristoteles und Hegel gegen Plato und Descartes recht. Schicksal ist nicht wahrheitsfremd, es betritt nicht nur den Vorhof der Philosophie, sondern läßt auch das Heiligtum selbst nicht unberührt. Selbst in das Heiligtum der Philosophie, in die Wahrheit als solche, dringt das Schicksal ein und macht nur halt vor dem Allerheiligsten: der Gewißheit nämlich, daß das Schicksal göttliches und nicht dämonisches Schicksal ist, daß es sinnerfüllend und nicht sinnzerstörend ist. Ohne diese Gewißheit, die das Innerste des Christentums ist, wären wir zurückgeworfen auf die griechische Lage und müßten den ganzen Schicksalsweg der Philosophie von neuem beginnen. Aber diese ewige Wahrheit, dieser Logos jenseits von Schicksal, ist dem Menschen nicht verfügbar, er kann nicht, wie Hegel dachte, den Prozessen des menschlichen Denkens unterworfen werden. Er kann nicht als sinnvoller Weltprozeß dargestellt werden. Wohl schwingt dieser ewige Logos durch all unser Denken hindurch, wohl kann es keinen Denkakt geben ohne die heimliche Voraussetzung seiner unbedingten Wahrheit.

Aber diese unbedingte Wahrheit ist nicht unser Besitz. Sie ist das verborgene Kriterium jeder Wahrheit, die wir zu besitzen glauben. In jeder Behauptung einer Wahrheit liegt ein Element des Wagnisses. Aber wir können dieses Wagnis dennoch auf uns nehmen in der Gewißheit, daß dies der einzige Weg ist, auf dem sich die Wahrheit endlichen und geschichtlichen Wesen enthüllen kann.

Aber die Wahrheit, der transzendente Sinn selbst, ist nicht ein Gedanke, mit dessen Hilfe sich eine schicksalsfreie Philosophie schaffen ließe. Sie steht, wie es echt protestantischem Geiste entspricht, jeder Verwirklichung unbedingt gegenüber. Sie ist die „Rechtfertigung" des Denkens, das, wovon aus das Denken seine unbedingte Grenze, aber auch sein unbedingtes Recht empfängt.

Wenn die Philosophie ihre Beziehung zum ewigen Logos aufrechterhält und die dämonische Schicksalsdrohung nicht fürchtet, so kann sie dem Schicksal Einlaß geben in ihr Denken. Sie kann anerkennen, daß sie von Anfang an dem Schicksal unterworfen war, daß sie ihm immer entrinnen wollte und ihm niemals entronnen ist. Die Vereinigung von Kairos und Logos ist die philosophische Aufgabe, die uns gestellt ist in der Philosophie und in allen Gebieten, die philosophischem Geist offen sind. Der Logos ist aufzunehmen in den Kairos, die Geltung in die Zeitenfülle, die Wahrheit in das Schicksal der Existenz. Die Scheidung von Idee und Existenz ist aufzuheben. Es ist dem Wesen wesentlich, zur Existenz zu kommen, einzugehen in Zeit und Schicksal. Das widerfährt dem Wesen nicht von außen, sondern ist Ausdruck seines Seins, seiner Freiheit. Und es ist der Philosophie wesentlich, in der Existenz zu stehen, zu schaffen aus Zeit und Schicksal. Es wäre falsch, wollte man dies als eine Erkenntnis charakterisieren, die der Notwendigkeit unterworfen ist. Steht die Existenz selbst im Schicksal, so entspricht es der Philosophie, auch im Schicksal zu stehen. Existenz und Erkenntnis sind beide dem Schicksal unterworfen. Der unbewegliche und ewige Himmel der Wahrheit, von dem Plato spricht, kann nur erkannt werden durch schicksalsfreie Erkenntnis – d.h. durch göttliche Erkenntnis. Die Wahrheit dagegen, die im Schicksal steht, ist nur dem offen, der mit ihr im Schicksal steht, der selbst ein Element des Schicksals ist – Denken ist ein Teil der Existenz. Und nicht nur ist die Existenz dem Denken, sondern auch das Denken ist der Existenz Schicksal, wie jedes jedem Schicksal ist. Das Denken ist eine der Mächte des Seins, aber es ist eine Macht innerhalb der Existenz. Und es bewährt seine Macht dadurch, daß es aus jeder gegebenen existentiellen Situation herausspringen und etwas Neues schaffen kann. Es kann die Existenz überspringen, wie es auch von der Existenz übersprungen werden kann. Aus dieser Sprungkraft des Denkens ging vielleicht die Meinung hervor, daß es losgelöst wäre von der Existenz und befreien könnte von der verhaßten Knechtschaft der Existenz. Aber die Geschichte der Philosophie selber hat gezeigt, daß dem nicht so ist. Der Sprung des Denkens ist kein Losreißen von der Existenz, auch im Akt seiner größten Freiheit bleibt das Denken schicksalsgebunden. So zeigt die Geschichte der Philosophie, daß jedes Seiende im Schicksal steht. Jedes Endliche besitzt eine gewisse eigene Seinsmächtigkeit und darum Schicksalsfähigkeit. Je größer die Selbstmächtigkeit eines Seienden ist, desto höher ist die Stufe der Schicksalsfähigkeit, auf der es steht, desto tiefer muß die Erkenntnis dieses Seienden zugleich im Schicksal stehen. Von der Physik bis zur normativen Geisteswissenschaft gibt es eine Stufenfolge, an deren einem Ende der Logos, an deren anderem der Kairos steht. An keinem Punkte aber ist nur Logos oder nur Kairos. So muß auch diese unsere Erkenntnis vom Schicksalscharakter der Philosophie zugleich im Logos und im Kairos stehen. Stände sie nur im Kairos, so wäre sie geltungslos, so würde alles Gesagte nur für den gelten, der es gesagt hat; stände sie nur im Logos, so wäre sie schicksalslos, hätte also nicht teil am Sein, das selber im Schicksal steht.

Und das gilt von aller Erkenntnis, von jeder Arbeit, die uns hier beschäftigt. Wie die Griechen Philosophie trieben, gehorsam dem Logos und doch getragen von ihrem Kairos, wie das Mittelalter den Logos einordnete dem großen Kairos, auf dem es ruhte, wie die moderne Philosophie zu dem Logos der weltbeherrschenden Wissenschaft und Technik befähigt wurde durch ihren Kairos, so ist uns die Aufgabe gestellt, dem Logos zu dienen aus der Tiefe unseres in Krisen und Katastrophen sich ankündigenden neuen Kairos. Je tiefer wir darum das Schicksal verstehen, das eigene und das gesellschaftliche, desto mehr wird unsere Denkarbeit Kraft und darum Wahrheit haben.

WISSENSCHAFT

1. Wissenschaft ist eine der mannigfaltigsten Weisen der Welt- und Selbstbegegnung. Sie gehört, historisch gesehen, zu den zeitlich spätesten und räumlich begrenztesten Begegnungsweisen. Denn sie setzt eine menschliche Haltung voraus, die nur selten rein verwirklicht ist. *Voraussetzung der Wissenschaft* ist diejenige Welt- und Selbstbegegnung, in der man in der Begegnung zugleich außer ihr bleibt. Wer ganz in eine Begegnung eingeht, kommt nicht zu der Möglichkeit, sich wissenschaftlich zum Begegnenden zu stellen. Es fehlt der für Wissenschaft notwendige Abstand, das reine Gegenüber, das in der ungebrochenen Begegnung aufgehoben ist. Der Anlaß zur gebrochenen Begegnung, zum Herausbleiben aus der Begegnung in der Begegnung und damit zum Abstand ist ein Ungenügen an dem unmittelbar Begegnenden, ist negativ getäuschte Erwartung und positiv der Wille, zu gesicherten Erwartungen zu gelangen. Die Annahme, daß dieses möglich sei, daß es also im Begegnenden etwas gäbe, dessen Erfassung sichere Erwartungen gewährleistet, ist der aller Wissenschaft vorausgehende Glaube, der selbst nicht wissenschaftlich begründet ist, auch wenn er in zahllosen Fällen Bestätigung findet. Da aber solche Erfassung nur möglich ist, sofern man sich aus der unmittelbaren Begegnung heraus hält, ist das zu Erfassende ein Anderes gegenüber dem, was in der unmittelbaren Begegnung sich gibt. Dieses Andere, das der Grund des unmittelbar Begegnenden ist, wird von der Wissenschaft gesucht. In dem Maße, in dem es gefunden wird, ist sichere Erwartung möglich, entweder dadurch, daß eine Wesenswelt jenseits der enttäuschenden unmittelbaren Begegnungswelt entdeckt ist oder dadurch, daß Gesetze des unmittelbar Begegnenden festgestellt werden, mit deren Hilfe es möglich ist, dieses zu begreifen und zu beherrschen: der Unterschied der griechischen und abendländischen Haltung. Aus der Notwendigkeit des Begegnens einerseits, des Sich-Heraushaltens aus der Begegnung anderseits ergibt sich die innere Spannung jeder Wissenschaftshaltung. Je mehr die Wissenschaft das Gegenüber festhält, je mehr sie also draußen bleibt, desto sicherer ist sie vor den Enttäuschungen ihrer Erwartung, aber desto ärmer ist sie an Begegnungsgehalten, d. h. an Gehalten, in denen sich die Gehalte beider Begegnenden verschmelzen, z. B. Subjekt und

Objekt. Und je mehr sie eingeht in die Begegnung, desto mehr Begegnungsgehalte gehen in die wissenschaftliche Formung ein, desto mehr aber ist sie Enttäuschungen ausgesetzt. Die Probleme „Wissenschaft und Leben“, vor allem aber „Wissenschaft und Religion“ haben hier ihre Wurzel.

2. Das Wort Wissenschaft wird 1. benutzt für den Inbegriff wissenschaftlicher Erkenntnisse auf einem Gebiet oder insgesamt, und 2. für die Methoden, zu diesen Erkenntnissen zu gelangen. Diese Doppeltheit ist nicht zufällig. Sie ist darin begründet, daß *Inhalt* und *Methode* in der Wissenschaft nicht zu trennen sind, weil in jeder Methode ein Urteil steckt über den Gegenstand, den sie erfassen soll, und in jedem Ergebnis wissenschaftlicher Arbeit eine bestimmte methodische Vorentscheidung. Darum sind wissenschaftliche Methodenkämpfe immer auch Sachkämpfe und umgekehrt. – Wissenschaftlich erkannt ist, was von einem Grund her verstanden und in einen Zusammenhang eingeordnet ist. Auf der Art des Begründens und dem Charakter des Zusammenhanges beruht die Verschiedenheit und Einteilungsmöglichkeit der Wissenschaft. Art der Begründung aber und des Zusammenhanges richtet sich nach dem Wechselverhältnis von Gegenständen und Methoden des Erkennens. Die übliche *Einteilung* in Natur- und Geistes-Wissenschaften hat sich unter diesem Gesichtspunkt als unzulänglich erwiesen. Namentlich den Tatsachen der Psychologie gegenüber ist sie als unbrauchbar erkannt. Eine andere hat sich zur Zeit infolge der ständig wechselnden Grenzen aller Wissenschaft nicht durchsetzen können. Doch sei auf die Unterscheidung von reinen Formwissenschaften (Logik und Mathematik), Seinswissenschaften (von der Physik bis zur Geschichte, die technischen Wissenschaften eingeschlossen) und normativen Geisteswissenschaften hingewiesen, die freilich die Grenzen der wissenschaftlichen Haltung durchbrechen und zu denen auch die Systematische Theologie als „theonome“ Normwissenschaft gehört.

3. Die Bestimmung des Verhältnisses von *Wissenschaft und Philosophie* kann nicht allgemeingültig gegeben werden, da sie abhängig ist von der Richtung des philosophischen Fragens. Soviel aber kann gesagt werden: Wird die Philosophie als radikales Fragen definiert, so ist der Begriff einer „wissenschaftlichen Philosophie“ widersinnig. Denn er würde diejenige Haltung, die das wissenschaftliche Fragen allererst ermöglicht (und historisch allererst ermöglicht hat), von dem abhängig machen, was von ihm abhängig ist. Philosophie hat zu bestimmen, was wissenschaftlich ist, nicht umgekehrt; daß diese Bestimmung in engstem Zusammenhang mit der wissenschaftlichen Realität wie mit jeder Realität zu geschehen hat, ist selbstverständlich, schließt aber weder die

Übernahme wissenschaftlicher Methodik durch die Philosophie ein, noch drückt sie die Philosophie zu einer hypothetischen Zusammenfassung der jeweiligen wissenschaftlichen Resultate herab. Ebensowenig berechtigt ist der Versuch, die Philosophie in eine Prinzipienlehre des wissenschaftlichen Erkennens zu verwandeln. Sie ist das auch, aber sie ist mehr. – Das Verhältnis von *Wissenschaft und Religion* ist ohne grundsätzliche Schwierigkeit, soweit es sich um die Religion als empirische Wirklichkeit handelt, also um Religion als geschichtliches, literarisches, seelisches und gesellschaftliches Faktum. Anders liegen die Dinge, sofern der normative Anspruch der Religion sich auf Erkenntnisse richtet, die auch der Wissenschaft aufgegeben sind, also Geschehnisse in Raum und Zeit. Hier ist zu urteilen: Nichts darf der Wissenschaft und ihren Methoden entzogen werden, was so begegnet, daß ein Sich-Heraushalten aus der Begegnung möglich ist, d. h. nichts, was in gegenständlichem Erfahrungszusammenhang steht. Ob und wie es sinnvoll ist, von Begegnungen zu sprechen, deren Charakter das Sich-Heraushalten unmöglich macht, die also der wissenschaftlichen Begegnungsart entzogen sind, ist die Grundfrage der normativen Religionswissenschaft und Systematischen Theologie. – Über den wissenschaftlichen Charakter der Systematischen Theologie ist das gleiche zu sagen wie über den Begriff der wissenschaftlichen Philosophie: Da Theologie theonome Philosophie ist, so ist sie geschichtlich und grundsätzlich das Prius der Wissenschaft, nicht umgekehrt. Theonom ist sie, weil ihr radikales Fragen aus einer Begegnung hervorwächst, die sich als unzugänglich für gegenständliche Erkenntnis erweist, und die sich doch zugleich unter die radikale Frage stellt. Aber diese tiefe Dialektik des theologischen Denkens ist nicht mehr eine Dialektik zwischen Religion und Wissenschaft, sondern sie ist die wesensbegründende Dialektik sowohl der Religion als auch der Philosophie und der Punkt, worin beide eins sind.

4. Der Begriff *„Krisis der Wissenschaft“* kann zweierlei bedeuten. Entweder er bezeichnet eine Unsicherheit und Wendung innerhalb der Wissenschaft und ihrer methodischen Grundlagen. Dann ist „Krisis der Wissenschaft“ ein notwendiges und positiv zu wertendes innerwissenschaftliches Ereignis. Denn die kritische Wendung gegen sich selbst gehört zum Wesen der Wissenschaft. Oder Krisis der Wissenschaft bedeutet die Erschütterung einer bestimmten Stellung der Wissenschaft im allgemeinen Lebenszusammenhang. Von einer Krisis in diesem Sinne wird zur Zeit mit Recht gesprochen. Sie geht zurück einerseits auf Nietzsches Protest gegen eine selbstgenügsame, dem Lebensprozeß fremde Wissenschaftlichkeit, andererseits auf Marx's Forderung einer Verbindung von Wissenschaft und politischer Veränderung der

Wirklichkeit. Dieser Angriff auf die Autarkie der Wissenschaft verbindet sich mit dem Zweifel an ihrer Autorität auf der einen Seite und mit der Dogmatisierung einer bestimmten, der marxistischen Wissenschaft, auf der anderen Seite. In welcher Richtung sich die Krisis lösen wird, kann nicht vorausgesehen werden. Sicher aber ist, daß mit dem Verlust der autonomen, aus radikalem Fragen entspringenden Wissenschaft eine entscheidende Form menschlicher Selbstverwirklichung verloren ginge: Die Haltung, die allein dem Menschen gegeben ist, in der Begegnung sich aus der Begegnung herauszuhalten.

ZUR ERKENNTNISLEHRE

KAIROS UND LOGOS

Eine Untersuchung zur Metaphysik der Erkenntnis

Einleitung

Zwei geistesgeschichtliche Linien treten hervor, wenn man von bestimmten Gesichtspunkten aus die Entwicklung der Philosophie von der Renaissance bis zur Gegenwart betrachtet: eine Hauptlinie, die man infolge ihrer unendlichen Fruchtbarkeit und unübersehbaren Wirksamkeit die eigentliche Schicksalslinie des Abendlandes nennen kann, und eine Nebenlinie, die wenig entfaltet ist, wenig gewirkt hat, oft unterirdisch verlaufen ist und mehr eine Drohung[1] als ein Schicksal genannt werden muß. Die Hauptlinie, die sich bei näherem Zusehen in mehrere Linien auflöst, ist ihrem stärksten Antrieb nach methodisch. Der „Discours de la méthode" des Cartesius ist ihre erste klassische Formulierung, Kants Kritiken sind ihr machtvollster Ausdruck. Mit ihr, der stärksten tragenden Linie, laufen andere in engster Verbindung, auf der einen Seite die mystisch-metaphysische, die von des Nicolaus Cusanus „Docta ignorantia" ausgeht, und die mathematisch-neuplatonische, die nirgends von ihr getrennt werden kann und in Spinozas „Ethik" gipfelt. Auf der anderen Seite die Linie des englischen Empirismus von Baco bis Hume und weiter bis zu den Positivsten des 19. Jahrhunderts. All das aber ist *eine* Hauptlinie, in der Mannigfaltigkeit der Motive zusammengeschlossen durch die methodische Selbstbesinnung und das Vorherrschen der griechischen Natur- und Weltbetrachtung.

Neben dieser Hauptlinie in ihren Besonderungen verläuft eine Nebenlinie, deren Symbol der Name Jakob Böhmes ist. Sie geht zurück auf die Mystik und Naturphilosophie des späten Mittelalters und der Renaissance und hat nicht geringe Impulse von Duns Scotus und Luther empfangen. Weithin sichtbar wird sie in dem Augenblick, wo die Romantik sie ergreift und mit der ersten Hauptlinie zu ver-

[1] Eine Drohung, die wenige Jahre, nachdem dieser Satz geschrieben war, zur schreckensvollen Wirklichkeit wurde.

schmelzen sucht. Schelling in seiner zweiten Periode, seit den Untersuchungen über die Freiheit, ist der Führer in dieser Richtung. Hegel nimmt zahlreiche Motive auf, ordnet sie aber sehr viel später als Schelling der methodischen Hauptlinie unter, während der spätere Schelling die Entwicklung in Mythologie und Dogmatik überleitet. – Sehr andere Gestalt nimmt die zweite Linie im 19. Jahrhundert an, wo sie dem empiristischen und naturalistischen Zweig der methodischen Hauptlinie nähertritt und doch in Schopenhauer und Nietzsche ihren alten, von der methodischen Bewegung stark unterschiedenen Charakter bewährt, um schließlich als Lebensphilosophie auf der Wende des 19. zum 20. Jahrhundert einen Protest gegen den methodischen Formalismus der Kantianer zu erheben.

Es ist wohl zu verstehen, daß die Betrachtung der abendländischen Philosophie sich fast ausschließlich der ersten, methodischen Bewegung zugewendet hat. Hier war die klare, eindeutige Linie, hier der überwältigende Erfolg, hier die Wirklichkeit gestaltende Kraft in Technik und Gesellschaft. Jeder Zweifel an dem Recht dieser Methode kann niedergeschlagen werden durch das Experiment, und die Technik ist das ständig gegenwärtige, ständig wachsende Experiment auf die methodischen Grundlagen der abendländischen Wissenschaft. Gegen diesen Beweis aus dem umgestalteten Leben selbst ist jeder Einward hinfällig. Und auch in dem geschichtlichen Erkennen gibt es eine Schicht, die unter dem Experiment der kontrollierenden neuen Erfahrung steht. Die Philosophie aber war von ihren Anfängen bei Cartesius an methodische Selbstbesinnung des wissenschaftlichen Erkennens, Arbeit an seinen Voraussetzungen und Grundbegriffen, Schaffung einer Weltanschauung, in der sie ungestört ihren Weg gehen konnte. Alle Vorstöße ins Metaphysische änderten nichts daran. Teils dienten sie geradezu diesem Zweck. So etwa die Beseitigung der den einheitlichen Erkenntniszusammenhang störenden Elemente der religiösen Weltanschauung oder der Kampf gegen die psycho-physische Kausalität, teils wurde die Metaphysik wieder ausgeschieden, wie z. B. die methodisch störenden Gedanken der romantischen Natur- und Geschichtphilosophie. Der Weg der erkenntnistheoretischen Besinnung aber ging weiter und bewährt sich auch jetzt noch bei der kritischen Einordnung der gegenwärtigen Umwälzung in der Physik.

Ganz anders die zweite Linie. Sie war nicht methodisch verbunden mit der rationalen Wissenschaft. Sie war ihrem innersten Wesen nach Metaphysik. Sie schuf infolgedessen keine wissenschaftliche Methode und konnte keinem Experiment unterworfen werden. Ihre Entwicklung war sprunghaft, sie hörte auf und begann von neuem. Ihre Breite war gering. Ihre Haltung war innerster Widerstand gegen die methodische Hauptlinie, aber aufs Ganze gesehen, erfolgloser Widerstand. Es entsprach darum der tatsächlichen Lage, wenn die historische Arbeit ihr verhältnismäßig geringe Aufmerksamkeit zuwandte und wenn sie in der philosophischen Diskussion kaum eine Rolle spielt. Daß sie trotzdem eine tiefgehende geistige und religiöse Erschütterung bewirkte, wie die protestantische Mystik, die spätere Romantik und Reaktion den Pessimismus, die von Nietzsche ausgehende geistige Revolution den Irrationalismus — das hat an ihrer philosophischen Bewertung nicht viel geändert. Vielleicht wird man infolgedessen ihre Heraushebung als besondere Linie der philosophischen Geistesgeschichte bedenklich finden.

Auch könnte man der ganzen Auffassung gegenüber fragen: Ist nicht das mystisch-neuplatonische Element, das als Begleiterscheinung der methodischen Hauptlinie gekennzeichnet war, in Wirklichkeit ein Element der Opposition gegen den methodisch rationalen Charakter der Hauptlinie? Ist nicht besonders im deutschen Idealismus dieser Gegensatz deutlich geworden und hat schließlich zur Scheidung beider Elemente geführt? Wäre es darum nicht richtiger, beide mystisch-metaphysischen Linien zusammenzufassen und sie von der Philosophie der Methode zu trennen? Durch diese Trennung würden nicht zwei Linien, sondern zwei Ebenen geschaffen werden, eine mystisch-metaphysische und eine rational-methodische! Zweifellos ist dieser Vorschlag verlockend: Er gibt ein einfacheres Bild, aber er kann es nur geben um den Preis der historischen Richtigkeit. Ist doch die moderne Philosophie aus dem Neuplatonismus des Mittelalters und der Renaissance hervorgegangen und hat von ihm das methodisch entscheidende Prinzip, die Mathematik, übernommen. Dieser Zusammenhang zeigt, daß das mystisch-intuitive und rational-reflektierende Element, die im Neuplatonismus vereinigt sind, trotz aller Spannungsmöglichkeiten auf einem gemeinsamen Boden ruhen — demselben Boden, der auch den Gegensatz von Demokrit und Plato, von Spinoza und Goethe, von Kritizismus und Phänomenologie trägt. Die Betrachtung dieses Gemeinsamen wird nun zugleich den tiefen Gegensatz der Nebenlinie gegen die Hauptlinie und alles, was zu ihr gehört, deutlich machen.

Die Philosophie der Renaissance, wie vor ihr die griechische und nach ihr die moderne Wissenschaft, will die Gestalt der Welt, die Elemente und die Gesetze ihrer Verbindung erkennen. Zur Gestalterfassung des Wirklichen aber gibt es zwei Wege: Von der Gestalt zu den Elementen und ihren Gesetzen, oder von den Elementen und ihren Gesetzen zur Gestalt. Beide Wege sind jederzeit eingeschlagen worden.

Der erste ist intuitiv-beschreibend, er sucht das Wesen in seiner Ganzheit zu ergreifen. Der zweite ist reflexiv-erklärend, er löst auf und setzt wieder zusammen. In der Naturwissenschaft hat sich der zweite, in den Geschichtswissenschaften der erste Weg als der stärkere erwiesen; Biologie, Psychologie und Soziologie schwanken zwischen beiden und stehen zur Zeit unter dem Übergewicht der Gestaltauffassung. Aber so bedeutungsvoll diese Tatsache für die Geisteslage der Gegenwart ist, der fundamentale Gegensatz zu der zweiten Linie ist dadurch nicht aufgehoben, denn er liegt tiefer als jene Gegensatzpaare, er trifft die ihnen gemeinsame Voraussetzung, den Willen zur Erkenntnis der Welt als Gestalt, Element und Gesetz.

In der zweiten Linie nämlich soll die Welt verstanden werden als Schöpfung, Widerstreit und Schicksal. Bei Demokrit und bei Plato, bei Spinoza und bei Goethe, bei den Kantianern und bei den Phänomenologen ist die ewige Form des Seienden das Erkenntnisziel. Ob diese Form als Gegensatz der Atombewegung oder als transzendente Idee, ob sie als Modus der ruhenden Substanz oder als lebendige Form, ob sie als Geistesfunktion oder als zu erschauende Wesenheit gedacht ist, immer steht sie unter dem ewigen Gesetz der Gestalt. Bei Böhme aber und dem zweiten Schelling, bei Schopenhauer und Nietzsche soll der formschaffende Prozeß selbst erschaut werden. In der religiös-pessimistischen Wendung des Gedankens werden die gegebenen Formen aus einer Katastrophe abgeleitet; der Zwiespalt der Prinzipien treibt sie empor und löst sie wieder auf. Unmöglich ist es darum, ihre Einheit als ruhenden Kosmos anzuschauen. Denn der Prozeß des Lebendigen, der Kampf der Prinzipien treibt weiter, unbekannten, vielleicht geahnten, aber nicht geschauten Schicksalen zu. „Geschichtliche Philosophie" nannte Schelling die Wahrnehmung dieses Geschehens. Geschichtlich, weil es sich hier um ein einmaliges unableitbares Geschehen handelt, das unter keinem Gesetz steht, das nicht der Ausdruck irgendeiner Gestalt oder Form ist.

Während in jenem statischen Formdenken die Zeit bedeutungslos bleibt und selbst die Geschichte nur die Entfaltung der Möglichkeiten und Gesetze der Gestalt „Mensch" darstellt, ist in diesem dynamischen Schöpfungsdenken die Zeit allentscheidend, nicht die leere Zeit, der reine Ablauf, auch nicht die bloße Dauer, sondern die qualitativ erfüllte Zeit, der Augenblick, der Schöpfung und Schicksal ist. Wir nennen diesen erfüllten Augenblick, diesen als Schicksal und Entscheidung uns entgegentretenden Zeitmoment *Kairos*. Wir greifen damit ein Wort auf, das zwar vom griechischen Sprachgefühl geschaffen worden ist, aber erst in dem geschichtsbewußten Denken des Urchristentums den tieferen Sinn von Zeitenfülle, entscheidender Zeit, gefunden hat. Das Denken im Kairos, das für die zweite Linie unserer geistesgeschichtlichen Betrachtung bestimmend ist, stellen wir dem Denken im zeitlosen Logos gegenüber, das der methodischen Hauptlinie angehört. Dadurch wird das Recht unserer ursprünglichen Unterscheidung offenkundig, und zugleich wird die Frage nach dem wesensmäßigen Verhältnis von Kairos und Logos drängend. Denn es kann ja nicht verborgen bleiben, daß die Betrachtung der Wirklichkeit im Sinne des zeitlosen Logos zum mindesten eine ungeheure Abstraktion ist, die dem in Schicksal und Entscheidung einmalig verlaufenden unmittelbaren Dasein schlechterdings nicht gerecht werden kann. Sobald diese Tatsache aber ins Bewußtsein gehoben ist, stehen wir mitten in den Problemen der zweiten Linie, zu deren systematischer Durcharbeitung die folgenden Ausführungen einen Beitrag geben sollen.

I. Kairos und Logos als Erkenntnisfrage

1. *Das absolute Subjekt und die Geschichte*

Für die systematische Beurteilung beider Linien der Philosophie ist es von grundlegender Bedeutung, darauf zu achten, welche Stellung dem erkennenden Subjekt zur Wirklichkeit gegeben wird. Denn an dieser Frage kommt der mögliche Gegensatz von Kairos und Logos zu deutlichem Ausdruck. Für die Philosophie der Methode mit all ihren Voraussetzungen ist die Entleerung des Subjekts unumgängliche Forderung. Das Subjekt muß inhaltslos sein, damit es die ewigen Formen in sich aufnehmen kann. Dabei ist es ganz gleichgültig, ob die naivste Abbildtheorie oder der gesteigertste Idealismus für die Erkenntnistheorie gilt. Denn auch der Idealismus, der mit Fichte die Welt aus der produktiven Einbildungskraft des Ich hervorgehen läßt, denkt an die produktiven Formen, die schlechthin allgemein und für jedes individuelle Subjekt notwendig sind. Idealismus und naiver Realismus glauben gemeinsam an eine absolute, inhaltsleere Stellung des Subjekts. Der Erkennende nimmt das Erkannte einfach in sich auf, sei es, daß er den Abbildern der Dinge in sich Raum gibt, sei es, daß unter Anregung der Einzeldinge die „Erinnerung" an die ewigen Wesenheiten ausgelöst wird. Wie aber ist eine solche absolute Stellung des Subjekts, wie ist seine völlige Entleerung und dann wieder seine objektive Erfüllung denkbar?

Zur Entleerung gehört Askese, und zur Erfüllung gehört Eros: Askese — nicht etwa von den irdischen Dingen, sondern von dem Zeitschicksal, dem Kairos; und Eros — nicht etwa nach der schöpferischen Lebenstiefe, sondern nach der reinen Form, dem Logos. Das ist die Haltung der reinen Theorie; Askese gegenüber dem Kairos, Eros gegenüber dem Logos, darauf beruht die Möglichkeit, die Welt anzuschauen als System ewiger Formen. — Von dieser Haltung aus kann nun mit analogen Formeln die entgegengesetzte Haltung, die reine Praxis bestimmt werden. Sie wäre Askese gegenüber dem Logos und Eros gegenüber dem Kairos. Der Seelsorger, der Politiker, der Wirtschaftler, der Offizier, der Gesellschaftsmensch, sie wären dem Eros zum Schicksalsaugenblick hingegeben, von ihnen würde Askese bezüglich des Logos verlangt. — Aber diese Konsequenz muß bedenklich machen. Wohl wird für manchen Praktiker die notwendige Askese gegenüber dem Logos fühlbar. Aber sie wird dann als Mangel auch bezüglich der Praxis empfunden, nicht als Vorzug, nicht als Wesenselement der Praxis. Vielmehr verdient die von klarem Bewußtsein und wissenschaftlicher Einsicht geführte und begleitete Praxis den Vorzug vor der bloß instinktiven. Für den Praktiker ist jedenfalls Askese gegenüber dem Logos kein Vorzug. Es fragt sich nun, ob das gleiche auch umgekehrt gilt, ob also auch für die Theorie das Stehen im Kairos ein Vorzug ist. — In letzter Zeit sind Kämpfe um diese Frage entstanden. Max Weber hat sich mit der Forderung wissenschaftlicher Askese gegen die Verbindung von Wissenschaft und Leben gewandt und nicht nur gegen die phrasenhaft unklare, sondern auch gegen die ernsthafte Auffassung von der notwendigen Einheit beider. Und auch in der jüngeren Generation wird die Forderung reiner Sachhingabe gegenüber wachsender Verantwortungslosigkeit in der Begriffsverwendung erhoben. So berechtigt diese Forderung nun auch ist, so wenig ist doch das systematische Problem damit gelöst. Die Frage ist ja die: Gibt es überhaupt eine grundsätzliche Askese gegenüber dem Kairos? Ist dieses eine wesensmäßige Haltung? Oder ist es eine Abstraktion, die bis zu einem gewissen Grade gelingen kann, die aber nur fruchtbar ist, wenn im Hintergrund die tiefsten Kräfte des Kairos wirken?

Es ist nur eine Voraussetzung denkbar, unter der die Askese gegenüber dem Kairos grundsätzlich und wesenhaft möglich wäre, die nämlich, daß das erkennende Subjekt zeitlos würde. Zeitlos nicht in dem Sinne, daß es aus dem Fluß der ablaufenden Zeit heraustäte, sondern in dem Sinne, daß es ohne qualitative Zeit, daß es „akairos“ sein könnte. Diese Möglichkeit mußte Zeitaltern naheliegen, die grundsätzlich eine statische Bewußtseinslage hatten. So dem Griechentum mit seiner Richtung auf die Naturform, so dem Mittelalter mit seiner Richtung auf die ewige Offenbarungsform. Für das Naturgeschehen ist das Zeitliche zufällig, auflösbar in Raumdimension, und darum durch Askese überwindbar. Die Seele hat eine absolute Position über dem Zeitlichen. Sie steht dem Wesen nach in unmittelbarer Schau der ewigen Form. Ist sie auch aus dieser Unmittelbarkeit herausgefallen, so ist sie doch imstande, das Verlorene in sich wieder zu erwecken. Ähnlich die ganze griechische und der größte Teil der abendländischen Philosophie; ähnlich aber auch das mittelalterliche Bewußtsein. Man hat den Glauben, in einer heiligen Tradition zu stehen, deren Entfaltung und Darlegung das erkennende Subjekt zu leisten hat. Mehr mystische als rationale Entleerung, mehr mystischer als Form-Eros ist hier gefordert. Grundsätzlich ist aber jeder dazu imstande, der in der heiligen Tradition steht, der der katholischen Christenheit angehört. – So entsprechen sich Natur und Übernatur. Nur in einem ist ein Unterschied: die reine Natur ist jedem jederzeit zugänglich, die Übernatur nur dem Christen. Hier schneidet ein historisches Schicksal durch die Einheit der Menschheit. Die große Frage nach dem Verhältnis von Kairos und Logos meldet sich, aber sie wird leicht erledigt. Die Naturerkenntnis ist auch dem Nichtchristen offen. Die Erkenntnis der Übernatur aber ist nur durch Offenbarung möglich. Wer von ihr nicht erreicht wird, steht als Ketzer oder Heide ganz außerhalb der Wahrheit. Wer aber von ihr erleuchtet ist, hat eben darin sein historisches Schicksal, das ihn mit allen anderen gleichen Schicksals zusammenschließt. Die Offenbarung hebt das Individuelle auf und gibt jedem einzelnen eine absolute Position.

Ernsthafter wurde die Frage nach dem erkennenden Subjekt erst, als das geschichtliche Denken durch den Protestantismus in die Sphäre der Übernatur, durch den Humanismus in die Sphäre der Natur eindrang. Die Einheit der heiligen Tradition zerriß, der rationale, immer identische Charakter des menschlichen Wesens individualisierte und differierte. Diese Individualität, diese Differenz war aber nicht mehr bedeutungsloser Zeitverlauf, sondern sie war schicksalsschwere Geschichtlichkeit. Um so merkwürdiger ist es, wie lange ein Kulturkreis, der gelernt hatte, geschichtlich zu denken, sich in der Sphäre des Erkennens als schlechthin übergeschichtlich empfand. Die Frage, ob auch das Erkennen in die Geschichte hineingehört, blieb erstaunlich lange ungestellt. Der heimliche Glaube an die Möglichkeit einer Askese gegenüber dem Kairos einer grundsätzlichen „Unzeitgemäßheit" blieb erhalten. Zeitweise gab man sich dabei der Täuschung hin, daß der Entwicklungsgedanke helfen könne. Aber er kann nicht helfen. Denn er überwindet ja in keiner Weise die Außergeschichtlichkeit des Erkennens. Entwicklung bedeutet ja nur gemeinschaftliche Askese durch die Geschlechter hindurch, enthält aber nichts von Zwiespalt und historischem Schicksal. Man sieht die Menschheit als einen in gerader Linie auf die Erkenntnis der ewigen Formen zuschreitenden Schüler. Dadurch aber ist die absolute Position des Subjekts in nichts erschüttert, nur daß das Subjekt zur erkennenden Menschheit ausgeweitet ist. Dagegen ist ein Gedanke verloren, der das Mittelalter den Griechen gegenüber auszeichnete, der Riß zwischen Natur und Übernatur.

Eine grundsätzliche Einbeziehung des Erkennens, also eine grundsätzliche Aufhebung der absoluten Position des Subjekts ist nur da möglich, wo der Riß, den das Mittelalter zwischen Natur und Übernatur aufdeckt, in der Natur selbst gefunden und die Übernatur beseitigt wird; das ist im Protestantismus geschehen. Er bejaht die Natur wie die gesamte Renaissance, aber er sieht in dieser bejahten Natur den Zwiespalt. Er weicht ihr nicht aus in die Übernatur wie das Mittelalter. Er bleibt in ihr; aber er kann nicht unmittelbar, naiv in ihr bleiben, wie Renaissance und Humanismus, sondern er bleibt in ihr als Stätte der Entscheidung. In der Natur stehen, die unausweichliche Wirklichkeit auf sich nehmen, ihr nicht entfliehen, weder in die Welt der idealen Formen noch in die verwandte der Übernatur, sondern in der Wirklichkeit selbst sich entscheiden, das ist protestantische Grundhaltung. Hier hat das Subjekt keine Möglichkeit zu einer absoluten Position. Es kann nicht heraus aus der Entscheidungssphäre. Es steht mit jeder Seite seines Wesens in dem Zwiespalt. Schicksal und Freiheit reichen in den Erkenntnisakt hinein und machen ihn zu einer geschichtlichen Tat: Der Kairos bestimmt den Logos.

Folgerichtig ist damit gesagt, daß die Askese gegenüber dem Kairos unmöglich und wesenswidrig ist. Wohl kann es eine wissenschaftliche Askese geben: die zweckmäßige Enthaltung von Lebensmannigfaltigkeit zum Zwecke der Konzentration des Erkenntniswillens. In diesem Sinne erfordert jedes erfolgreiche Tun Askese. Aber es kann keine Askese gegenüber der Forderung des Kairos, kein Ausweichen vor der Entscheidung geben. Idealismus und Supranaturalismus, inner- und überweltliche Herstellung einer absoluten Position des Subjekts sind Fluchten vor der Entscheidung. Askese ist Flucht vor der Entscheidung, die im Zwiespalt der Natur selbst zu erfolgen hat.

Aber diese Konsequenz ist vom Protestantismus nicht mit Klarheit gezogen worden. Es gibt eine klassisch-humanistische Auffassung des Erkennens. Sie ist rational-statisch. Und es gibt eine mittelalterlich-katholische Auffassung des Erkennens. Sie ist supra-rational-statisch.

Aber es gibt keine protestantische Auffassung des Erkennens. Sie wäre irrational-dynamisch. Um sie handelt es sich in diesen Ausführungen.

Es sind religiöse Haltungen, die zu einer absoluten Position des erkennenden Subjekts treiben. Es ist eine religiöse Haltung, von der aus die absolute Position des Subjekts angegriffen wird: das Bewußtsein, dem Unbedingten gegenüber in der Sphäre des Zwiespalts und der Entscheidung zu stehen und auch im Erkennen ihr nicht ausweichen zu können.

2. *Geschichte und Entscheidung*

Das religiöse Bewußtsein, in der Sphäre des Zwiespalts und der Entscheidung zu stehen, erschließt eine Seinsschicht, die für die Metaphysik der Erkenntnis von höchster Bedeutung ist. Um sie zu erfassen, stellen wir die Frage: Welches ist die Entscheidung, in der laut Aussage des religiösen Bewußtseins auch das erkennende Ich steht? Abstrakt gesprochen kann diese Entscheidung sich nur auf das Unbedingte beziehen, d. h. Entscheidung für oder wider das Unbedingte sein. Denn nicht um einen beliebigen Zwiespalt in der Natur handelt es sich ja, sondern um den Zwiespalt, der durch die Stellung zum Unbedingten gegeben ist. Dem Unbedingten gegenüber aber gibt es nur ein Ja oder ein Nein. Und doch ist diese Formulierung abstrakt, denn sie sagt nichts darüber aus, was dieses Ja oder Nein in der wirklichen Lage, auf die es doch ankommt, bedeutet. Ja, mehr noch! Ist nicht, wenn man die abstrakte Formulierung aufrechterhält, die Lage, in der sich der Entscheidende befindet, so, daß die Entscheidung schon gegeben ist, ist nicht das Stehen im Zweideutigen schon eine Entscheidung gegen das Unbedingte? Ist nicht, religiös gesprochen, das Schweben zwischen Ja und Nein Gott gegenüber ein Nein? Und muß nicht von hier aus der ganze Gedankengang zurückgewiesen und damit die Frage nach der Möglichkeit der Wahrheitserkenntis negativ beantwortet werden?

Solche Gedanken liegen in gleicher Weise hinter der katholischen Lehre von der übernatürlichen Gnadensubstanz, die aus der Welt der eindeutigen Finsternis in die Welt der eindeutigen Wahrheit erhebt, wie hinter gewissen Formen des radikalen Protestantismus, der auf die jenseitige Wirklichkeit Gottes hinweist, das Diesseits aber unter ein ausschließliches Nein stellt. Es ist klar, daß durch diese Konsequenz die Lehre von dem Entscheidungscharakter des Erkennens, die Einbeziehung des erkennenden Subjekts in das historische Schicksal verlorengeht. Der Katholizismus kennt nur die beiden Möglichkeiten eines historischen Schicksals, zur Kirche zu gehören oder nicht zu ihr zu gehören. Der radikale Protestantismus kennt nur das eine historische Schicksal, unter dem göttlichen Gericht zu stehen.

Aber die Konsequenz, die wir aus der abstrakten Formulierung der Sache gezogen haben, liegt nicht im Wesen der Sache selbst. Eine Entscheidung in Richtung auf das Unbedingte kann ja nicht den Charakter einer Einzelentscheidung haben, sie kann nicht neben anderen Entscheidungen stehen. Sonst würde ja das Unbedingte neben anderem Bedingten stehen. Die Entscheidung, von der hier die Rede ist, kann vielmehr nur eine verborgene, transzendente Entscheidung sein, die nie anschaubar ist, die aber der innerste Sinn jeder Einzelentscheidung sein kann. Nicht neben, sondern in der Einzelentscheidung kommt die Entscheidung gegenüber dem Unbedingten zum Ausdruck. Aber – und darin behält der radikale Protestantismus sein Recht – es ist nicht etwa so, daß die konkrete Einzelentscheidung eindeutig wäre, daß in ihr ein Ja oder ein Nein zum Ausdruck käme. Der Zwiespalt ist ja nicht aufgehoben, und darum ist jede Entscheidung zweideutig. Das abstrakte Urteil, daß es in der Welt des Zwiespalts keine Entscheidung für Gott geben könne, wird also konkret in dem Urteil, daß jede Entscheidung zweideutig ist. Ja, diese Zweideutigkeit ist das eigentliche Merkmal der konkreten Existenz. Dem radikalen Protestantismus gegenüber ist nur dieses zu sagen, daß es zwar keine eindeutige Entscheidung für Gott in der Welt des Zwiespalts geben kann, daß es aber ebensowenig eine eindeutige Entscheidung gegen ihn geben kann, d. h., daß die Existenz nicht satanisch ist. Denn das Satanische würde jede Konkretheit verzehren. Die Entscheidung, und das heißt unsere konkrete, individuelle Existenz, unsere Freiheit und unser Schicksal ist insofern widergöttlich, als sie zweideutig ist, nicht aber, insofern sie eindeutig gegen Gott, also satanisch ist. Darum ist sie konkret, menschlich, steht unter dem Gericht und ist doch nicht zerstört.

Mit diesen Bemerkungen ist der eigentlich geschichtliche Charakter der Geschichte sichergestellt. Geschichte ist, wo Entscheidung ist, und zwar Entscheidung, die konkret ist und doch in die Tiefe des Unbedingten reicht. Entscheidungen in der bedingten Sphäre bedeuten an sich nichts. Solange sie nicht zum Unbedingten durchbrechen, sind sie, absolut gesprochen, unbedeutend, stehen außerhalb des Wesens der Geschichte. – Man hat in der kritischen Schule das Individuelle als das Wesen des Geschichtlichen bestimmt. Das ist nicht unrichtig, wenn das Individuelle methodisch dem Allgemeinen, Notwendigen gegenübergestellt wird, aber es ist unzulänglich. Denn wenn Individualität mehr sein soll als Spielart eines Allgemeinen, wenn sie schlechthin bedeutungsvoll sein soll, so muß sie gefaßt werden als konkrete Urentscheidung, als Entscheidung im unbedingten Sinn. Daß solche Individualisierung nirgends anders als in der personalen Sphäre möglich ist, da also, wo es Freiheit und da, wo es Schicksal gibt, bedarf keiner Begründung. Denn überall sonst bleibt es bei der Spielart. Überall sonst kann das Besondere vom Allgemeinen aufgehoben werden.

Aus diesen Erwägungen ergibt sich nun wieder ein neuer Beurteilungsgrund der naturalen und supranaturalen Auffassung. Die erste muß die Individualität als Spielart fassen, die leicht aufgehoben werden kann zugunsten des Allgemeinen, die zweite nimmt der Individuatät den Entscheidungscharakter durch die übernatürlich-naturhafte Gnadenwirklichkeit, der jeder angehört, der gegenüber er aber auch nur eine Spielart ist. Nur durch die Entscheidung für oder wider die Gnadenwirklichkeit geht ein Riß durch die Menschheit. Es ist klar, daß von beiden Seiten aus ein ernsthaftes Verständnis der Individualität und der Geschichte nicht gegeben werden kann. Ein solches ist nur möglich, wo der konkrete und zugleich unbedingte Entscheidungscharakter der Geschichte verstanden ist.

3. *Erkenntnis und Entscheidung*

Es ist nun die Frage zu stellen, ob es wirklich berechtigt ist, das Erkennen in die geschichtliche Entscheidungssphäre einzubeziehen. Es könnte dieses gesagt werden: Mag das Zentrum der Persönlichkeit in der konkreten Entscheidung stehen, die Erkenntnis liegt abseits dieses Zentrums. Sie ist eine außerpersönliche, also technische Beschäftigung und ist, wie alles Technische, rein sachlich nach den Formzusammenhängen der Dinge zu erledigen. Wohl mag es eine Entscheidung für die Wissenschaft geben, nicht aber eine Entscheidung in der Wissenschaft, die mehr wäre als Urteilsabgabe in zweifelhaften Fällen. Wesensmäßig herrscht die Notwendigkeit im Erkennen und darum der eigentliche Fortschritt.

An diesem Punkt freilich scheiden sich naturale und supranaturale Auffassung, die wir sonst gemeinsam behandelten. Die supranaturale Auffassung läßt eine entscheidungslose Wahrheitserkenntnis nicht gelten, wenn sie auch diese Entscheidung auf einen Moment in der Geschichte der Menschheit und des einzelnen beschränkt. Ja auch innerhalb der eigentlichen Philosophie gibt es, nicht nur in unserer zweiten geistesgeschichtlichen Linie, sondern auch in der ersten, Auffassungen, in denen der Entscheidungscharakter des Erkennens deutlich zum Ausdruck gebracht wird. Man denke etwa an Fichte und die Art, in der er eine Philosophie von dem Charakter des Menschen abhängig macht. Derartiges liegt ganz in der supranaturalen Richtung. Der Hauptzug der methodischen Linie jedoch stellt sich im Erkennen außerhalb der Geschichte als Entscheidungssphäre.

Umgekehrt die zweite Linie. So wenig klar sie auch die Konsequenzen ihrer Auffassung der Welt als Zwiespalt für unsere Frage durchschaut, so deutlich drängt sich ihr doch die Konsequenz an verschiedenen Punkten auf. So bei Schelling in seiner Darstellung der Religionsgeschichte. Hier ist deutlich zu sehen, daß die Dynamik der geschichtlichen Potenzen dazu führen muß, auch das theoretische Bewußtsein in den geschichtlichen Prozeß hereinzuziehen. Das Bewußtsein ist gar nicht imstande, sich jederzeit in Freiheit den ewigen Formen zuzuwenden. Es ist immer Kampfplatz göttlicher und dämonischer Kräfte, und seine Erkenntnis ist bestimmt durch den Stand dieses Kampfes. Über die Auswirkung dieser Gedanken in Hegels Philosophie der Geschichte wird noch zu reden sein. – Wesentlich anders liegt die Sache bei Nietzsche. Seine Stellung ist merkwürdig zwiespältig. Er kämpft für die reine Wissenschaft, in deren Wasser, auch wenn es schmutzig ist, der Erkennende gern taucht, wenn es nur nicht seicht ist. Allen Einmischungen aus der Wunsch- und Gefühlssphäre, auch der religiösen, stellt er energischen Widerstand entgegen. Und doch denkt er ununterbrochen im Kairos. Er weiß sich in der Schicksalsstunde, am großen Mittag, dem Anbruch des Übermenschen, er weiß, daß man nicht zu jeder Zeit jedes denken kann und erst recht nicht an jedem Ort der Gesellschaft. Er weiß, daß Geist Blut ist und daß nur wert ist, gelesen und gelernt zu werden, was mit Blut geschrieben ist. Damit ist der Entscheidungscharakter der Wahrheit deutlich zum Ausdruck gebracht.

Eine völlig klare Fragestellung und Beantwortung der Frage nach dem Entscheidungscharakter des Erkennens gibt es bisher nicht. Denn auch bei Schelling, Hegel, Nietzsche usw. wird das absolute Wagnis, der reine Schicksalscharakter der eigenen Entscheidung dadurch eingeschränkt, daß sie sich selbst gleichsam in das absolute Zeitalter stellen, in das dritte Reich, an den Anfang des Endes. Von da aus ist es ihnen zwar möglich, für alle Vergangenheit den Schicksalscharakter auch des Erkennens zuzugestehen. Sie selbst aber stehen doch wieder an einem absoluten Ort, der nicht mehr einem Nein unterworfen ist. Sie selbst sind der Entscheidung und dem Gericht enthoben: eine Hybris, über die das Gericht besonders an Hegel offenbar wurde.

Die Voraussetzung all unserer Gedanken war die, daß der Entscheidungscharakter der Wahrheit als Entscheidung gegenüber dem Unbedingten zu bestimmen ist, religiös gesprochen, daß alle Erkenntnis der

Wahrheit in einer bestimmten Schicht Gotteserkenntnis ist. Es gibt kaum eine Philosophie, für welche dieser Satz nicht gelten würde. Für die nähere Bestimmung aber kommt es nun auf die Art an, wie das Verhältnis zu Gott zu fassen ist. Hier ist zunächst die Möglichkeit zu betrachten, die im Rationalismus jeder Form verwirklicht ist und Gott mit dem Allgemeingültigen identifiziert, dadurch aber das Entscheidungsverhältnis ihm gegenüber aufhebt.

Es ist zweifellos, daß in jeder Erkenntnis ein Element der Allgemeingültigkeit steckt. Das ist aber kein Widerspruch gegenüber dem Entscheidungscharakter der Erkenntnis, sondern seine Voraussetzung. Entscheidungen fällt das Ich, das, insofern es sich entscheidet, nicht selbst wieder unter den Entscheidungen steht. Die Tiefe, ein Schicksal zu haben, widerfährt dem Träger des Geistes, der sich insofern nicht selbst wieder Schicksal sein kann. Vom Unbedingten angesprochen, auf das Unbedingte gerichtet ist die Persönlichkeit. Das heißt aber, das Geistsein, das Schicksalhaben steht nicht zur Entscheidung, insofern es Voraussetzung jeder möglichen Entscheidung ist. Diese Voraussetzung bringt das erkennende Subjekt immer mit. Ohne sie könnte es sich als Erkennendes nicht in die Entscheidung stellen. Worin besteht nun diese Voraussetzung? Offenbar in dem, was konstitutiv ist für ein Ich als Träger geistiger Entscheidungen. So weit das Konstitutive des Geistes reicht, so weit reicht die entscheidungsfreie Evidenz, so weit reicht die Sphäre des in sich ruhenden Logos. — Ihr gegenüber steht nun eine zweite Voraussetzung der Entscheidung, nämlich das Material, in dem sie sich vollzieht. Die konkrete Entscheidung ist ja nur möglich im konkreten Material, in einer geformten, vieldeutigen Wirklichkeit. Auch diese Wirklichkeit ist Voraussetzung der Entscheidung. Damit das geistige Ich in ihr als dem Material seiner Entscheidung leben kann, muß sie ihm gegenüberstehen als eine ihm fremde und doch von ihm deutbare Sinnwirklichkeit. Hier handelt es sich nun freilich nicht um Evidenz, sondern um Wahrscheinlichkeit. Das Material ist dem Ich gegenüber fremd, es ist gegeben. Es hat Nicht-Ich-Charakter. Seine Erkenntnis kann darum immer nur im Fortschritt dem Ideal der Evidenz angenähert werden. Hier ist der Logos im anderen, nicht wie vorher in sich. Aber auch hier ist er nicht im Kairos, nicht in der Entscheidungssphäre. Eine Erkenntnislehre, deren Probleme zwischen der formalen Evidenz und der materialen Wahrscheinlichkeit liegen, eine Erkenntnistheorie also, die zwischen Rationalismus und Empirismus liegt, muß an dem Entscheidungscharakter des Erkennens vorbeigehen.

Aber eine solche Erkenntnislehre übersieht ein drittes Element des Erkennens, das weder formal noch material ist und wodurch das Erkennen erst zu einer geistigen Angelegenheit wird. Es handelt sich nicht um die Anwendung der Form auf das Material, des Evidenten auf das Wahrscheinliche, also um die „Urteilskraft". Sie kann bis zur Genialität gesteigert sein, aber sie hört darum nicht auf, eine technische Funktion zu sein, die der Entscheidung in unserem Sinne entzogen ist. Das dritte Element, von dem wir reden, ist die Wesensdeutung, das geistige Verstehen der Wirklichkeit. Nicht von einer religiös-metaphysischen Sinndeutung als einer speziellen Funktion ist die Rede, sondern von dem geistigen Verstehen der Wirklichkeitszusammenhänge, wie es jedem Erkennen innewohnt. In jeder, auch der exaktesten, Technik am meisten unterworfenen Erkenntnis sind grundlegende Wesensdeutungen enthalten, die weder der formalen Evidenz noch der materialen Wahrscheinlichkeit zugehören, sondern die ursprüngliche, auf Entscheidungen gegründete Anschauungen sind. Nicht nur in der Methode, nicht nur in den philosophischen und kategorialen Grundlagen der Wissenschaften ist dieses dritte Element zu finden; es ragt tief in die materielle Erkenntnis hinein. Im produktiven Verstehen der geistigen Normen, der religiösen, der sittlichen, der ästhetischen usf. ist das ohne weiteres deutlich. Die formale Evidenz reicht hier nur bis zur Konstitution des Sinngebietes selbst, nicht weiter, und aus dem Material kann überhaupt keine Norm entnommen werden. Wo es zu konkreter Normbildung kommt, sind konkrete Entscheidungen wirksam, und nur soweit das der Fall ist, sind konkrete Normwissenschaften sinnvoll. Ebenso deutlich ist die Sachlage in der Geschichte. Geschichtliches Verstehen hat da, wo die Materialsammlung und auch die geniale Urteilskraft aufhört, offenkundig konkreten Entscheidungscharakter. Aber auch in den Gestaltwissenschaften (Soziologie, Psychologie, Biologie) gibt es ein Element der Wesensdeutung, das weder formal noch material abgeleitet werden kann. Und selbst in der physikalischen Sphäre, ja in den Auffassungen von Logik und Mathematik macht sich dieses dritte Element bemerkbar. Die unmittelbare Gestaltungskraft des Erkennens, seine eigentliche Lebensseite im Unterschied von der technischen Seite, wirkt sich in diesem dritten Element des Erkenntnisaktes aus. — Es ist nun wichtig, festzustellen, daß diese Seite nicht etwas ist, das im Erkenntnisakt selbst zum Gegenstand der Erkenntnis werden könnte. Wo das versucht würde, da würde das dritte Element, das jenseits von Form und Material liegt, selbst wieder zu einem geformten Materialen werden. Damit wäre es aber seines Sinnes beraubt. Das Erkennen wäre doch wieder der Entscheidungssphäre entzogen. Nur in der metaphysischen Anschauung kann das, was in der Wissenschaft Hintergrund bleiben muß, zu andeutendem, symbolischem Ausdruck kommen.

Die Lehre vom Entscheidungscharakter des Erkennens hat nichts zu tun mit der Lehre vom Primat der praktischen Vernunft. Die Entscheidung, von der hier gesprochen wird, ist keine moralische. Sie ist das so wenig wie eine intellektuelle. Sie liegt in der tieferen Schicht, von der diese beiden abhängig sind und die auch nur undeutlich bezeichnet ist, wenn wir sie religiös nennen. Denn auch nicht um Entscheidung im Sinne einer spezifisch religiösen Haltung handelt es sich. Gemeint ist vielmehr die Stellung zum Unbedingten, die Freiheit und Schicksal zugleich ist und aus der das Handeln ebenso quillt wie das Erkennen. In jeder religiös verwurzelten Zeit wird darum auch das Erkennen unter eine eigene fundamentale, vom Sittlichen ganz unabhängige Verantwortung gestellt. Und keine sittliche Größe kann den Abfall von der Wahrheit für ein solches Bewußtsein ausgleichen: Der Abfall von der Wahrheit wird nicht in Analogie gestellt zur Unmoralität, sondern zur bewußten Hingabe an das Dämonische im Handeln. Beides sind Seiten des einen Aktes, in dem die grundsätzliche Abwendung vom Unbedingten sich vollzieht. – Freilich, sowohl im Sittlichen wie auch im Erkennen gibt es eine Verantwortung für den einzelnen Akt, und darum besteht die Möglichkeit, die Verantwortung in der Erkenntnissphäre auf die moralische Ebene der technischen Genauigkeit, Gewissenhaftigkeit oder dergleichen abzuschieben, d. h. den unmittelbaren Entscheidungscharakter des Erkennens zugunsten der Erkenntnismoral aufzuheben. Diese der Gegenwart vertraute Auffassung ist aber nur möglich, weil die transzendente Wahrheitsbeziehung im Erkennen ebenso verlorengegangen ist wie die transzendente Wesensbeziehung im Handeln. Wer das Erkennen vom einzelnen Akt her verstehen will, muß es notwendig in eine technische Seite (die bis zur Genialität gehen kann) und eine moralische Seite (die sich bis zur Askese steigern kann) zerteilen. Er kann nicht sehen, daß entscheidend allein das dritte Element, der Freiheits- und Schicksalscharakter des Erkennens, ist. – Sobald diese Oberflächenbetrachtung durchbrochen ist, wird die Verantwortung auf beiden Seiten unendlich und unmittelbar: Der Wahrheit gegenüber ist die Verantwortung so groß wie dem Guten gegenüber, oder vielmehr, es ist *eine* Verantwortung. Von einem Primat im Praktischen kann hier nirgends die Rede sein.

In dem dritten Element des Erkennens ruht sein Entscheidungscharakter, seine echte Geschichtlichkeit, sein Stehen im Schicksal und Kairos.

4. *Erkenntnismethode und Erkenntnishaltung*

Wir stellen nun die Frage, welche Bedeutung unser Gedankengang für das wirkliche Erkennen haben könne. Führt er zu einer neuen Methode, oder ist er nur Deutung alter Methoden? Zur Beantwortung muß zunächst wiederholt werden: die dritte Schicht des Erkennens ist kein Gegenstand, der im Erkenntnisakt selbst vorkäme. Sonst würde für diesen Erkenntnisakt wieder ein drittes Element gesucht werden müssen usf. Das dritte Element ist das, was nie Objekt werden kann im Erkenntnisakt selbst und das deswegen der formalistischen und empiristischen Erkenntnislehre naturgemäß verborgen bleiben mußte. Objekt kann es nur für die Metaphysik der Erkenntnis werden. So liegt auch der Stil niemals in der Intention des schaffenden Künstlers, auch dann nicht, wenn er sich an einen Stil der Vergangenheit bewußt anschließt. *Seinen* Stil kann er sich nie bewußt geben. Erst dem geistesgeschichtlichen Betrachter (der er unter Umständen selbst sein kann) eröffnet sich der Stil (das dritte Element des Kunstschaffens). Im Erkenntnis- wie im Kunstakt selbst gibt es nur die Doppelseitigkeit von Form und Stoff. In dem Augenblick, wo der Blick sich im Schaffen selbst auf das dritte Element richtet, gehen Freiheit und Schicksal verloren, und an ihre Stelle treten subjektive Willkür und psychologische Notwendigkeit. Nur in der strengsten methodischen Konzentration kann diejenige Objektivität erreicht werden, die zum Schicksal einer Zeit werden kann. Hier liegt der ganze Ernst der Erkenntnisaufgabe, hier die notwendige Askese, die nicht eine Askese gegenüber dem Kairos, sondern gegenüber der Subjektivität ist. Denn Subjektivität ist immer „akairos". So gibt es in der Auslegung von Dokumenten aus der Vergangenheit keinen erlaubten Weg, der an der methodisch-korrekten Erfassung des „eigentlichen Sinnes" des Textes vorbeigehen könnte. Jede subjektive Deutung ist Willkür und Unfreiheit gegenüber der geforderten Wahrheit. Und in dieser Beziehung gibt es Fortschritt, Verbesserung, erfolgreiche Stufen der wissenschaftlichen Askese. Aber gerade, wenn das geschieht, wenn die methodische Strenge sich mit reiner Sachhingabe verbindet, wird das Verständnis des Vergangenen durch das dritte, ins Transzendente ragende Element des Erkennens zu der lebendigen, schöpferischen, die Vergangenheit umschaffenden Tat, die wir bei den großen Historikern erleben. Das gleiche gilt der Natur gegenüber, wo jeder Wille, schöpferisch zu sein, der kleinsten exakten Beobachtung unterlegen ist. Hier liegt der Grund für die Verderblichkeit und geistige Kraftlosigkeit der romantischen Naturphilosophie, die durchaus in Analogie steht zu den moralischen oder politischen Tendenzen in der Geschichtsschreibung. Wo das dritte Element des Erkennens *gesucht* wird, da wird es zu einer verdorbenen Empirie.

So scheint es, als ob der Satz vom Schicksalscharakter der Erkenntnis keinerlei methodische Bedeutung hätte; und doch trifft das nicht zu. Zwar die methodische Technik wird von ihm unmittelbar nicht berührt. Sie ist gut und erweist ihren Wert ständig am Experiment; und sie ist verbesserungsfähig wie alle Technik. Wohl aber wird von hier aus in Frage gestellt die innere methodische Haltung der üblichen Wissenschaft. Diese Haltung kann charakterisiert werden als Fremdheit gegenüber dem Objekt, als Herrschaftlichkeit und Durchschneidung des Lebenszusammenhanges mit ihm. Es ist die Haltung, die dem Glauben an das absolute Objekt entspricht. Der Schicksalszusammenhang des Erkennenden mit dem Dasein wird geleugnet, und daraus wird die Forderung des uninteressierten Erkennens abgeleitet. Insofern Interesse Subjektivität bedeutet, ist seine Ausschaltung Voraussetzung des Erkennens. Insofern es Lebenszusammenhang besagt, ist seine Intensität maßgebend für den Wert einer Erkenntnis. Daraus folgt, daß die Erkenntnishaltung nicht Fremdheit, sondern Vertrautheit, nicht Abstand, sondern Lebensnähe sein muß. Das Stehen mit den Dingen in Schicksalsgemeinschaft muß in jedem Erkenntniszusammenhang zum Ausdruck kommen. In Schicksalsgemeinschaft heißt aber in Gemeinschaft vor dem Unbedingten. Nicht Berührungen der Oberfläche sind also gefordert, nicht der „Strom des Lebens" in irgendeinem impressionistischen, also subjektiven Sinn ist gemeint, sondern die Gemeinsamkeit in der Verantwortung mit dem Leben, das an uns herankommt – und das heißt mittelbar mit allem Leben. Um zu den Dingen zu kommen, brauchen wir nicht nur eine methodische Technik, sondern auch eine methodische Haltung. Die technische Seite der Methode haben die letzten Zeiten zu hoher Vollendung gebracht. Von der inneren Haltung haben sie nichts mehr gewußt. Es gab Zeiten, die viel von der Erkenntnishaltung und wenig von der Technik der Methode wußten. Wir können nicht zu ihnen zurück, aber wir können sie wieder würdigen, und wir können vor allem dieses von ihnen lernen, daß der Weg zum Inneren der Dinge immer zugleich der Weg zu der Schicht ist, in der die Dinge im Schicksalszusammenhange, d. h. vor dem Unbedingten, stehen. Das *„Itinerarium mentis ad res"* ist nur möglich als *„Intinerarium mentis ad Deum"*. Das gilt zur Beurteilung der meisten derjenigen Bewegungen der Gegenwart, die eine grundsätzliche Änderung der Erkenntnishaltung einzunehmen versuchen: so etwa die biologisch-ästhetisch fundierte Lebensphilosophie, der wir zwar einen erheblichen Schritt vorwärts auf dem Weg zur Gemeinschaft mit dem Lebendigen verdanken, die aber in der biologischen Sphäre steckenbleibt und darum nicht bis zur Tiefe der Schicksalsverbundenheit mit dem Lebendigen weiterführt. So die Phänomenologie, die eine noch wichtigere Abwendung von dem fremden, technisch-herrschaftlichen Verhalten gegenüber den Dingen war, die aber weithin im Formalen steckenblieb oder mit allzu großer Eile das Technische der Methode von sich warf. So die neue Geschichtsbetrachtung, die mit dem Vorurteil zu den Dingen kommt, daß sie den Erkennenden etwas angehen, und sich bemüht, bis zur Tiefenschicht der Dinge vorzudringen, da, wo sie Schicksalsbedeutung haben. Derartiges findet sich zum Teil in der Diltheyschen und Georgeschen Schule. Der Maßstab zur Beurteilung aber muß immer die Tiefenschicht bleiben, in der die Vereinigung des Gegenwärtigen mit dem Vergangenen vor sich geht. Zur absoluten Ernsthaftigkeit der Vereinigung und des Verstehens kommt es nur da, wo man an die Dinge mit der Frage nach der Lebensentscheidung selbst herantritt und mit der Erwartung, daß sie an dieser Entscheidung beteiligt sind. Hier liegt das Problem der „theologischen" Exegese. Das Erkennen geht über in Andacht, es erhält religiöse Qualitäten, ohne seine technische Form verlieren zu dürfen. Die Vereinigung dieser Spannung von innerer, ins Transzendente gehender Haltung und methodischer Technik ist das Ideal des Erkenntnisweges.

Durch Hervorhebung der Erkenntnishaltung gegenüber der Erkenntnismethode ist eine grundsätzliche Einsicht in die Grenzen der Erkenntnis gegeben. Wohl ist es möglich, die Methode als das Technische grenzenlos auf jeden Gegenstand anzuwenden, und es ist unbedenklich, ja notwendig, daß es geschieht. Bedenklich wird es nur, wenn vergessen wird, daß auf diese Weise Vorbedingungen der Erkenntnis geliefert sind, nicht aber Wahrheit erfaßt ist. Die Möglichkeit, Wahrheit zu erkennen, ist abhängig von Entscheidung und Schicksal, ist begründet im Kairos. Auch dem hingebenden Eindringen, der besten Erkenntnismethode, öffnet sich nicht jede Wirklichkeit, sondern nur diejenige, die in schicksalhafter Verbundenheit an der eigenen Entscheidung beteiligt ist. Das enthebt nicht von der Verpflichtung, sich um jede Wirklichkeit zu bemühen, teils weil jede mit jeder verbunden ist, teils weil niemand und keine Zeit a priori weiß, wohin der Erkenntnisweg sie führt. Doch läßt sich sowohl für einzelne wie für Zeitalter ein instinktives Haltmachen oder ein vergebliches Andringen auf weite Gebiete der Wirklichkeit feststellen. Es ist notwendig, diesen Tatbestand ins Bewußtsein zu ziehen, um der Hybris des absoluten Erkenntnissubjekts entgegenzutreten und die Grenzen aufzuweisen, die der Kairos dem Logos steckt.

Und das gilt schließlich für die Methode selbst. Auch die Methode ist ja nicht nur Technik, sie ist mitbedingt und entscheidend mitbedingt durch die Haltung. Das ist der Grund, warum trotz der technischen Seite nicht jede Methode zu jeder Zeit möglich ist. Vielmehr verrät sich zu allererst in der Methode, was schicksalsmäßig an der Zeit ist, welche Bahnen der Kairos dem Logos eröffnet.

II. Kairos und Logos als Seinsfrage

1. *Wirklichkeit und Schicksal*

Gegen den ganzen, von der Erkenntnis ausgehenden Gedankengang kann sich nun von der Wirklichkeit her der Einwand erheben: Soll nicht im Erkennen das Wirkliche erfaßt werden, und ist nicht das Wirkliche einheitlich? Ist nicht also jede Entscheidung des Subjektes – subjektiv und somit unwahr? Folgt nicht aus dem geschichtlichen Charakter des Erkennens die Unmöglichkeit des Erkennens? Ist nicht die Entthronung des absoluten Subjekts zugleich eine Entthronung des erkennenden Subjekts? Ja, man könnte weitergehen und sagen: Ist damit nicht einfach die pragmatische Erkenntnistheorie erneuert, ist nicht im Grunde das Erkennen seiner sachlichen Bedeutung beraubt? Nun dürfte man freilich, wenn man so spricht, nicht den üblichen biologischen Pragmatismus heranziehen, aber man könnte vielleicht von einem religiösen Pragmatismus reden. – Betrachten wir einen Augenblick diesen Begriff: Offenbar wäre ein religiöser Pragmatismus ein solcher, in dem die Norm der Begriffsbildung die Stellung zu Gott wäre. Die Entscheidung dem Unbedingten gegenüber wäre Ursprung der Begriffsbildung, die keinen anderen Sinn hätte, als diese Entscheidung, diese Stellung zu rechtfertigen. Angenommen, dieser Satz gelte, so würde er ja besagen, daß das Subjekt in seiner Begriffsbildung nicht etwas Subjektives zum Ausdruck bringen will, sondern gerade das, wodurch es auf seine Subjektivität verzichtet, das Unbedingte. Sobald der Pragmatismus religiös würde, wäre er also in sich selbst überwunden. Denn richtig von seiner Stellung zum Unbedingten reden, hieße ja richtig reden überhaupt. Es wäre die Schicht erreicht, in der der Gegensatz von *theoria* und *pragma*, also der Pragmatismus, aufgehoben wäre.

Doch ist es notwendig, die gestellten Fragen unmittelbar und positiv zu beantworten. Es ist notwendig, den Begriff der Wirklichkeit selbst zu untersuchen.

Dabei ist es zweckvoll, von gewissen Lösungen auszugehen, die sich bei Hegel einerseits, bei Marx andererseits finden. Denn beide sind für unsere Fragestellung von überragender Bedeutung. Beide haben versucht, Idealität und Geschichtlichkeit zu vereinigen, Hegel, indem er die Geschichte der Idealität unterwirft, Marx, indem er die Idealität als Ideologie der Geschichte unterwirft. Es ist noch niemals mit ausreichender Deutlichkeit gezeigt worden, daß bei beiden die Wendung zu einer grundsätzlichen Neubestimmung des Verhältnisses von Wirklichkeit und Erkenntnis vorliegt, und zwar in der Richtung auf einen dynamischen Wahrheits- und Wirklichkeitsbegriff.

Für Hegel ist das Wirkliche des Geschehens das Vernünftige, d. h. die in der Geschichte sich verwirklichende Vernunftidee. Das Wichtige ist nun aber dieses, daß die Vernunftidee oder besser die Reihe der Ideen sich so verwirklicht, daß sie eingeht in eine konkrete innergeschichtliche Gestalt, nicht als deren Gedanke, sondern als deren wesenhafte Wirklichkeit, die alle ihre Äußerungsformen bestimmt. Die tragende Gestalt nennt Hegel den Volksgeist. Er ist die Stätte der Verwirklichung des Ideellen. Darin liegt nun ein schweres Problem. Das Volk, abgesehen von der geistigen Idee, ist eine biologisch-soziologische Gestalt mit vielseitigem Lebenswillen, der gleichgültig ist gegen die Vernunftidee und ihr ebenso dienen wie ihr widerstreben kann. Wie kommt die Verschmelzung zustande? Nach Hegel so, daß sich die Idee durch List auch der widerstrebenden Tendenzen bedient, um zu ihrem Ziel zu gelangen. Aber das Bild von der List der Idee ist keine Lösung des Problems. Die Idee an sich ist kein handelndes Wesen; das wird sie erst in Einheit mit dem Volk. Und der Volksgeist kann sich nur dann mit der Idee verschmelzen, wenn sein Widerstreben gegen sie nur Schein ist, nur die Form ihrer lebendigen Verwirklichung. Dann aber kann von keiner List mehr die Rede sein. Die Lösung des Problems vom Hegelschen Denken aus ist die Lehre von der vorherbestimmten Harmonie von Idee und Geschichte, und es kann wohl kein Zweifel sein, daß dieser Gedanke bei Hegel im Hintergrund steht. Aber er bedeutet in Wahrheit die Aufhebung echter Geschichtlichkeit, zu der das Neue, Unerwartete, der Sprung wesensmäßig gehören.

Bei Marx — dem echten, nicht dem materialistisch verstümmelten — ist die produzierende Gesellschaft das wahrhaft Wirkliche, und die Ideen sind nur Spiegelungen der Gesellschaftslage. Aus der Idee wird die Ideologie. Dem Wort Ideologie haftet der Makel an, daß es immer mehr zur Bezeichnung von Gedanken geworden ist, die einer innerlich überholten Machtgruppierung entsprungen sind und von den Trägern der Macht benutzt werden, um ihre Herrschaft aufrechtzuerhalten. Das ist aber nicht der ursprüngliche Sinn, sondern eine agitatorische Umbiegung des Wortes. Immerhin war diese Umbiegung nahegelegt, da das Wort ja von Anfang an die allgemeingültige Wahrheit der Begriffe in Frage stellen sollte.

Wenn die Ideologie den wahren Ausdruck einer bestimmten Gesellschaftslage bezeichnet und die jeweilige Gesellschaftslage das Reale ist, so enthält das Wort Ideologie keine Verneinung des Wahrheitsgedankens, sofern dieser die Übereinstimmung von Erkenntnis und Wirklichkeit fordert. Nur das ist neu, daß hier die Wirklichkeit selbst als im Wesen veränderlich gedacht wird. Und demgemäß der Ausdruck des Wesens im begrifflichen Denken der Veränderung unterliegen muß, wenn anders er wahr sein soll. So wichtig die Frage ist, die der Begriff der Ideologie stellt, so unzulänglich ist die bisher gegebene Antwort. Zunächst ist der formale Einwand zu erheben, daß der ideologische Wahrheitsbegriff zum mindesten *eine* Ausnahme machen muß, nämlich bei seiner eigenen, alle Zeiten umspannenden These. Ist auch diese nichts als Ideologie, so gilt sie nur für ihre Zeit, nicht aber für alle Geschichtsperioden. Aber auch sachlich ist zu sagen, daß die Gleichsetzung von Wirklichkeit und gesellschaftlicher Struktur unmöglich ist. Dabei fällt die Natur hin, und die Vergangenheit hört auf, eine eigene Wirklichkeit zu sein. Sie wird ein ideologischer Spiegel der Gegenwart.

Das war nun keineswegs die wirkliche Meinung von Marx, der in dieser Beziehung dem allgemeinen Wissensglauben seiner Zeit durchaus zustimmte. Wie sich aber dieser zum Begriff der Ideologie verhält, was Ideologie im echten Sinne ist, was gegenständliche Wahrheit ist, diese Fragen hat sich Marx nicht gestellt; und der spätere Marxismus war nicht einmal mehr dazu imstande infolge seiner materialistischen Naivität.

Und doch ist es kein Zufall, daß die Frage nach dem dynamischen Charakter der Wahrheit und Wirklichkeit auf dem Boden stärkster Aktivität gestellt wurde, von dem Führer einer Bewegung, für die eine Lebensfrage war, was für den bloßen Betrachter interessantes Problem bleiben konnte, die Bedingtheit der geistigen Formen durch die Gesellschaftslage. An einen Sieg dieser Bewegung war nicht zu denken, solange nicht den Gegnern der Ewigkeitsglanz ihrer geistigen Schöpfungen geraubt war. Der Begriff der Ideologie war ein Kampfmittel von geradezu dämonischer Genialität, um alle geheiligten Wahrheiten der bürgerlichen und feudalen Kultur auf einmal zerbrechen zu lassen. Und es ist zu verstehen, daß der Sozialismus trotz der offenkundigen logischen Fragwürdigkeit dieses Begriffes auf eine solche Waffe nicht verzichtet. Und nicht nur als Waffe dient sie ihm. Die zahlreichen Bestrebungen, die sich um den Begriff der proletarischen Kultur gruppieren, haben dort ihren ideologischen Ausgangspunkt. Es ist durchaus an der Zeit, daß die „bürgerliche Wissenschaft" sich erheblich mehr als bis jetzt um diese Dinge bemüht, nicht um sie zu „widerlegen", sondern um sie zu verstehen, und das heißt an ihnen weiterzuarbeiten.

Die Fortbildung soll nun in folgender Richtung versucht werden. Die dritte Schicht im Erkennen neben reiner Form und reinem Stoff, die qualitativ unveränderliche, eigentlich geschichtliche Schicht, ist nicht nur vom Erkennen aus, sondern ebenso von der Wirklichkeit aus zu deuten. Vom Erkennen aus hatten wir sie bestimmt als Entscheidungssphäre, und zwar hatten wir gesehen, daß die Entscheidung in der Stellung dem Unbedingten gegenüber besteht, und wir hatten von der Zweideutigkeit jeder Entscheidung gesprochen. In diesem Begriff der Zweideutigkeit hatten wir die Wurzel der Individualität gefunden, die Stelle, wo die Individualität in die metaphysische Tiefe hinabreicht, durch die sie bedeutungsvoll wird. Diese Betrachtung hat aber die Einseitigkeit, daß sie von dem einzelnen in seiner Losgelöstheit von Gemeinschaft und Welt ausgeht und darum einen abstrakten Freiheitsbegriff voraussetzt. Nun meinten wir aber nur die Freiheit, die zugleich Schicksal ist, und haben dem an vielen Stellen Ausdruck gegeben. Dennoch stand im Vordergrund gleichsam die Freiheitsseite des Schicksals. Nun ist es an der Zeit, nach der Schicksalsseite der Freiheit zu fragen. Diese Frage aber führt uns unmittelbar auf die Frage nach dem Wesen der Wirklichkeit zurück. Es wird zunächst folgendes deutlich: In der Entscheidung steht das Subjekt nicht der Wirklichkeit gegenüber, sondern bleibt mit ihr verbunden. Wäre es anders, so wäre das absolute Subjekt zwar überwunden, aber an seine Stelle wäre das willkürlich relative Subjekt getreten und damit der Wahrheitsgedanke zerstört. Wird demgegenüber die Entscheidung verstanden zugleich als Freiheit und Schicksal, als Einsamkeit und Verbundenheit, so ist dieser Abweg unmöglich gemacht. — Das gleiche kann auch so gezeigt werden: Würde an Stelle des leeren Subjektes im Erkennen das zufällig erfüllte Subjekt treten, so würde die Sphäre der Entscheidung überhaupt nicht erreicht sein. Denn die Subjektivität ist ja die naturnotwendige Gegebenheit, also das Vorgeistige, Vorpersönliche, das, was Material, aber nicht Tat ist. Es ist überaus wichtig, die Lehre von der Geschichtlichkeit des Erkennens abzugrenzen gegen den Vorwurf, sie befördere die Subjektivität des Erkennens. Subjektivität ist eine vorgeschichtliche Kategorie. Die geschichtlichen Kategorien aber sind

Freiheit und Schicksal. Wo von Schicksal gesprochen wird, da ist die Verbundenheit der freien Tat – nur was frei ist, hat Schicksal – mit dem gesamten Dasein erkannt, aber mit dem Dasein nicht, sofern es in sich selber ruht, sondern sofern es vor dem Unbedingten steht. Nur wo diese Beziehung des Daseins gemeint ist, ist wirklich Schicksal gemeint, und nicht der Wechselbalg von Zufall und Notwendigkeit. Wie die Freiheit subjektiv vor dem Unbedingten steht, so das Schicksal objektiv. Beides aber ist eins in jedem Geschehen, das Geschichte ist.

Die freie Tat der Erkenntnisentscheidung ist also eins mit dem Schicksal des Daseins, in dem die Tat geschieht. Die freie Tat des Erkennens ist Ausdruck des Schicksals, in dem erkannt wird. Dabei ist vorausgesetzt, daß die Tat frei und nicht subjektiv ist, demgemäß, daß ihre Gebundenheit an das Dasein Schicksal und nicht Notwendigkeit ist. Das Erkennen ist wahr, insofern es subjektiv frei, objektiv Schicksal ist. Dann, und nur dann ist es Ausdruck des Daseins, also in Übereinstimmung mit seinem Gegenstand. Auch der gewöhnliche Sprachgebrauch kennt Gedanken, die das Schicksal einer Zeit sind, und meint solche, in denen die eigentliche Tiefe einer Zeit, ihr Stehen vor dem Unbedingten, schöpferisch, d. h. frei, zum Ausdruck kommt.

Die dritte Schicht des Erkennens ist also diejenige, in der das Schicksalsmäßige der Wirklichkeit zum Ausdruck gebracht wird, die Lebenstiefe, die es vor dem Unbedingten hat. Es gibt auch eine Seite der Wirklichkeit, die weder unter empirischer noch unter rationaler Notwendigkeit steht, die darum auch weder empirisch noch rational erfaßt werden kann, die vielmehr schicksalsmäßig ist und darum nur in der Freiheit der Entscheidung erkannt wird. Wo aber solche freie Entscheidung stattfindet, da ist sie wieder nichts anderes als Offenbarung dieser Seite des Daseins. Das dritte Element des Erkennens entspricht also dem dritten Element des Seins. Die transzendente Schicht des Erkennens entspricht der transzendenten Schicht des Seins.

2. *Idee und Schicksal*

Die dynamische Auffassung der Wirklichkeit, der wir uns in den letzten Ausführungen genähert haben, bedarf nun einer Durchführung, durch die ihre Bedeutung für das Erkennen erst offenbar werden kann. Wir werden zu der Frage geführt, inwiefern Erkenntnis, also Wesenserfassung möglich ist, wenn das Wesen selbst dynamisch ist. Gilt doch das Wahre als das Ruhende im Wechsel. Wie ist es möglich, das Wesen des Wechselnden zu erfassen, wenn nicht das Wesen selbst dem Wechsel entzogen ist? Wenn die Wirklichkeit in ihrer Wesenstiefe Schicksalscharakter hat, wie ist dann Wesenserkenntnis möglich? Mit dieser Frage aber stehen wir vor dem Problem der Idee.

Wie auch die Idee im Sinne Platos aufzufassen ist, ob mehr erkenntnistheoretisch, ob mehr ontologisch, auf alle Fälle ist dieses mit ihrem Begriff gegeben, daß sie das Geltende oder Seiende im Sinne des nicht Wechselnden bedeutet, daß sie der Zeit enthoben ist und alles Zeitliche davon lebt, daß es an ihr teilhat. Der statische, ruhende Charakter der Idee im platonischen Sinne ist zweifellos. Er ändert sich auch da nicht, wo die Idee von ihrem transzendenten Ort in die Dinge selbst hereingezogen wird, wie bei Aristoteles, ebensowenig da, wo sie zum Gedanken oder zur ersten Hypostase Gottes gemacht wird, wie bei den späteren Akademikern und Plotin. Die Welt der ewigen Wesenheiten wird vom Fluß der Zeit nicht berührt, der ewige „Sohn" ist dem Werden nicht unterworfen. Diese Gedanken sind um so wichtiger, als sie mit der praktischen Haltung der Antike in engstem Zusammenhang stehen. Der Wille zur Überwindung des praktischen geschichtlichen Daseins, die Höchstschätzung der reinen Anschauung, später die Stufenaskese, deren Ziel schließlich die Einigung mit dem Überseienden ist: all das entspricht der statischen Fassung der Idee. — Auch auf abendländischem Boden war die Sachlage nicht wesentlich anders. Zwar trat für die methodische Linie der Renaissancephilosophie die Idee in wachsendem Maße in den Hintergrund. Aber der Gesetzbegriff, der an ihre Stelle trat, hatte den gleichen statischen Charakter, ungeachtet aller Dynamik seiner Anwendung. Und aller Apriorismus, kritischer wie phänomenologischer, ist statisch und kann in engste Verbindung mit der antiken Ideenlehre treten. Auch für Schelling gab es keinen Zweifel an der Konstanz der Idee. Aber an einem Punkte zeigte sich der Unterschied gegen die Antike doch deutlich: Die Ideen waren bei ihm polar geordnet. Das dualistische Prinzip seiner Naturphilosophie machte sich geltend.

Damit sind wir zu der zweiten, irrationalistischen Linie der abendländischen Philosophie geführt, und zwar vor allem zu Jakob Böhme. Auch Böhme hat eine Ideenlehre, die sich in den meisten Formulierungen im neuplatonischen Rahmen hält; und doch ist etwas in ihr, das diesen Rahmen sprengen muß, eben die Polarität und Spannung in der Ideenwelt. Für Böhme ist die Ideenwelt Offenbarung des göttlichen Ungrundes, der sich in ihr entfaltet. Die Entfaltung aber geht dualistisch vor sich, durch den Gegensatz des dunklen, selbstischen, kontraktiven Prinzips gegenüber dem lichten, gütigen, mitteilenden. Zwar ist dieser Gegensatz in Ewigkeit aufgehoben. Das dunkle Prinzip ist die Basis des lichten geworden. Es ist an dem Ort, an den es gehört, an dem es die Tiefe und Realität der Idee bildet. Darum ist Einheit, Harmonie, Gegensatz nur als Spiel in der Welt der Idee, d. h. in der unmittelbaren göttlichen Selbstentfaltung. Aber dieses Spiel enthält eine Drohung in sich; es kann ernst werden. Dann nämlich, wenn das dunkle Prinzip nicht im Grunde bleibt, sondern sich erhebt, erregt wird und als Grimm die Harmonie der Liebe zerstört. Das ist geschehen, und dieses Geschehene ist der Fall „Luzifers", bei Schelling der Fall des „Menschen der Idee" und mit ihm der Ideenwelt überhaupt.

Welches ist der logische Gehalt dieses Mythos? Offenbar der, daß in der Idee selbst das dynamische Element angeschaut wird, das zur Geschichte führt. Die Ideenwelt ist nicht nur das Prinzip der Vollendung, sondern in ihr ist eine Zweideutigkeit, eine Drohung, eine Kraft, mit sich selbst in Widerspruch zu treten, fortzutreiben zur geschichtlichen Offenbarung der in ihr geeinten Elemente. Die Böhmesche Ideenwelt und die des zweiten Schelling treibt fort zur Geschichte, nicht deduktiv, sondern im Sinne eines Sprunges, der nahegelegt ist in der Idee, der die innere Versuchung der Idee ist. Während die platonische Idee die ewige Ruhe bietet, ist die Böhmesche Idee eine Einheit von Ruhe und Unruhe, ein bewegliches, in sich fragwürdiges, von unendlichen Spannungen schwangeres Wesen. Die Idee hat innere Unendlichkeit, nicht etwa für einen gedachten Beschauer, sondern für sich selbst, und in die innere Unendlichkeit der Idee wird jeder hineingerissen, der sie anschaut. Wohl ist eine Ruhe, ein ewiges, statisches Element in ihr, sonst wäre sie nicht Idee, also Wesen des Wechselnden, und die Unruhe hätte keinen Widerstand, an dem sie als Unruhe offenbar werden könnte. Aber dieses statische Element ist nicht loslöslich von dem dynamischen. Darum kann der, der die Idee anschaut, niemals in ihr zur Ruhe kommen. Da nun aber ohne Ruhe kein absolutes Erkenntnissubjekt möglich ist, so kann jede Erkenntnis der Idee nur zweideutig sein, wie jeder Moment der inneren Unendlichkeit der Idee eine Verendlichung und darum selbst zweideutig ist. Das heißt aber, es gibt keine Erfassung des Wesens der Dinge, außer in der Entscheidung, weil das Wesen der Dinge selbst im Schicksal steht.

Erst wo die dynamische Auffassung der Idee sich durchsetzt, ist die Geschichte echter Erkenntnisgegenstand und das Erkennen selbst in die Geschichte einbezogen ohne Preisgabe des Wahrheitsgedankens. Eine Metaphysik der dynamischen Geschichtserkenntnis auf Grund eines Wahrheitsgedankens muß als möglich gelten. Es fragt sich nun aber, ob die dynamische Ideenlehre auch für die Natur einen Sinn hat. Die Natur mit ihren Formen und Gesetzen ist immer wieder ein schwerer

Druck auf die Waage des Gedankens für das Statische und gegen das Dynamische. Das gilt insonderheit da, wo die Natur unter der Herrschaft der mathematischen Form steht, also dem Entscheidungscharakter des Erkennens fast völlig enthoben ist. Man könnte dafür eintreten, daß, wie die statische Ideenlehre der Hintergrund des Naturerkennens war, so die dynamische Ideenlehre der Hintergrund der Geschichtserkenntnis werden müsse.

Aber der Gegensatz von Natur und Geschichte hat für unsere Betrachtung nur so viel Recht wie die Polarität von Ruhe und Unruhe, von Statik und Dynamik, von Ewigkeit und Unendlichkeit der Idee. Natur und Geschichte auseinanderreißen und auf zwei Arten von Metaphysik der Idee verteilen, hieße die Urelemente auseinanderreißen, und damit die Erkenntnisentscheidung der Natur gegenüber freiheitslos, der Geschichte gegenüber schicksalslos machen.

Von beiden Seiten her kann das verdeutlicht werden. Wir hatten gesehen, daß in der Entscheidung die Individualität zu ihrer Tiefe und Bedeutsamkeit kommt. Nun ist aber offenkundig, daß Individualität im psychologischen und soziologischen Sinne auf einer Naturgrundlage ruht, und daß diese Naturgrundlage unlöslich verknüpft ist mit dem biologischen, physikalischen, ja mit dem gesamten mikrokosmischen und makrokosmischen Geschehen. Das heißt aber, die Geschichte ist nicht eine Sondersphäre der abstrakten Freiheit über oder neben der Natur, sie ist vielmehr die eine Seite von Vorgängen, die in jedem Augenblick auch die andere Seite, die Natur und die Gesamtheit ihrer Zusammenhänge, in sich tragen. Alle Geschichte ist auch Natur. Ein Idealismus der Freiheit, der diese Einsicht übersieht, bleibt abstrakt und verfällt dem Gericht, in Naturalismus umzuschlagen. Es ist also unmöglich, eine dynamische Metaphysik des Geschichtserkennens mit einer statischen des Naturerkennens zu verbinden. Die historische Dynamik wird zu einem Schein, zur Oberflächenspiegelung, wenn es keine Dynamik der Natur gibt, sondern die statischen Gesetze der Natur alles geschichtliche Geschehen zu einer komplizierten Spielart allgemeiner Gesetze machen. – Ebenso gilt das Umgekehrte: die Natur hat in jedem Moment etwas in sich, was nicht durch die Statik der unveränderlichen Gesetze zu bestimmen ist. Daß sie so ist, wie sie ist, mit diesen Qualitäten – und ließen sich noch so viele auf Quantitäten zurückführen, das Ur-Quale läßt sich nicht beseitigen –, das ist nicht ableitbar, das ist Schicksal im Sinne unbedingter Setzung. Der Sinn dieses Existentiellen der Natur, dieses Nur-Seienden, aber erfüllt sich in der Geschichte. In der Geschichte bricht das Schicksal, die unbedingte Setzung, als Freiheit durch. In der Geschichte spricht die Natur ihre Tiefe aus.

Es zeigt sich also, daß die Metaphysik des geschichtlichen Erkennens die Metaphysik der Naturerkenntnis notwendig in neue Bahnen reißt. In Bahnen, die dem mythischen Bewußtsein nie fremd waren, die aber im Interesse der rationalen Naturerkenntnis und Naturbeherrschung für lange Zeit verlassen wurden, obwohl sie sich der unbefangenen Naturbetrachtung aufs nachdrücklichste darbieten.

Wesen und Schicksal sind nicht fremd gegeneinander: das ist das Ergebnis dieser Ausführungen. Das Schicksal gehört zum Wesen. Die Idee ist innerlich unendlich; sie steht der Erscheinung nicht gegenüber als die ruhende Vollendung, an der die Erscheinung unvollkommen Anteil hat, sondern sie treibt selbst zur Erscheinung, zur Ausschüttung ihrer inneren Unendlichkeit, zum historischen Schicksal. Wesenserkenntnis ist Erkenntnis des Wesens im historischen Schicksal, nicht jenseits desselben. Darum ist Wesenserkenntnis nicht abgeschlossen und kann es auch nicht annäherungsweise sein, wie die Phänomenologie zum Teil meinte. Wesenserkenntnis hat teil an der inneren Unendlichkeit jedes Wesens. Ideenschau ist nicht Schau der ruhenden Idee, angeregt durch ein hervorragendes Exemplar, sondern ist Schau der Idee in ihrem historischen Schicksal. Dem Teilhaben der Dinge an der Idee entspricht ebenso ernsthaft ein Teilhaben der Idee an den Dingen. Der Logos wird Fleisch; er geht ein in die Zeit und offenbart seine innere Unendlichkeit.

3. *Dialektik und Schicksal*

Dialektik ist die Kunst, das Verhältnis der Ideen zueinander und zur Existenz zu bestimmen. Über diesen subjektiven Gebrauch des Wortes Dialektik führt die Erwägung hinaus, daß die Dialektik nur dann Wahrheit erfassen kann, wenn die Ideen selbst in einem Verhältnis zueinander und zur Existenz stehen, dem die dialektische Form angemessen ist; mit anderen Worten: wenn die Ideen selbst dialektisch sind. So wird Dialektik aus einer Kunst, Beziehungen aufzudecken, zu einem Ausdruck für eine bestimmte Art von Beziehungen selbst. In diesem Sinne ist das Wort hier zu verstehen. Wir fragen also: Wie gestaltet sich von unseren Voraussetzungen aus das Verhältnis der Ideen zueinander und zur Existenz, und welche Wege muß darum das dialektische Denken gehen, um diese Beziehungen zu erfassen?

Wir beginnen mit der Betrachtung des Verhältnisses von Idee und Existenz und stellen fest: wenn die Lehre von der inneren Unendlichkeit der Idee zutrifft, so ist die Existenz zu deuten als Heraustreten der inneren Unendlichkeit der Idee. Dieses Heraustreten aber ist Verwirklichung. Wäre die Idee in sich vollendet, wäre sie abgeschlossen, würde das Bild des in sich zurücklaufenden Kreises für sie gelten, so könnte die Existenz nur gedeutet werden als Abfall der Idee von sich, als Minderung ihrer Wirklichkeit, im besten Fall als Erscheinung im Gegensatz zum Wesen. Ist aber die Idee für sich unendlich, hat sie also das Element der Unruhe, der Zweideutigkeit in sich, nämlich in ihrem Wesen, so ist die Existenz Verwirklichung, so hat die Idee historisches Schicksal, so ist der Gegensatz von Wesen und Erscheinung aufgehoben.

Wir lehnen also diejenige Bestimmung des Verhältnisses von Wesen und Existenz ab, die das Wesen unhistorisch, schicksalslos macht und die Existenz dem Wesen gegenüber seinsmäßig und wertmäßig herabdrückt. Dialektik ist Betrachtung des Wesens, insofern es im Schicksal steht, nicht des Wesens, insofern es schicksalslos bleibt.

Für den Griechen ist die Idee ohne Schicksal, das Schicksal der Existenz aber ist tragisch; es untersteht dem dämonischen Gesetz des Demiurgen. In der ganzen Spätantike und durch sie in breiten Schichten des mittelalterlichen Geistes wirkt diese Auffassung nach. Sie verwandelt mit innerer Notwendigkeit die Dialektik in Askese und reine Theoria. Die Dialektik erlöst vom Schicksal.

In verdünnter, technisierter Form wirkt diese Auffassung im Apriorismus der Kantianer nach. Freilich ist es hier nicht mehr die Wesensfülle, die dialektisch erfaßt werden soll, sondern nur noch die kategorialen Formen. Alles übrige ist Stoff, und das heißt: nicht Schicksal, sondern Material der technischen und moralischen Beherrschung. Es ist entdämonisiertes, aber auch entleertes Chaos. Das Verhältnis von Wesen und Existenz ist das der unendlichen Annäherung der Existenz an das Wesen. Das ist dem griechischen Gedanken des Abfalls gegenüber eine wichtige Wendung, eine Wendung, wie sie nur auf dem Boden der Überwindung des platonischen Demiurgen durch den christlichen Schöpfergott möglich war. Wesen und Existenz sind nicht durch die Kluft des Abfalls voneinander getrennt. Und doch bleiben sie getrennt: denn die Annäherung ist unendlich, das heißt, sie ist nie wirklich. Die unendliche, ins Leere treibende Dynamik ist in dieser Dialektik ebenso deutlich zum Ausdruck gebracht wie der asketische Erlösungswille der reinen Theoria in der platonischen Dialektik. Auch hier ist die Dialektik im Grund schicksalslos. Der einzelne Moment ist nur als Schritt auf dem Wege von Bedeutung. Da aber der Weg unendlich ist, so ist er bedeutungslos – es sei denn, daß das Schreiten selber bedeutungsvoll wird. Wird es das aber, dann ist der ganze Gegensatz von Wesen und Existenz und die Forderung einer wirklichen Annäherung beider fallengelassen und die lebendige Bewegung selbst zum Wesen erhoben.

Eine solche Auffassung, konsequent durchgeführt, würde nun freilich jede Dialektik aufheben. Sie löscht das Wesen aus zugunsten der Existenz, hat nun aber kein Mittel mehr, die Wahrheit der Existenz zu erfassen. Sobald sie es doch versucht, sobald sie der Dynamik des Geschehens eine Deutung gibt, einen Rhythmus, eine Struktur, ein Ziel, ist sie bei dem dialektischen Problem angekommen.

Der bisher wichtigste Versuch, die Idee dynamisch zu fassen, ihre innere Unendlichkeit und damit ihr Eingehen in die Existenz zu verstehen, ist Hegels Dialektik. Die Idee wird konkret, sie individualisiert sich, sie geht in die Geschichte ein, sie erfährt ein Schicksal. Hier und nirgends so wie hier zeigt sich die Größe des Hegelschen Denkens. Er weiß um den Sinn des historischen Schicksals; und doch ist seine Lösung unzulänglich. Im entscheidenden Augenblick triumphiert das Wesen über die Existenz, die Vollendung über die Unendlichkeit und damit die Statik über die Dynamik. Der Philosoph stellt sich an den Punkt der Geschichte, wo die Geschichte ihr entscheidendes Wort gesprochen hat, wo der ganze Weg übersehen werden kann, wo der Kreis sich geschlossen hat. Damit aber wird das Schicksal der Idee entwertet. Sie ist reicher geworden durch ihr Eingehen in die Geschichte als die platonische und erst recht als die Kantische Idee; aber sie ist nicht unerschöpflich; ihre innere Unendlichkeit steht nicht als Drohung über jeder, auch der erfülltesten Existenz. Darum herrscht der Logos über den Kairos. Über der Notwendigkeit des dialektischen Fortschritts wird die Zweideutigkeit der Verwirklichung übersehen. Es fehlt die Möglichkeit, daß alles Vergangene in einem neuen Kairos neu gesetzt wird.

Damit sind wir zu der zweiten Grundfrage der Dialektik gekommen, der Frage nach dem Verhältnis der Ideen untereinander. Für die statische Wesensauffassung ist die Welt der Ideen ebenso in sich geschlossen, wie die Einzelidee für sich vollendet ist. Sie ist eine Hierarchie, ein vollendeter Bau, in dem eins mit dem anderen gegeben ist, indem es keine Ernsthaftigkeit des Auseinander gibt, wie Hegel von der Welt der formalen Idee sagt. Das Auseinander, das Gegeneinander, der Streit fallen der Existenz zu und sind für das Verhältnis der Ideen an sich unwesentlich. „Der Krieg", von dem Heraklit sprach, sein Doppelweg des Wirklichen, seine Zweideutigkeit aller Dinge, wird der Erscheinung zugestanden, nicht aber dem Wesen. Das Verhältnis der Wesenheiten kann eindeutig bestimmt, die Weltstruktur kann angeschaut werden. Oder kantisch gesprochen, die Einheit des

Mannigfaltigen, die Synthesis der Synthesen, ist das Ziel des unendlichen Prozesses.

Auch hier zeigt sich die Größe Hegels; er kennt das Ja und Nein im Wesen selbst, er kennt den Widerspruch, der von Idee zu Idee treibt. Niemand hat wie er die Zweideutigkeit des Wesens geschaut. Die Verwendung der Zweideutigkeit als Prinzip historischer Dialektik ist eine Geistestat von entscheidender Wichtigkeit. – Hegels Grenze liegt auch in diesem Punkte darin, daß vom Gesamtprozeß aus gesehen die Zweideutigkeit aufgehoben ist, der Widerspruch unernsthaft wird. Die Notwendigkeit der Synthese macht die Antithese zu einem Element des Ganzen, läßt es nicht ernsthaft zu einem Widerspruch gegen das Ganze kommen. Die Geschichte ist aufgenommen in die Synthesis der Synthesen, aber sie ist nicht die sprengende Kraft jeder denkbaren vollendeten Synthesis.

Damit ist die Forderung begründet, die an eine kommende Dialektik gestellt werden muß: sie muß die Beziehung der Wesenheiten, die Struktur des Wesentlichen so zu erfassen suchen, daß die Zweideutigkeit jeder Lösung in der Lösung selbst sichtbar wird. Es darf nicht auf die Lösung verzichtet werden. Denn das hieße Verzicht auf die Dialektik und damit auf Wesenserkenntnis. Aber keine Lösung darf den Versuch machen, sich der Drohung zu entziehen, die mit der inneren Unerschöpflichkeit der Idee gegeben ist. Und vor allem: die Dialektik darf weder gradlinig noch abgeschlossen gedacht werden. Die in sich unendliche Idee beweist ihre Unerschöpflichkeit, ihre Bedrohlichkeit für jede Existenz dadurch, daß sie in den realen Widerspruch eingeht, daß sie aus ihrer Tiefe schlechthin Unerwartetes, Uneingeordnetes, Neues setzt.

Andrerseits hört sie darum nicht auf, Idee zu sein, und die Dialektik hört nicht auf, Dialektik zu sein. Das Nein zur Gradlinigkeit und Abgeschlossenheit ist kein Ja zur Sinnlosigkeit. Wie in der Tiefe der Idee selbst Gleichheit mit innerer Unendlichkeit, Wesensklarheit mit Wesensunerschöpflichkeit sich einen, so muß in der Dialektik die Einheit von Eindeutigkeit und Zweideutigkeit der Wesen aufgezeigt werden: die Eindeutigkeit, ohne die es nicht möglich wäre, sie zu nennen, die Zweideutigkeit, die jeden Namen in Frage stellt, nicht um eines besseren Namens willen – das ist Fortschrittsdenken –, sondern um eines neuen Namens willen auf Grund eines neuen Hervorbrechens der Tiefe der Idee.

Die Idee steht im Schicksal, d. h. zuletzt: unser Erkennen der Idee ist nicht Flucht von der Existenz zum Wesen, ist nicht Annäherung der Existenz an das Wesen, sondern ist Schicksal der Idee in der Existenz, ist ein Ausdruck, eine Existenzform ihres Schicksals. Dialektik ist der Versuch, von diesem Kairos aus das Schicksal der Ideen zu begreifen. Weil aber dieser Versuch sich selbst als Schicksal weiß, erhebt er sich nicht über das Schicksal, sondern bleibt in ihm; er weiß sich als einen Ausdruck, eine Existenzform des innerlich unendlichen Wesens; er weiß sich verknüpft mit dem Gesamtschicksal und weiß, daß er nur möglich ist durch dieses in all seinen Momenten; aber er weiß auch, daß das Gesamtschicksal an ihn gebunden ist und in ihm neu zur Wirklichkeit kommt. In dieser Wechselwirkung des Verstehens von Gegenwärtigem und Vergangenem, von Eigenem und Fremdem verwirklicht sich die Einheit von Kairos und Logos.

III. Kairos und absoluter Standpunkt

Die Lehre vom Entscheidungscharakter der Erkenntnis hat wie jede Relativierung der Wahrheit den Einwand gegen sich, daß diese Lehre sich selbst relativiere und damit aufhebe. Denn wenn die Lehre vom Entscheidungscharakter des Erkennens selbst eine Entscheidung ist, so ist ihr Urteil über die Zweideutigkeit von Sein und Erkennen selbst zweideutig. Was aber für jede Erkenntnis gilt, darf nicht auch für die Erkenntnis von jeder Erkenntnis gelten, da es sonst aufhören würde, für alles zu gelten. Andrerseits, wenn eine Ausnahme zugestanden wird, so ist an einem Stück Wirklichkeit der zweideutige Charakter des Seins durchbrochen. Es wäre an einem Punkt der Standpunkt des Unbedingten erreicht. Ist das möglich? Es wäre unmöglich, wenn die Aufhebung der Zweideutigkeit des Daseins an irgendeinem Ort des Daseins stattfinden sollte, wenn der Entscheidungscharakter des Erkennens durch den Zusammenhang des Erkennens selber begründet werden sollte. Was im Kontext der Erkenntnis steht, ist der Zweideutigkeit des Erkennens unterworfen. Also muß dieser Satz selbst dem Kontext der Erkenntnis enthoben sein. Er muß einer anderen Sphäre als der der Erkenntnis entspringen. Er muß Ausdruck für die Relation des Erkennens auf das Unbedingte, also Ausdruck einer zentralen metaphysischen Haltung sein. Unsere Ausführungen können keinen Zweifel darüber lassen, daß es so gemeint ist. Ein Urteil, das der Zweideutigkeit enthoben ist, ein Urteil von unbedingter eindeutiger Wahrheit kann nur das fundamentale Urteil über das Verhältnis von Unbedingtem und Bedingtem selbst sein. An diesem Punkt ist die

Subjektivität des Erkennenden und die Zweideutigkeit des Erkannten ausgeschaltet. Denn der Inhalt dieses Urteils ist ja der, daß die Subjektivität unter das Nein vom Unbedingten her gestellt wird und ein Ja für sich nur im Sinne der Zweideutigkeit erhält. Dieses Urteil ist somit das Urteil schlechthin, das von jeder seiner Ausdrucksformen, auch von der hier gegebenen, unabhängig ist, das die Wahrheit schlechthin konstituiert. Es gibt nichts, was sich diesem Urteil entziehen könnte. Es selbst aber ist die Voraussetzung alles Urteilens, Fragens, Antwortens. Man hat darum eigentlich kein Recht, es ein Urteil im besonderen Sinne zu nennen, es ist vielmehr der dem Urteilen innewohnende metaphysische Sinn. Wird es wie hier zu einem ausdrücklichen Urteil gemacht, so verliert es als solches die Würde, die ihm als Urteilssinn zukommt. Es begibt sich in den Kontext der Erkenntnis und steht mit ihm unter dem Nein. Der absolute Standpunkt ist also nie ein Standpunkt, auf dem man stehen kann, er ist vielmehr der *Wächter*, der das Unbedingte schützt, der eine Verletzung der Unbedingtheit durch einen bedingten Standpunkt abwehrt. Aber der Wächter ist nicht der Bewachte, und wenn er es zu sein beansprucht, so ist gerade er es, der die Wache aufhebt und das Heilige verletzt. Mit diesen Begriffen ist der Standpunkt des gläubigen Relativismus erfaßt, d. h. desjenigen Relativismus, der den Relativismus überwindet.

Das Problem des Relativismus oder des absoluten Standpunktes kann in folgenden drei Stufen beantwortet werden: Die Relativität im Sinne des unendlichen Fortschrittes gilt für das Verhältnis von Form und Stoff des Erkennens. Hier gibt es keinen absoluten Standpunkt außer dem der reinen Form, durch die aber nichts Wirkliches erkannt wird. Die zweite Stufe liegt in dem, was wir den Entscheidungscharakter der Erkenntnis und den Schicksalscharakter des Seienden genannt haben. Hier entspringen die konkreten Setzungen, deren Relativität nicht als methodischer Zweifel und Fortschritt in Frage kommt, sondern als Zweideutigkeit des konkreten Schicksals. An Stelle des Zweifels tritt hier das Gericht und an Stelle des Fortschritts die Schöpfung. – Die dritte Stufe endlich ist nichts anderes als die Offenbarung dieser Zweideutigkeit aller Erkenntnis, also der Wächterstandpunkt, der es hindert, daß irgendeine Erkenntnis den Anspruch auf Unbedingtheit erhebt.

Wir haben den absoluten Standpunkt als Wächterstandpunkt charakterisiert, als einen solchen also, der nicht eigentlich ein Standpunkt ist, sondern nur ein ständig mit dem Gegner wechselnder Kampf gegen irgendeinen Standpunkt, der sich unbedingt setzen will. Aber der Wächter ist zugleich der, der auf das Heiligtum hinweist, das er bewacht. Sein Dasein selbst ist dieser Hinweis. Der absolute Standpunkt, der Punkt also, von dem aus der Relativismus aufgehoben ist, ist nur möglich als Hinweis und Abwehr zugleich. – Damit ist für die Wahrheitsfrage durchgeführt, was im Grundprinzip des Protestantismus, dem Prinzip der Rechtfertigung aus dem Glauben, enthalten ist: dieses nämlich, daß im Zusammenhang des Daseins eine anschaubare Verwirklichung des Heiligen nicht vorhanden ist, daß alles Dasein dem Unbedingten gegenüber zweideutig bleibt. Diese Zweideutigkeit aber ist nicht sittlich, sondern religiös gemeint. Auch in der Sittlichkeit offenbart sie sich, aber nicht nur in ihr. Daß im Protestantismus die Rechtfertigung ausschließlich auf das Sittliche bezogen wurde und vielfach noch bezogen wird, leistete einer moralistischen Auflösung des protestantischen Grundprinzips Vorschub. Zugleich ermöglichte es dem Humanismus, einen schicksalslosen, abstrakten Wahrheitsgedanken durchzuführen und die Wahrheit für sich in Beschlag zu nehmen. Das theologische Denken wurde aus der Sphäre der Wahrheit in die der Sittlichkeit verdrängt.

Der abstrakte Wahrheitsgedanke ist zur Zeit stark erschüttert. Es fragt sich nun, ob eine Rückkehr zu dem absoluten Standpunkt der Scholastik stattfinden soll, der sich nicht bescheidet, Wächter zu sein und Hinweis, sondern der selbst absoluter Standpunkt sein will. Ist dieser Weg aber nicht möglich – und er wäre nur möglich durch eine Katastrophe und Primitivierung des gesamten abendländischen Geisteslebens –, so bleibt nur übrig, daß bezüglich der Wahrheitsfrage der Wächterstandpunkt des Protestantismus eingenommen wird. Dafür ist in diesen Ausführungen gesprochen. Er ist der ehrliche Ausdruck unserer Lage, der Wirklichkeit und dem Kairos angemessen. Der protestantische Wahrheitsgedanke ist der eigentlich lebendige, spannungsreiche, die Wirklichkeit und den Geist erschütternde Begriff der Wahrheit. Jederzeit war viel die Rede von dem protestantischen Ethos, seinen Spannungen und seiner Größe. Nicht ebenso von der protestantischen Wahrheitsauffassung. Es gibt kaum diesen Begriff. Das hatte zur Folge, daß das protestantische Erkennen in eine bisher völlig ungelöste Krisis geriet. Soll diese Krisis nicht negativ enden und der Protestantismus endgültig in profaner Moral endigen, so muß eine Lösung der Krisis gefunden werden. Der Protestantismus hat ein Recht zu dem Bewußtsein, ein Prinzip in sich zu tragen, das noch völlig unausgeschöpft ist und das für die Wahrheitsfrage von entscheidender, befreiender und aufbauender Bedeutung ist.

Die Lehre vom Wächtercharakter des absoluten Standpunktes gibt dem Begriff des Kairos seine letzte Erfüllung. Ein Zeitmoment, ein

Geschehen verdient den Namen des Kairos, der Zeitenfülle im prägnanten Sinne, wenn es angeschaut werden kann in seiner Beziehung zum Unbedingten, wenn es vom Unbedingten redet und wenn das Reden von ihm ein Reden vom Unbedingten wird. Eine Zeit derart ansehen, heißt sie in ihrer Wahrheit ansehen. Denn die Wahrheit einer Zeit ist ihre Stellung zu dem sie tragenden und richtenden Unbedingten. Erkenntnis aus dem Kairos heraus ist also nicht Erkenntnis aus dem Beliebigen, Zufälligen einer Zeit heraus, sondern aus ihrem tragenden Sinn. Darum sprachen wir in all unseren Untersuchungen vom Schicksal und verstanden in diesem Wort das Getragensein der Zeit vom Ewigen. Wahre Erkenntnis ist nicht absolute Erkenntnis. Dieser Hybris macht der Wächter ein Ende; sondern wahre Erkenntnis ist Erkenntnis aus dem Kairos, also aus dem, was Schicksal der Zeit ist, aus dem, worin die Zeit getragen ist vom Unbedingten.

Der dynamische Wahrheitsgedanke scheint den Erkennenden ins Grenzenlose und Haltlose zu stürzen, und es ist verständlich, daß sich ihm gegenüber dic Sehnsucht nach dem Begrenzten, Festen erhebt, wenn es auch nur als Ideal geschaut wird. Aber nicht der dynamische, sondern der statische Wahrheitsgedanke ist die eigentliche Gefahr für das Erkennen; er stellt den Geist ständig vor die Alternative: Einssein mit der Wahrheit oder Getrenntsein von der Wahrheit; und die fortschrittliche Vermittlung, die sich der Wahrheit unendlich annähern will, fällt ganz auf die negative Seite der Alternative. Es verhält sich damit wie mit der religiösen Haltung des Mystikers: Einheit mit Gott, Vergottung, oder Getrenntheit von Gott, Gottesferne: in diesem Auf und Ab geht das Leben des Mystikers dahin, in diesem Auf und Ab auch das Leben im statischen Wahrheitsgedanken, sofern er genügenden Ernst und genügende Tiefe hat. Der Relativismus ist die Abschwächung des statischen Wahrheitsgedankens, die sich ergibt, sobald das Bewußtsein über die Verzweiflung jener Alternative hinauskommen will. Nicht der dynamische Wahrheitsgedanke ist relativistisch. Er hat kein statisches Absolutes, auf das bezogen er relativ genannt werden könnte, sondern der statische Wahrheitsgedanke zwingt zum Relativismus, sobald die Hybris des absoluten Standpunktes zerbrochen ist. Der dynamische Wahrheitsgedanke überwindet die Alternative „absolut-relativ". Denn der Kairos, der Schicksalsmoment des Erkennens, ist absolut, insofern er in diesem Augenblick vor die absolute Entscheidung für oder wider die Wahrheit stellt, und er ist relativ, sofern er weiß, daß diese Entscheidung nur als konkrete Entscheidung, als Zeitschicksal möglich ist. So dient der Kairos nicht der Verhüllung, sondern der Offenbarung des Logos.

GLÄUBIGER REALISMUS I.

Das mir gestellte Thema: „Gläubiger Realismus" möchte ich in das Thema „Wirklichkeit" umwandeln. Realismus ist ein philosophischer Kampfbegriff. Er leitet an, auf die Gegenbegriffe wie Idealismus, Positivismus und dergleichen zu sehen, das heißt er leitet an, auf Begriffe zu achten, statt auf Sachen. Das ist für gewisse Zwecke, namentlich der wissenschaftlichen Arbeit, unvermeidlich, und es kann auch ein Weg zu den Sachen sein; denn in jedem dieser Begriffe liegt eine ursprüngliche Schau, die irgend jemand oder irgendeine Zeit gehabt hat. Aber es kann auch ein Weg von den Sachen fort sein. Die Welt der Begriffe kann sich verselbständigen und als Nebelschicht vor die Sachen legen. Dann werden Begriffe aus Begriffen abgeleitet, Begriffe durch Begriffe abgetan ohne neue ursprüngliche Anschauung. Das ist Scholastik im negativen Sinne dieses Wortes, neben dem man freilich den positiven Sinn nicht vergessen darf, die tiefsinnige, mystisch-empirische Wirklichkeitschau des mittelalterlichen Geistes. Das also sei der erste Ausdruck unseres Realismus, daß wir an den Begriffen vorbei den Sachen selbst uns zuwenden und uns fragen, was sehen wir eigentlich, wenn wir auf Wirkliches schauen, warum haben andere anderes geschaut, und was ist die wahrste und letzte Schau des Wirklichen?

Diese Frage enthält schon eine Antwort, eine Antwort, die so selbstverständlich scheint, daß sie kaum je zum Gegenstand einer Frage gemacht wird, und daß sie sofort einleuchtet, wenn sie ausgesprochen wird: dieses nämlich, daß das wahrhaft Wirkliche uns nicht unmittelbar gegeben ist, sondern daß wir es in dem, was uns gegeben ist, suchen müssen. Wir fragen nach dem Wirklichen, wir begnügen uns nicht damit, uns von ihm tragen zu lassen, selbst ein Wirkliches unter anderem Wirklichen zu sein. Unser Geist spaltet die Wirklichkeit in Schichten größerer und geringerer Wirklichkeitskraft. Dieses Sich-Erheben über die Unmittelbarkeit, dieses Spalten der Wirklichkeit ist das, was den Geist zum Geist macht. Es ist nicht etwa so, daß der Geist eine neue Wirklichkeit aus sich schöpfen und über die gegebene stellen will. Das ist seine Versuchung, aber nicht seine Wahrheit. Oft genug erliegt er dieser Versuchung. Im Formalismus aller Gebiete erliegt der Geist der Versuchung des Geistes. Die Wahrheit des Geistes aber ist dieses, daß er die

Wirklichkeit zerfällt, um die Wahrheit des Wirklichen zu fassen. Wirklichkeit ist, was im Wirkungszusammenhang steht. Und das wahrhaft Wirkliche ist das, was den Wirkungszusammenhang trägt. Was wirkt, muß Macht haben. Das wahrhaft Wirkliche ist das wahrhaft Mächtige, mächtig nicht im sozialen Sinn, sondern seinsmächtig, erfüllt mit Macht, zu sein. Jede Begegnung mit Dingen und Menschen zeugt von ihrer Macht, zu sein und von dem Grade dieser Macht. Seinsmächtigkeit in abgestufter Größe dringt aus jedem Ding, aus jeder Person auf uns ein und zwingt uns, dessen unauflösliche Wirklichkeit anzuerkennen. In jedem Wirklichen ist Widerstand, aber in jedem Wirklichen ist auch Ausströmen, Entgegenkommen. Das Nichtwirkliche ist das Widerstandslose, das was nicht ausströmt, das Ohnmächtige. Wenn der Geist die wahre Wirklichkeit, die wahre Macht des Seins finden will, so muß er durchbrechen durch die Schichten relativer Ohnmacht – relativer, nicht völliger Ohnmacht. Denn sonst könnten sie dem Geist keinen Widerstand entgegenstellen, könnten ihm nicht durch Ausströmen eine zeitweilige Erfüllung gewähren. Die Oberflächenschichten der Wirklichkeit wären kein Hindernis für den Geist, wenn sie nicht eine gewisse Macht, zu sein, in sich trügen. Es ist die Würde des Geistes, daß er ihre Ohnmacht aufdeckt gegenüber dem wahrhaft Mächtigen. Wo aber ist dieses zu finden? Durch die Antwort auf diese Frage scheiden sich die Kulturen.

Die Ohnmacht der Dinge zeigt sich in ihrer Zeitgebundenheit, in ihrem Werden und Wechsel und Ende. Hier lag das große tragische Welterlebnis des Griechen. Ihn beunruhigte der Wechsel der Dinge. Er suchte ihr Bleibendes. Die Seinsohnmacht der Dinge, die er sah, und der Verhältnisse, in denen er lebte, trieb ihn zu leidenschaftlichem Suchen nach dem wahrhaft Mächtigen. Und er fand die wahre Macht des Seins in dem, was das Wort meint und der Begriff ergreift. Nicht das einzelne Blatt, aber die Gestalt des Blattes, das Wesen Blatt, auf das Wort und Begriff sich richten, das ist die Macht des Blattes. Diese Gestalt stirbt nicht. Sie ist ein ewiges, sinnvolles Gebilde, aus dessen Macht das einzelne Blatt die Möglichkeit seines Seins schöpft. Wer die Macht der ewigen Formen in Natur und Gesellschaft angeschaut hat, dem muß die Wahrheit dieser Seinsauffassung unmittelbar eindringlich sein. Es ist ein Verhängnis, daß das Wort Idee, das für Plato Ausdruck höchster Seinsmächtigkeit war, in unserem Sprachgebrauch Bezeichnung des Ohnmächtigsten geworden ist. Daran ist der wissenschaftliche Formalismus schuld, der nicht mehr weiß, was für eine Macht des Wirklichen dem Griechen die ewigen Gestalten waren, und der Plato zu einem Lehrer formaler Kategorien machen will. Dadurch ist das Wort

Idealismus fast unbenutzbar geworden, und Ideologie bedeutet den Mißbrauch von Ideen und Symbolen zur Deckung eigenen Machtwillens. Von all dem ist bei den großen Griechen keine Rede. Darum bedeutet *theoria,* zu deutsch Anschauung, etwas völlig anderes bei ihnen als bei uns. Theorie steht der Praxis, dem handelnden Leben nicht einfach gegenüber, sondern sie ist zugleich die höchste Stufe des Handelns, sie ist die Erhebung in die Sphäre der reinen Seinsmächtigkeit, sie ist Ziel des gesamten Lebensprozesses und nur durch die Leistung der Gesamtpersönlichkeit zu erreichen. So sucht der Grieche die Macht des Seins in dem, was jenseits der Zeit liegt, zu dem er flieht aus dem Wechselnden und Vergänglichen, um es anzuschauen und sich mit ihm zu einen. Mystischer Realismus ist seine Antwort auf die Frage nach der Wirklichkeit.

Anders die Renaissance, die unsere geistige Lage bestimmt hat. Für sie ist die Macht des Seins der Mensch, denn er ist der Träger des Geistes; in ihm sind die Mächte aller Sphären konzentriert; er ist der Mittler zwischen ihnen; er zwingt sie in seinen Dienst, zuerst durch Magie, dann durch Technik – er setzt die Zwecke, und alle Dinge werden entmächtigt im Dienst dieser Zwecke. Die Welt wird angeschaut als Maschine. Das, was an ihr berechenbar, konstruierbar, in den Dienst einstellbar ist, das ist ihre wahre Wirklichkeit, darum bemühen sich in Wechselwirkung Naturwissenschaft und Technik. Auch dabei entstehen Gestalten, die wunderbaren Gebilde der Technik, die ein drittes Reich bilden zwischen Natur und Geist, die ihr eigenes Leben und ihre eigene Schönheit haben, und zwar um so mehr, je reiner sie dem Zweck unterworfen sind, je vollkommener sie für den Dienst konstruiert sind. Aber freilich: mit diesen Gebilden kann man sich nicht einen wollen. Sie sind, was sie sind, durch ihre Existenz. Die Idee der Maschine hat keinen Platz in der Welt der reinen Idee. Für sie ist das Zur-Existenz-Kommen wesensbestimmend. Darum besitzen wir kein System der technischen Gebilde, wie wir ein System der Tiere und Pflanzen haben. Es wäre gut, wenn wir es hätten, wenn wir die technischen Gebilde, diese Produkte, in denen unendliche Geistesfülle Gegenstand geworden ist, ebenso lebendig und differenziert schauen dürften, wie die Gebilde der Natur. Aber dann ist immer dieses eine entscheidend: daß sie zur Existenz gebracht sind. Ihre Seinsmächtigkeit liegt nicht jenseits der Existenz, sondern in der Existenz, im Prozeß ihrer Erzeugung. Technische Realität führt nicht aus der Existenz heraus, sondern in die Existenz ein. Und doch ist es auch hier nicht die bloße Außenschicht des Daseins, die das eigentlich Wirkliche ist, sondern eine Tiefenschicht, die nur durch völlige Hingabe und schwere

Opfer zu erreichen ist. Das wird zur Zeit oft verkannt, namentlich von romantischer Seite – auch in der Jugendbewegung.

Die Technik dient dem Menschen, sie ist ihm unterworfen. Seine Zwecksetzung wird allen Dingen auferlegt. Um dieses Zweckes willen werden die übrigen Wesen ihrem Eigenzweck entfremdet, sie werden entmächtigt, um eine neue Macht im Dienst des Menschen zu erhalten: der Baum wird zum Holz, das Tier zur Arbeitskraft, der Fels zum Baustein, die Erde zum Damm, das Wasser zur Straße, das Eisen zur Maschine. Und, was die eigentliche Paradoxie ist, der Mensch selbst kann zu dem werden, wozu er Dinge zwingt: zum Werkzeug, zur Maschine, zur Arbeitskraft. Er kann wie die Dinge entmächtigt werden, um in die neue Macht des technischen Gebildes als Glied eingefügt zu werden. Seine wahre Wirklichkeit kann in dem gesehen werden, worin er mechanisierbar, einfügbar in einen Zweckzusammenhang ist. Alles Vitale, Seelische, Geistige, was über diese technische Gliedhaftigkeit überschießt, ist Privatsache, wird nicht beachtet und muß als störend beseitigt werden. Das alles liegt als Möglichkeit in der technischen Wirklichkeitsauffassung; daß es Tatsache wurde, für das Proletariat weithin Tatsache ist, liegt freilich nicht an der Technik, sondern an Recht und Wirtschaft und den Mächten, von denen beide getragen sind. – Und damit tritt ein neues Moment in die Betrachtung: die Frage nach dem Zweck. Die Antwort der Renaissance, daß der Mensch der Zweck ist, kann nur verstanden werden aus der Erwartung der Renaissance, daß mit Hilfe der Technik die Idee der Menschlichkeit, die *humanitas* zur Verwirklichung kommen würde. In den seligen Ländern der Utopia befreit die Technik den Erdgebundenen von seiner Bindung, erhebt ihn aus der Sklaverei mechanischer Arbeit, macht ihn zum Überwinder von Raum und Zeit. So wird die Technik zum Erfüller uralter Menschheitsträume, mystischer Visionen, in denen die ursprüngliche Verbundenheit des Menschen mit allen Wesen und zugleich seine Erhebung über sie nachklingt. In dieser Zweckbestimmung aber liegt eine neue Erfassung der Macht des Seins: es ist der Mensch als Träger des Geistes. Er, der die Wirklichkeit spaltet, um das wahrhaft Seiende zu fassen: er ist zugleich das wahrhaft Seiende. In der tiefsten Schicht des Seins findet er den Geist wieder, mit dem er an die Wirklichkeit herangeht, mit dem er sie sich unterwirft. Der Geist hat die Wirklichkeit geschaffen, die er umschafft: das ist der ursprüngliche Zusammenhang von Idealismus und Technik, der noch jetzt die tiefste, edelste Kraft der schöpferischen Techniker ist. Technischer Realismus ist dem Ursprung nach Realismus des schaffenden und seinen Zwecken gemäß umschaffenden Geistes. Auch darin liegt, daß das wahrhaft Wirkliche in der Existenz zu finden ist, in der schaffenden und umschaffenden Kraft, die den Dingen nur die Seinsmacht läßt, die ihrem Dienst am Zweck des Geistes zukommt.

Uns erscheint die Zusammenstellung von Technik und Idealismus romantisch. Mit Unrecht! Aber freilich: es ist eine fremde Macht über die Technik gekommen. Die Technik mit ihren unbegrenzten Möglichkeiten war die Versuchung. Die Entscheidung aber gab die Wirtschaft und ihre Zwecksetzung. Aus der Herrschaft des Geistes wurde die Herrschaft der Willkür, des zufälligen, oft sinnlosen Bedürfnisses. Aus der Herrschaft des Menschen wurde die Herrschaft über Menschen, wurde Klassenherrschaft und der Versuch, zu Gunsten weniger alle Übrigen im Dienst des Zweckes zu entmächtigen. Die eigentliche Seinsmacht ging über auf das zufällige Bedürfnis, also auf die Oberflächenschicht, die an Stelle des Geistes trat. Das Wesen des Menschen ist grenzenloses Bedürfnis. Ihm dienen Menschen und Dinge, der ganze gewaltige Zweckzusammenhang, von dem die Welt verwandelt ist und nach dessen Sinn man nicht mehr fragt. Immer neue Bedürfnisse erzwingt die Wirtschaft, selbst gezwungen durch die Gesetze ihrer frei gewordenen Natur, und immer neuen Dienst von Menschen und Dingen, um diese Bedürfnisse zu befriedigen. Die Triebkraft dieser Wirtschaft aber ist die Gegenschaltung aller Interessen, die höchste Anspannung im Dienste der eigenen Bedürfnisbefriedigung und damit in der Einspannung der der anderen in den Dienst des eigenen Zweckes. Aus dem technischen Realismus mit seiner idealistischen Zweckbestimmung ist der ökonomische Realismus geworden, der den ökonomischen Machtwillen als die eigentliche Realität des Seienden betrachtet. Seinsmächtig ist gleichbedeutend mit ökonomisch mächtig. Dabei konnte nicht verborgen bleiben, daß vielfach das Ökonomische nur Mittel für den reinen Machtwillen ist, und es entsteht die Betrachtung der Mächtigkeit des Seienden als Macht über anderes Seiendes. Der Wille zur Macht wird zum Kern der Wesen und die Durchschlagskraft ihres Willens zum Maßstab ihrer Wirklichkeit. Dieser ökonomisch-politische Realismus nimmt den technischen in sich auf: die Unterworfenen, Dinge und Menschen, werden entmächtigt, bis sie der Zwecksetzung der Mächtigen technisch eingeordnet sind. Der *Mensch* ist die Macht des Seins, nämlich der Herrschende, sozial Mächtige, der alle Wesen technisch entmächtigt bis zur reinen Zweckunterworfenheit. – Es ist kein Zweifel: dieser ökonomische Realitätsbegriff ist der entscheidende in unserer Zeit. In ihm, als wäre er selbstverständlich, leben die meisten. Er bezaubert alle, die in den ökonomischen Kampf eintreten; er läßt sie vergessen, daß sie einmal das wahrhaft Wirkliche, die eigentliche

Macht des Seins, an anderer Stelle suchten. Er entwürdigt die Technik und verdunkelt ihren Sinn bis zur Unkenntlichkeit. Er läßt die Arbeit des Geistigen, das Denken und Anschauen, als Romantik und Überstiegenheit erscheinen: denn das Geistige übersteigt diese Realität. Er schafft diese Mischung von Überheblichkeit und Resignation, welche die kennzeichnet, die im ökonomischen Kampf stehend Realismus nur als ökonomischen Realismus zu deuten vermögen und von da aus jeden anderen Realismus als Schwärmerei abtun.

Und doch: diejenigen, die am tiefsten von der Herrschaftslage des ökonomischen Realismus getroffen sind, glauben ihm gerade nicht. Denn sie empören sich gegen ihn. Kein Proletarier fühlt sich durch ihn überzeugt. In ihm lebt zumeist der alte Gedanke des technischen Realismus: die Befreiung aller von der Sklaverei des Mechanischen durch die Maschine, die angemessene und allen dienende Bedürfnisbefriedigung. Und seine Lage bekommt den Stempel historischen Schicksals. Der ökonomisch-politische Realismus wird zu einem Zeitschicksal, das einst nicht war und einst nicht sein wird. Das wahrhaft Wirkliche aber wird der historische Prozeß, in dem das Schicksal der Gegenwart sich vollzieht. Eine neue Schau des Wirklichen bricht durch. Auch sie bleibt nicht gebunden an die Oberflächenschichten des Daseins. Sie ringt, wie es dem Geist entspricht, um die Tiefenschicht. Die historische Analyse des kapitalistischen Zeitalters, die Karl Marx gegeben hat, ist Beispiel machtvoller Durchbrechung der Ohnmachtsschichten des Seins bis zur Schicht der wahren Seinsmächtigkeit. Die aber ist das Dialektische, das heißt die historische Spannung, auf der das historische Schicksal beruht. Die wahre Seinsmacht des Seienden ist seine Geschichte. Wir haben diese Wirklichkeitsschau im Anschluß an die Lage des Proletariats entwickelt. Sie ist nicht daran gebunden. Sie ist überall da, wo der Gedanke des Endes wirksam ist, wo eine Gespanntheit auf das Kommende dem Vergangenen Gegenwartsbedeutung gibt und die Existenz, das Hier und Jetzt, im Mittelpunkt der Seinserfassung steht. Der Existenz hatte sich schon der technische und ökonomische Realismus zugewandt, aber der Existenz im Sinne des zufälligen Bedürfnisses und der Existenz im Sinne des immer gleichen Machtwillens. Beides wird durchbrochen vom historischen Realismus. Das Hier und Jetzt ist nicht das Zufällige, nicht der Augenblick, sondern das, was in diesem Augenblick getragen ist vom Vergangenen, gespannt ist zum Zukünftigen. Es ist christlich-protestantische Haltung, die im Jetzt, im historisch gefüllten und gespannten Hier die Macht des Seins sucht. Die Auffassung der Geschichte als Heilsgeschichte wahrt die Existenz, der die Griechen entfliehen, die der Renaissancemensch beherrschen wollte.

Darum ist der historische Realismus die eigentlich protestantische Form der Erfassung des Seinsmächtigen. Er schließt die anderen Formen nicht einfach aus. Denn nichts kann geschichtlich sein, was nicht eine Macht des Sich-Gleich-Bleibens hat, auf das sich Wesensschau, Konzentration und Askese richten müssen. Ohne dieses Element gäbe es keine Wissenschaft, gäbe es keine Macht des Persönlichen. Und es gibt keine geschichtliche Spannung ohne den Willen zur Gestaltung und Umgestaltung, ohne Setzung von Zwecken und Mitteln, ohne Technik und Politik. Im historischen Wesen der Dinge ist immer auch ein ewiges Wesen und eine Macht der Dinggestaltung enthalten. So ist der historische Realismus der reichste und seine Wirklichkeit die lebendigste.

Messen wir uns mit seinem Maßstab, so wird er zum Urteil über unsere gesamte Geisteshaltung. Er stellt eine Grundforderung an uns: *Nichts als Macht des Seins anzuerkennen, was nicht auch Macht unseres eigenen Seins, was nicht im Hier und Jetzt unser Schicksal ist.* Und das bedeutet erstens: wir können die Tiefe der Wirklichkeit nur in dem Maße erfassen, als wir in die Tiefe unseres eigenen seelischen Seins dringen. Kein Akt unseres Geistes vermittelt uns Wirklichkeit, der nicht zugleich Ohnmachtsschichten unseres seelischen Seins durchstößt. Unsere meiste Schulwissenschaft gibt uns Möglichkeiten, die vielleicht einmal Wirklichkeiten werden, dann freilich in ganz anderer Mächtigkeit, die aber meistens Möglichkeiten bleiben und die Wirklichkeit überschatten. Und historischer Realismus bedeutet zweitens: Wir können die Tiefe der Wirklichkeit nur in dem Maße erfassen, als wir in die Tiefe unseres sozialen Seins dringen. Kein Akt unseres Geistes vermittelt uns Wirklichkeit, der nicht zugleich Ohnmachtsschichten unseres sozialen Daseins durchstößt. Unsere akademische Wissenschaft schwebt über den Wassern einer historischen Realität, von deren Existenz sie auch dann kaum etwas ahnt, wenn sie sie geschichtlich bearbeitet. Denn auch dann bleibt sie über den Wassern, taucht nicht ein in die Spannungen, die aus der Vergangenheit in die Zukunft drängen und erfaßt darum immer nur den Schaum des Wirklichen, nicht seine Macht, seine gewaltige, umwälzende Dynamik.

Und noch eine andere Konsequenz hat dieses „über der historischen Realität". Es schlägt um in eine Gebundenheit des Geistes an Oberflächenschichten der Wirklichkeit. Da niemand in bloßen Möglichkeiten leben kann, erfüllt man den Geist mit Wirklichkeiten geringer Macht und führt diesen Wirklichkeiten die Kraft des Geistes zu, man stützt sie, statt sie zu durchstoßen. So wird der Geist von vielen benutzt, um ihren seelischen Ohnmachtsschichten einen Halt zu geben. Es entsteht die geistige Verhärtung der Oberflächenschicht des Seelischen. Und so wird der Geist von der Mehrheit unserer Gebildeten benutzt, um ihrer sozialen Zufallslage Halt zu geben. Es entsteht die geistige Verhärtung der sozialen Herrschaftslage, das, was das Proletariat mit Bitterkeit als bürgerliche Bildung verwirft: meistens mit Unrecht, sofern es sich um den Vorwurf bewußten Mißbrauchs des Geistes handelt – durchweg mit Recht, sofern tatsächliches, unbewußtes Verhalten gemeint ist.

Der historische Realismus befreit den Geist von dieser doppelten Verzerrung. Er ist verantwortliche Erfassung des Wirklichen, weil er es im Hier und Jetzt des eigenen Schicksals erfährt.

Damit stehen wir vor einer neuen, der entscheidenden Frage: *nach der letzten Macht des Seienden, nach dem wahrhaft Wirklichen im unbedingten Sinne und damit nach der Erfassung des Wirklichen in unbedingter Verantwortlichkeit.* Wenn die Tiefe des Wirklichen im Hier und Jetzt, im historischen Schicksal liegt, so ist die Frage: Was steht zuletzt im Jetzt und Hier, was ist der letzte Sinn des historischen Schicksals? Oder: welches ist die Macht des Seienden, die nicht mehr bedroht ist von dem Erweis ihrer Ohnmacht? Wo ist das Unbedingt-Mächtige? Gäbe es auf diese Frage keine Antwort, so würde der Geist im Abgrund des Nichts versinken, so würde die Ohnmacht, der Ohne-Sinn des Seienden das letzte Wort sein. Und diese Drohung ist keine abstrakte Möglichkeit. Sie ist die reale Bedrohung unserer Zeit. Und nicht nur die eigentlich Verzweifelten sind von ihr erfaßt, sondern viele auch unter uns, die sich an eine Ohnmachtsschicht nach der andern klammern, um der letzten Bedrohung zu entgehen, der sie nicht standhalten könnten. Wird aber die Frage nach dem Unbedingt-Mächtigen beantwortet, so ergibt sich eine eigentümliche Paradoxie. Ist es das Unbedingt-Mächtige, so besteht keine Möglichkeit, sich seiner zu bemächtigen, so ist es das, was für den Geist, der das Unbedingt-Mächtige sucht, das schlechthin Unerreichbare ist. Hier kann der Geist nicht spalten, hier kann er nicht ergreifen. Nur dieses kann geschehen, daß *er* gespalten, daß *er* ergriffen wird. Und das ist Glaube. Er ist kein besonderer Geistesakt, sondern er ist die Erschütterung, die Umwendung aller Geistesakte. Aber er ist zugleich das, was dem Geist seinen Sinn, seine Realiät gibt, was ihn hindert, ins Bodenlose zu sinken. Und das, wovon der Geist ergriffen wird, vielleicht ergriffen wird, ist nicht ein Etwas, nicht eine nachweisbare Schicht des Seins. Wäre es das, es wäre ja wieder von der Ohnmacht des Seienden bedroht. Sondern es ist das, was alle Macht des Seienden entmächtigt und zugleich dem Abgrund der Ohnmacht entreißt. Das Unbedingt-Wirkliche, das Letzt-Wirkliche übersteigt jede Macht der Wirklichkeit. Es ist das Übersteigen, die Transzendenz selbst.

Das weiß jeder echte Realismus. Er ist entweder ungläubig, das heißt er bleibt in der Seinsschicht, die er auf seinem Wege erreicht hat. Oder er ist gläubig, und dann bricht er durch sie hindurch. Der mystische Realismus weiß, daß die höchste mystische Schau nicht ein Weg, sondern nur einem Ergriffensein zugänglich ist. Darin ist er gläubig – was auch immer der sogenannte Glaubensstandpunkt für eine Karikatur aus ihm gemacht hat. Darum scheidet der technische Realismus den Glauben völlig aus seiner Wirklichkeitserfassung aus und kommt zu einem Nebeneinander, das freilich mit notwendiger Konsequenz in Unglauben umschlägt. Darum kann der historische Realismus, der im Hier und Jetzt das Unbedingt-Wirkliche sucht, sein Erscheinen nur beschreiben als Ergriffenwerden im Hier und Jetzt durch das Unbedingt-Übersteigende von Hier und Jetzt.

Der Realismus, ob gläubig oder ungläubig, erkennt die unbedingte Mächtigkeit des Unbedingten an. Er schwächt sie nicht ab. Er erweckt nicht die Erwartung, daß es möglich wäre, von sich aus zum Unbedingten zu gelangen. Er bekämpft alles Überstiegene und Übersteigerte, weil er das Übersteigende schlechthin kennt. Das Unbedingt-Mächtige, die letzte Macht des Seienden, ist nicht zu erreichen durch Weggehen von dem Hier und Jetzt, sondern durch Standhalten in ihm, durch Eingehen in seine Spannungen, durch Ergriffenwerden vom historischen Schicksal. Glaube und Realismus gehören zusammen. Wohlgemerkt: nicht Glaube und Gebundenheit an die Ohnmachtsschichten des Seienden, wie uns eine radikal-protestantische Theologie einreden will. Sie kennt nur die Sphäre der Ohnmacht und die Sphäre des Unbedingt-Mächtigen. Sie weiß nicht, daß das Unbedingte mich nicht ergreifen würde, ergriffe es mich nicht im eigentlichen Sein, in der Schicht meiner Realität, in meinem historischen Schicksal. Und eben darauf beruht es, daß Ergriffensein vom Unbedingt-Mächtigen das Seiende nicht unverändert läßt, daß es seine Ohnmachtsschicht enthüllt und entkräftet. Eine Theologie, die das Reale nicht sucht, kann auch das Reale nicht wandeln; sie bleibt in abstrakter Dialektik. Und wir wissen, daß dieses das Problem des Protestantismus ist.

Gehören Glaube und Realismus zusammen, so stehen Glaube und Idealismus, und Glaube und Romantik in Spannung zueinander. Beide, Idealismus und Romantik, entfliehen dem historischen Schicksal. Nicht dieses ist ihr Mangel, der ihnen zur Zeit so häufig vorgeworfen wird, daß sie die unmittelbare, ohnmächtige Wirklichkeit übersteigen. Das ist ihre Größe und ihr Recht. Das ist es, warum sie jeder Jugend neu den mächtigen Impuls zur Erhebung über die Augenblicksgebundenheit gaben, das ist das Recht ihres Trunkenseins von Seinsmächtigkeiten, die sich nur der Kraft des Eros erschließen. Das aber ist ihre Grenze, daß sie meinen, Gefülltheit mit Eros wäre Ergriffensein vom Unbedingt-Mächtigen, oder irgendeine Seinsschicht wäre schon durch sich die unbedingte Macht des Seins. Der Idealismus ist nicht ungläubig, aber eben darum auch nicht gläubig, während der Realismus gläubig oder ungläubig sein kann. Es gibt also vier Haltungen:

1. die Oberflächengebundenheit, 2. der ungläubige Realismus, 3. der Idealismus, 4. der gläubige Realismus.

So in der Kunst:

1. das Abbilden, das noch nicht Kunst ist, oft aber Lüge der Verzierung oder Verschönerung, 2. das Umbilden, das die tiefsten Seinsschichten ergreift und skeptisch-tragisch ist, 3. das Ausdrücken, die Expression, die das Wirkliche vergewaltigt, um das Unbedingt-Wirkliche aufzuweisen, 4. das Durchschauen-lassen: die Berührung der tiefsten Schichten als Hinweis auf das Unbedingt-Wirkliche.

In der Politik:

1. die Zufallspolitik, das Gebundensein an Mächte des bloßen Daseins, 2. die ungläubige Realpolitik: der skeptische, aber tiefe Politiker, 3. die utopische Politik: der Schwung, der ein Unbedingtes verwirklichen will, 4. die hinweisende Politik.

Religion und Theologie sind der letzte Ausdruck für den Hinweis des gläubigen Realismus, denn in ihnen wird der Glaube unmittelbar, direkt redend. Es gibt auch schweigenden, nur mittelbar redenden Glauben. Und es gehört zum Sinn des gläubigen Realismus, daß dieser nicht geringer gewertet sein darf als der redende. Das ist die letzte Ohnmacht von Religion und Kirche, von jedem redenden Glauben, daß der Glaube auch schweigend sein kann. Freilich drängt es ihn zur Rede, und daß er redet, hindert, daß er in seiner indirekten Sprache, in seiner Stummheit, nicht mehr gehört werden könnte. Das ist die relative Macht des Kirchlichen. Wenn diese Macht sich aber isoliert, so geschieht es, daß gerade sie, die den Glauben hörbar machen sollte, ihn unhörbar macht, und der Glaube hinweisen muß auf den schweigenden Glauben, um sich vernehmbar zu machen.

Das Unbedingt-Mächtige im Hier und Jetzt wird dargestellt im Kultus. Der Sinn des Kultus ist Hinweis auf das Reden aller Dinge vom Unbedingt-Wirklichen. Dieses Reden-Lassen muß aber ein wirkliches Redenlassen der Dinge in der uns angehenden Realität, in der Schicht unseres historischen Schicksals sein, wie es sich in unserer Gesamtexistenz vollzieht. Demgegenüber ist die Kultreform romantischer Ausdruckstypus. Denn das Kultische der Alten ist uns nicht unmittelbar zugänglich. Man verlangt nicht nur, daß wir das Reden der Dinge über ihr Unbedingt-Mächtiges hören, sondern daß wir sie hören, wie sie der Ausdruck eines vergangenen Schicksals sind. Ist das Wesen der Dinge ihr Stehen in einem historischen Schicksal, so können sie auch nicht als die Ewig-Gleichen in den Kultus eingehen – auch Brot und Wein reden nicht in jeder Lage das Gleiche. Auch sie haben neben ihrer Unveränderlichkeit ein historisches Schicksal, und sie reden anders zum Bauern als zum Nomaden und zum Proletarier. Kultus und gläubiger Realismus nehmen das historische Schicksal in sich auf.

Und was vom Kultus gilt, das gilt vom Wort. Es ist *eine* Art, in der der Geist der unbedingten Mächtigkeit des Seins Ausdruck gibt; es ist nicht die einzige Art. Und wer das Wort Gottes mit Bibel- und Predigtwort gleichsetzt, der mißversteht den Geist und begrenzt Gott und macht sich taub gegen das Reden der Dinge von dem, was sie trägt, von dem Sinn ihrer Wirklichkeit.

Wo aber gesprochen wird, da gilt wieder: Sprechen aus dem Hier und Jetzt, sprechen von dem, was das Hier und Jetzt ergreifen und erschüttern kann. Nicht: sprechen *von* dem Hier und Jetzt. Das wäre noch Unglaube oder vielleicht schweigender Glaube. Aber es soll ja gesprochen werden. Das religiöse Wort hat nicht den Sinn, die Tiefen des Gegenwartsschicksals neu und interessant zu beleuchten. Sondern es soll ihren letzten Sinn, die letzte Ohnmacht und Macht aufweisen. Und wenn man sich dabei unter das Wort der Vergangenheit, etwa das Bibelwort stellt, dann doch nur so, daß man aus dem Ergriffensein eines vergangenen Hier und Jetzt durch die Macht des Unbedingt-Mächtigen vielleicht in dem eigenen Hier und Jetzt ergriffen wird. Aber nicht so, daß man dadurch jener Vergangenheit sich unterwirft.

An dem Maß des gläubigen Realismus gemessen, ist viel kirchliches Wort Verführung zur Ungegenwärtigkeit, zum Verrat am Hier und Jetzt.

Vielleicht aber ist es unser Schicksal zu sagen: nicht: ich glaube, darum rede ich, sondern: ich glaube, darum schweige ich. Und wenn ich reden muß, so rede ich vom Sinn dieses Schweigens. Denn das Reden, der Kultus und das Wort, also eine heilige Wirklichkeit, sie ist nicht der notwendige Weg zum Unbedingt-Wirklichen. Auch sie kann festhalten an Ohnmachtsschichten, genau wie die profane Wirklichkeit. Der ganz im Profanen Stehende hat manche Hilfe weniger, aber er hat auch manche Verführung weniger. Das aber, was unseres Seins unbedingte Macht ist, das ist frei, uns zu ergreifen im Heiligen und im Profanen. Wenn aber, dann ergreift es *uns*, unsere Wirklichkeit und darum uns in unserem Hier und Jetzt, und gibt uns damit die letzte Antwort auf die Frage nach dem, was wirklich ist.

GLÄUBIGER REALISMUS II.

1. *Der Begriff des gläubigen Realismus*

Wer mit Leidenschaft, innerer Anteilnahme und ein wenig Sachkenntnis die Entwicklung der Malerei in den ersten zwei Jahrzehnten des zwanzigsten Jahrhunderts verfolgt hat, dem werden zwei Erlebnisse unvergeßlich bleiben: zuerst das Hervortreten und der plötzliche Siegeslauf des Expressionismus, dann das ebenso plötzliche Nachlassen seiner Kräfte und der Aufstieg eines Stiles, der sich „*Neue Sachlichkeit*" nannte. Der erste Eindruck des Expressionismus war abstoßend und unverständlich. Aber allmählich gewann er durch seine Problematik und den Radikalismus seiner Lösungen an Anziehungskraft. Schließlich strömte ihm eine überschwengliche Anhängerschaft aus den Gruppen zu, die in ihm eine neue Mystik oder den Weg zu einem neuen religiösen Kultus sahen. Das ist verständlich. Der Expressionismus war eine Rebellion gegen den Realismus des neunzehnten Jahrhunderts. Er war eine Rebellion gegen den naturalistisch-kritischen wie auch gegen den idealisierend-konventionellen Flügel des Realismus, und ebenso überstieg er die Grenzen des subjektiv-impressionistischen Realismus, aus dem er stammte. Von den expressionistischen Malern wurden die Dinge in ihrem kosmischen Sinn und ihrer unergründbaren Tiefe gedeutet. Ihre äußere Form wurde zerbrochen, damit ihre innere Bedeutung sichtbar werde. Farben, Ausdruck göttlicher und dämonischer Ekstasen, durchbrechen das Grau der Alltäglichkeit. Es war, als sei das Zeitalter des Mythos wiedergekehrt, und auch in anderen Bereichen schien die Entwicklung die Schau der Künstler zu bestätigen. Aber dies dauerte nicht länger als bis zur Mitte des dritten Jahrzehnts. Zu dieser Zeit tauchten Kunstwerke auf, die sich viel enger an die äußeren Formen der Dinge hielten als die der Expressionisten. Trotzdem können sie nicht als ein Rückfall in den Naturalismus des neunzehnten Jahrhunderts angesehen werden. Sie stellten einen nachexpressionistischen, nicht einen vorexpressionistischen Stil dar. Sie verwarfen die Elemente des Subjektiven und Romantischen in der vorhergehenden Epoche, ohne die Tiefe und den kosmischen Symbolismus ihrer Vorgänger aufzugeben. Diejenigen, die von dieser Entwicklung die Rückkehr zu dem idealisierenden Naturalismus des bürgerlichen Geschmacks erwarteten, mußten enttäuscht werden, denn der neue Realismus interessierte sich nicht für die natürlichen Formen der Dinge um ihrer selbst willen, sondern wegen ihrer Ausdruckskraft für tiefere Schichten und als Ausdruck des objektiven Gehaltes, der inneren Mächtigkeit der Dinge. Der Realismus des neunzehnten Jahrhunderts hatte die Wirklichkeit ihrer symbolischen Mächtigkeit beraubt, der Expressionismus hatte versucht, diese Mächtigkeit durch die Zerstörung der Oberfläche der Wirklichkeit wiederherzustellen. Der neue Realismus versucht durch die Verwendung der gegebenen Formen, auf den Sinngehalt des Wirklichen hinzudeuten. In all diesen Bewegungen treibt die Kunst auf einen gläubigen Realismus zu. Es gibt keine Gewähr dafür, daß dies Ziel erreicht wird, da in unserer Zeit zahllose Strömungen dagegen arbeiten — einige aufrichtig, andere rein ideologisch. Aber es ist eine Tendenz, die vom Protestantismus verstanden und unterstützt werden sollte, da sie echt protestantisches Gepräge trägt.

Der gläubige Realismus ist eine Gesamthaltung zur Wirklichkeit. Er ist nicht eine theoretische Weltansicht, aber auch nicht eine Lebenspraxis, er liegt in einer Schicht des Lebens unterhalb der Spaltung in Theorie und Praxis. Er ist auch nicht eine besondere Religion oder eine besondere Philosophie. Er ist vielmehr eine Grundhaltung in jedem Lebensbereich, die sich in der Gestaltung jedes Bereiches ausdrückt.

Der gläubige Realismus vereinigt in sich in aller Entschiedenheit zwei Elemente, das Wirkliche und die transzendierende Macht des Glaubens. Scheinbar gibt es keinen größeren Gegensatz als den zwischen einer realistischen und einer gläubigen Haltung. Der Glaube übersteigt jede denkbare und erfahrbare Wirklichkeit, der Realismus lehnt jedes Übersteigen der Wirklichkeit als utopisch oder romantisch ab. Eine solche Spannung ist schwer auszuhalten, und es ist nicht verwunderlich, daß der menschliche Geist immer wieder versucht, ihr auszuweichen. Nach zwei Seiten hin kann man ausweichen: die eine ist der ungläubige Realismus, die andere ein nicht realistisches Transzendieren. Für das zweite möchte ich das Wort „Idealismus" verwenden, für das erste „sich selbst begrenzender Realismus". Keine der beiden Haltungen ist notwendigerweise unreligiös. Der Positivismus, Pragmatismus, Empirismus — die verschiedenen Formen des Realismus, die eine Übersteigerung ablehnen — können die Religion als einen Bereich neben der philosophischen und wissenschaftlichen Deutung der Wirklichkeit anerkennen, oder sie können die zwei Bereiche in den Begriffen einer Theologie der immanenten Erfahrung miteinander verknüpfen (jener mehr der englische, dieser mehr der amerikanische Typus). Andererseits ist der Idealismus in seinen verschiedenen Formen, wie der metaphysische, erkenntnistheoretische, moralische Idealismus (der erste ein klassischer deutscher, der zweite ein allgemein bürgerlicher und der dritte ein angelsächsischer Typus) wesensmäßig religiös, aber in einer Weise, daß echte Religion sich kritisch dazu verhalten muß. Der Glaube ist eine ekstatische Übersteigerung der Wirklichkeit in der Kraft dessen, das nicht aus dem Ganzen der Wirklichkeit abgeleitet werden und dem man sich nicht auf Wegen nähern kann, die zu dem Ganzen der Wirklichkeit gehören. Der Idealismus übersieht die Kluft zwischen dem Unbedingten und dem Bedingten, die durch keine ontologische oder ethische Selbsterhebung überbrückt werden kann. Daher muß er vom prophetischen und vom protestantischen Standpunkt aus als religiöse Überheblichkeit und vom Standpunkt eines sich selbst begrenzenden Realismus aus als metaphysische Überheblichkeit gerichtet werden. In diesem Doppelangriff vom Glauben und vom Realismus her wird der Idealismus zerrieben — historisch und systematisch, praktisch und theoretisch. Es ist die Größe des Idealismus, daß er das Stehen in der Wirklichkeit und das Übersteigen der Wirklichkeit vereinen will. Der Idealismus ist immer unterwegs zur „Theonomie". Die meisten der theologischen, philosophischen und politischen Kritiker des Idealismus haben noch nicht einmal seine Problemstellung begriffen. Ihr Gefühl der Überlegenheit über den Idealismus fußt auf ihrer Ahnungslosigkeit über die Tiefe seiner Fragen und Antworten. Es ist die Grenze und die Tragik des Idealismus, daß er die Wirklichkeit übersteigert, aber nicht übersteigt, daß er weder der gläubigen noch der realistischen Haltung gerecht wird. Dies führt zu dem überraschenden Ergebnis, daß Glaube und Realismus gerade wegen der unbedingten Spannung, in der sie stehen, zusammengehören. Denn im Glauben ist die unbedingte Spannung enthalten, und keine Haltung kann mit ihm zusammengehen, die diese Spannung abschwächt. Der Idealismus schwächt sie ab, der ungläubige Realismus leugnet sie, aber der gläubige Realismus drückt sie aus.

2. *Drei Typen des Realismus*

Erkennen ist ein Sicheinen von Erkennendem und Erkanntem. Der Wille zur Erkenntnis ist der Wille eines getrennten Lebens, sich mit anderem Leben zu einen. *Theoria* ist keine aus dem Seinszusammenhang herausgelöste Beobachtung, wenngleich verschiedene Grade der Trennung und Herauslösung ein notwendiges Element in jeder Erkenntnis sind, sondern *theoria* ist Einssein mit dem wahrhaft Wirklichen, mit jener Schicht eines Dinges, in welcher die *ousia,* die „Seinsmächtigkeit" liegt. Diese (platonische) Lehre ist vom Neukantianismus für eine unzulässige Mischung von ontologischen und Wert-Kategorien erklärt worden. Wir stehen hier aber vor der Frage, ob Werte nicht eine ontologische Begründung haben müssen und ob nicht die Erfassung von Seinsmächtigkeit der Weg dazu ist, den Werten eine solche Begründung zu geben und zugleich der *theoria* die „existentielle" Bedeutung wiederzugeben, die sie einst hatte. Wenn natürlich Sein als ein „Objekt des Denkens" beschrieben wird, gleichgültig welchen Gehaltes, ist der Gedanke der „Seinsstufen" sinnlos. Aber wenn Sein „Mächtigkeit" ist, ist die Annahme solcher Stufen natürlich, und für den Geist bedeutet es eine Lebensnotwendigkeit, in jene Schichten einzudringen, in denen die wirkliche Mächtigkeit eines Dinges sich offenbart.

Es ist nun das Einzigartige der griechischen Entwicklung, daß sie von Anfang an die Seinsmächtigkeit des Dinges, sein „wahrhaft Wirkliches", dort sah, wo es durch den *„logos"*, das Wort und den im Wort enthaltenen Begriff, erfaßt werden kann. Das „Rationale", das, was dem Logos zugänglich ist, ist das wahrhaft Wirkliche. In dem, was das Wort und der Begriff greifen kann, liegt die Mächtigkeit eines Dinges. Dadurch unterscheidet sich die griechische von jeder anderen Stellung zum Sein. Denn sonst allenthalben drückt ein relativ-irrationales, ein magisches, *mana*haftes, seelenhaftes, mystisches Element die Mächtigkeit der Dinge aus. Aus diesem Grund ist es verständlich, wenngleich nicht gerechtfertigt, daß die griechische Philosophie als Entmächtigung der Dinge gedeutet und die platonische Ontologie als eine erkenntnistheoretische Logik begriffen werden konnte (Natorp). Aber für die griechischen Philosophen von Parmenides bis Plotin waren Rationalität und innere Mächtigkeit der Dinge ein und dasselbe, was sich deutlich in ihrer Auffassung ausdrückt, daß das höchste Ziel der Vernunft zur gleichen Zeit das höchste Ziel der Gesamtbewegung des Lebens ist. Nur im Lichte dieser Identität: des Willens, zu erkennen, und des Willens, sich zu einen, ist die Rolle der griechischen Philosophie in der antiken Welt verständlich. Nur auf der Basis dieser Voraussetzung ist der Übergang von der griechischen Klassik in die neuplatonische Synthese des Mystischen und des Rationalen verständlich. Allerdings gibt es einen Punkt bei Plotin, der zeigt, daß er das Ende des autonomen griechischen Denkens darstellt, nämlich die Tatsache, daß er die letzte Seinsmächtigkeit jenseits des *nous* (Macht der Vernunft) im Abgrund des formlosen *Einen* findet. Hierin ist Plotin Orientale und nicht Grieche.

Diese Einheit von Rationalität und Seinsmächtigkeit kann in verschiedener Weise gedeutet werden. Die Tatsache, daß durch Begreifen die Macht des Seins ergriffen wird, konnte dazu führen, den Begreifenden — absichtlich oder unabsichtlich — zu dem eigentlichen Träger der Mächtigkeit zu machen. Die Dinge werden entmächtigt oder in ihrer Mächtigkeit auf ein bestimmtes Maß herabgedrückt: zugunsten dessen, der sie erfaßt, oder dessen, der sie benutzt, oder dessen, der sie genießt, oder dessen, der sich über sie erhebt, oder dessen, der sich vor ihnen verschließt. Von den kritischen und ethischen Schulen der griechischen Philosophie wird diese Haltung durch den späten Nominalismus bis zur modernen technischen Wissenschaft und der technokratischen Weltanschauung weitergegeben. Man räumt den Dingen nur so viel Mächtigkeit ein, als sie brauchen, um nützlich zu sein. Die Vernunft wird zu einem Mittel der Weltbeherrschung. Das „wahrhaft Wirkliche" *(ousia)* der Dinge ist das berechenbare Element in ihnen, das, was durch die Naturgesetze beherrscht wird. Was darüber hinausliegt, ist ohne Interesse und kein Gegenstand der Erkenntnis. Diese Beziehung zur Wirklichkeit nennt sich heute mit Vorliebe realistisch. Durch Technik und Wirtschaft beherrscht diese Form des „Realismus" unsere geistige und gesellschaftliche Lage in einem Maße, daß jeder Widerstand gegen sie als hoffnungslose Romantik erscheinen kann. Der späte Neukantianismus und noch konsequenter der Positivismus sind der philosophische Ausdruck dieser radikalen Zurückführung der Seinsmächtigkeit auf ihre theoretische Berechenbarkeit und ihren praktischen Nutzen. Sogar die Theologie wurde weithin in den Umkreis dieses „technischen Realismus" hineingezogen.

Aber die Ratio als das Mittel, die Seinsmächtigkeit zu ergreifen, kann auf andere Weise verstanden werden. Die Seinsmächtigkeit in der Realität kann auch in einer rationalisierten und vergeistigten Form erhalten werden. Sie erhebt sich zu dem wahren Sein, es anzuschauen und sich mit ihm zu einen. Es gibt Stufen der Seinsmächtigkeit (Plato, Aristoteles und Plotin stimmten in diesem Punkt überein), und auf diesen Stufen steigt der menschliche Geist bis zur höchsten Stufe empor zu der letzten höchsten Macht des Seins. Die bloße vitale Existenz, die Beherrschung und Umgestaltung der Wirklichkeit und sogar die physikalische und mathematische Erkenntnis werden überschritten und die ewigen Wesenheiten und ihre höchste Einheit und ihr Grund werden gesucht. Hier übt die „Materie" einen ständig verzögernden und oft hindernden Einfluß auf den aufwärtssteigenden Geist aus. Die Materie, wenngleich ohne Form oder wesenhaftes Sein, hat eine negative, halbdämonische Macht, die innerhalb der materiellen Welt nicht überwunden werden kann. Deshalb muß der Geist den sichtbaren Kosmos als Ganzen überschreiten, um die höchste Seinsmächtigkeit in dem zu finden, was jenseits des Seienden ist: dem „Guten", der „reinen Aktualität", dem „Einen". Die Sehnsucht nach der wahren Seinsmächtigkeit treibt die Griechen in eine Flucht vor der dämonisch-zweideutigen Macht in den Dingen. Das ist die begriffliche Voraussetzung der neuplatonischen Askese und jenes Typus des Realismus, den wir „mystischen Realismus" nennen können.

Der mystische Realismus herrschte im Früh- und Hochmittelalter bis zur nominalistischen Zersetzung. Es war aber kein radikaler, sondern ein gemäßigter Realismus, den das Mittelalter anerkannte. Auf dem Boden der biblischen Religion war es unmöglich, der griechischen Mystik bis in ihre letztlich negative Haltung gegenüber Individualität und Persönlichkeit zu folgen. Aber der mystische Realismus war dennoch „Realismus" und nicht Romantik oder Idealismus. Wenn unser heutiger Wortgebrauch es uns auch erschwert, das Wort „realistisch" für etwas zu gebrauchen, das dem, was das Wort im allgemeinen heute bedeutet, gerade entgegengesetzt erscheint, so müssen wir doch verstehen, daß der mittelalterliche Realismus mit ebensoviel Recht das Wort „real" für seine Haltung beansprucht wie der moderne Realismus für die seinige. In beiden Fällen beantwortet der Realismus die Frage nach dem wahrhaft Wirklichen oder der wahren Seinsmächtigkeit der Dinge, aber der Ort, an dem diese Mächtigkeit gesucht und gefunden wird, ist verschieden. Die Einsicht in diese Zusammenhänge wird uns aber verstellt, wenn wir die Auffassung, daß die *Universalia* das wahrhaft Wirkliche sind, nur als eine logische Theorie deuten (was sie *auch* ist), statt daß wir sie primär als den ontologischen Ausdruck einer gesellschaftlichen und geistigen Situation verstehen.

Der mystische Realismus des Mittelalters ist in unserer Zeit noch wirksam. Der technische Realitätsbegriff erfährt ständig Angriffe von dem mystischen, der in vielen Gestalten erscheint. Alle intuitive Auffassung der Erkenntnis, idealistische und romantische Wiederbelebung antiker oder mittelalterlicher Denkformen, die Phänomenologie, die Lebensphilosophie (die ästhetische oder die vitalistische), die Gestalttheorie, einige Typen der Psychologie des „Unbewußten" — sie alle suchen nach der Seinsmächtigkeit der Dinge jenseits (oder unterhalb) der Schicht, innerhalb deren die Dinge berechenbar und beherrschbar sind. Der Kampf zwischen den beiden Typen des Realismus geht mit wechselndem Erfolg immer weiter. Im ganzen gesehen ist jedoch der technische Realismus siegreich, da die reale Situation des Menschen von heute, seine persönliche und seine gesellschaftliche Situation und sein

Verhältnis zu den Dingen durch dessen Auswirkungen bestimmt sind. Aber wenn auch bis jetzt noch nicht siegreich, so waren die Kämpfe der modernen Nachfahren des mystischen Realismus doch nicht umsonst, wie auf allen Erkenntnisgebieten festgestellt werden kann. In dem Kampf dieser Richtungen und in dem Drängen nach einem neuen Realismus liegt das Schicksal unserer Kultur.

Beiden Richtungen, dem technischen wie dem mystischen Realismus, ist gemäß ihrem griechischen Ursprung eines gemeinsam. Sie verneinen die konkrete Existenz, das „Hier und Jetzt", um die Seinsmächtigkeit zu entdecken. Sie abstrahieren davon — der technische Realismus zugunsten des Zwecks, der mystische Realismus zugunsten des *Wesens* und der *Intuition.* Nun ist es natürlich eine notwendige Eigenschaft allen Erkennens, über das Gegebene als Gegebenes hinauszugehen, dennoch ist es möglich, nach der Mächtigkeit der Wirklichkeit *innerhalb* der konkreten Existenz zu suchen. Das ist das Wesen der geschichtlichen Erkenntnis, auf dem ein dritter Typus des Realismus, nämlich der „historische Realismus" fußt. Der historische Realismus gehört dem Abendland zu, und zwar dem protestantisch beeinflußten. Er sucht das wahrhaft Wirkliche in Zeit und Raum, in unserer historischen Existenz, in jener Sphäre, vor der alle Griechen geflohen waren. Man brauchte nicht mehr zu fliehen, weil die Welt gottgeschaffen ist und in der materiellen Welt als solcher keine dämonische Zweideutigkeit mehr gefunden werden kann.

Für den historischen Realismus erscheinen die eigentlichen Seinsmächtigkeiten in den Strukturen, die der historische Prozeß selbst hervorgebracht hat. Über ihren logischen Aufbau ist uns noch verhältnismäßig wenig bekannt. Dieses aber wissen wir: die Geschichte kann nicht in den Begriffen des technischen Realismus erfaßt werden. Sie kann nicht zum Objekt der Berechnung und Beherrschung werden wie einige Schichten der natürlichen Objekte. Die Geschichte kann andererseits aber auch nicht durch eine mystische Betrachtung ihres Wesens ergriffen werden. Sie ist nur durch aktive Teilnahme der Deutung zugänglich. Wir können eine historische Mächtigkeit nur dann begreifen, wenn wir durch sie in unserer eigenen geschichtlichen Existenz ergriffen sind. Aus dem Seinszusammenhang herausgelöste Beobachtung historischer Ereignisse und die Registrierung sogenannter historischer Gesetze entfernt uns gerade von der Möglichkeit, uns der Geschichte zu nähern.

Der historische Realismus geht über den technischen wie über den mystischen Realismus hinaus. Der historische Realismus kann uns zu einem Realismus führen, der jenseits der Alternative von technischem und mystischem Realismus liegt. Sein entscheidendes Merkmal ist das

Bewußtsein um die Gegenwärtigkeit, das „Hier und Jetzt". Gegenwärtigkeit bedeutet Erfassung der Macht des Seins in der Tiefe unserer historischen Situation. Darin unterscheidet sich der historische Realismus sowohl vom technischen als auch vom mystischen Realitätsbegriff.

Weder der technische noch der mystische Realitätsbegriff kennen echte Gegenwärtigkeit. Der technische nicht, denn er bezieht jeden Moment des zeitlichen Ablaufs auf den in der Zukunft liegenden Zweck. Es gibt keine „Gegenwart" in dem Teufelskreis der Zwecke, wie ja die Lehre vom unendlichen Fortschritt beweist. Da aber trotz allem das Leben im Gegenwärtigen zur Existenz kommt, so heftet es sich nur an das Wesenlose, Unmächtige, den bloßen Lust- und Schmerzmoment, die bloße Impression. Und es ist diese Gegenwartslosigkeit, die uns der Knechtschaft des Augenblicks unterwirft. Anders die Gegenwartslosigkeit des mystischen Realismus. Sie beruht auf seiner Erhebung über die konkrete Existenz. Sie sucht die Vereinigung mit den ewigen Wesenheiten, an deren Macht die einzelnen Dinge und Ereignisse nur vorübergehenden Anteil haben und für die sie nur Einzelbeispiele sind. Das christliche und insbesondere das protestantische Verständnis der Geschichte als Heilsgeschichte hat diese Haltung der Indifferenz gegenüber unserer geschichtlichen Existenz überwunden. Die prophetisch-christliche Deutung der Geschichte bildet den Hintergrund des historischen Realismus.

Gegenwärtigkeit ist weder Augenblicksgebundenheit noch Leben in bloßen Impressionen. Nicht nur der historische Realismus, sondern jedes geistige Verhalten zu den Dingen hat dieses in sich, daß es über den Moment, über das Zufällige, den bloßen Fluß der Ereignisse hinausgeht. Dieses Hinausgehen ist in jeder unserer Seinsbeziehungen schon vorausgesetzt, noch ehe die Philosophie Methoden ausbildete und Kategorien entdeckte. Unser bloßes Dasein als „Geist" zerteilt die Wirklichkeit in Wesenhaftes und Zufälliges, in Seinsmächtiges und Ohnmächtiges. Was aber ist die Macht des Gegenwärtigen? Es ist die Einmaligkeit, das Unwiederholbare und zugleich Entscheidungsschwere des Augenblicks. Es ist die Einheit noch wirksamer Vergangenheit und schon wirksamer Zukunft im gegenwärtigen Augenblick, welche die Mächtigkeit einer geschichtlichen Situation schafft. Auch das Naturgeschehen hat eine Seite, die seine geschichtliche Deutung ermöglicht. Wenngleich auch das einzelne Geschehen in der Natur dem Gesetz der Wiederholung unterworfen ist, so verläuft doch das Naturgeschehen als Ganzes in einer irreversiblen Richtung.

3. *Historischer Realismus und Erkennen*

Aus dem Prinzip der Gegenwärtigkeit, wie es vom historischen Realismus betont wird, ergeben sich wichtige Konsequenzen für das Verhältnis des Erkennens zum Ganzen der menschlichen Existenz. Weder der mystische noch der technische Realismus fordern eine Lebenshaltung, die an der Gesamtheit der Lebensbeziehungen partizipiert – der mystische nicht wegen seiner asketischen Haltung gegenüber dem Lebensprozeß, der technische nicht wegen seines Beherrschungswillens gegenüber der Wirklichkeit. Nur der historische Realismus macht die Partizipation am Ganzen der menschlichen Existenz zu einer Bedingung wahrer Erkenntnis.

Dies gilt sowohl für die persönliche als auch für die gesellschaftliche Realität des Menschen in der Geschichte. Niemand kann in tiefere Schichten einer historischen Situation eindringen, ohne zugleich in die tieferen Schichten seines eigenen Wesens vorzudringen. Das Erkennen des wahrhaft Wirklichen unserer historischen Existenz setzt Erkennen des wahrhaft Wirklichen in uns selbst voraus. Aber Erkennen unserer selbst bedeutet zugleich Umformung. Distanzierte Beobachtung unserer selbst ist hier unmöglich. Und das Erkennen unserer geschichtlichen Situation in diesen Schichten verändert unsere geschichtliche Situation. Distanzierte Beobachtung unserer geschichtlichen Situation ist hier unmöglich. Darum ist derjenige, der im Sinne des historischen Realismus erkennt, zugleich derjenige, der in sich und in der Geschichte schöpferisch wirkt. Dafür ist sogar auf dem Boden des technischen Realismus ein Bewußtsein lebendig. Er hat die intellektuellen und willensmäßigen Kräfte mitgeformt, durch die der Mensch die Dinge beherrscht – wissenschaftlich und technisch. Dadurch ist ein psychologischer Typ in Europa wie in Amerika entstanden, dessen ganze Kraft und zugleich Entleertheit von den Europäern und Asiaten gefürchtet wird, die noch unter dem Einfluß irgendeiner Form des mystischen Realismus stehen. Dieser wiederum hat in Verbindung mit den wissenschaftlichen Idealen des Abendlandes jenen Typus theoretischer Distanz von der Geschichte und wissenschaftlicher Askese hervorgebracht, der den Wissenschaftler in einen Registrierapparat für Tatsachen, ohne kritische oder schöpferische Leidenschaft umwandelt. Das Heldentum wissenschaftlicher Selbstaufgabe in jeder Forschung will ich damit nicht unterschätzen, eine Haltung, die dem unbeweglichen, ewigen Element in aller Erkenntnis entspricht. Aber es ist nur *ein* Element. Das andere ist der Wechsel, die Bewegtheit, das Hier und Jetzt. Wenn die ältere Generation der Wissenschaftler (z. B. Max

Weber) das asketische Element betont, das Schaffen einer Entfremdung vom Leben in der akademischen Welt, so betonen die Wissenschaftler der jüngeren Generation immer stärker das aktive Element in der Erkenntnis und die Notwendigkeit der Teilhabe an allen Seiten des Lebens. *Das Ideal der Erkenntnis im historischen Realismus ist die Vereinigung wissenschaftlicher Objektivität mit leidenschaftlicher Selbst-Interpretation und Selbst-Transformation.*

Die Gegenwärtigkeit des Erkennens fordert nicht nur das Eindringen in die Tiefe unserer Persönlichkeit, sondern auch in die Tiefe unserer gesellschaftlichen Existenz. Der mystische Realismus ist weit davon entfernt, eine solche Haltung anzuerkennen. Er verwendet die Erkenntnisfunktion, um der geschichtlichen und politischen Realität durch intuitives Erfassen der unveränderlichen Wahrheit, des Reiches der ewigen Formen, zu entfliehen. Daher vernachlässigen alle diejenigen, die unmittelbar oder mittelbar vom mystischen Realismus abhängig sind (z. B. der jüngstvergangene Neuklassizismus) die historische Konstellation, an die sie gebunden sind, in ihrer Bedeutung für das Erkennen. Anders liegt es beim technischen Realismus. Dieser hatte stets ein Empfinden für die Beziehung zwischen den technischen Wissenschaften und der Struktur der industriellen Gesellschaft. In diesem Empfinden wurzelt die Haltung des Proletariats und seines politischen Ausdrucks, der sozialistischen Bewegung, gegenüber den Wissenschaftlern und ihrer Arbeit. Die Proletarier betrachten die Erkenntnis als ein Machtmittel im Klassenkampf, wobei sie durch jene Intellektuellen, die sich eine solche Notwendigkeit nicht vorstellen können, stark kritisiert werden, und wobei sie hartnäckig von jenen Mitgliedern der herrschenden Schichten angegriffen werden, die selber ohne jede Hemmung Erkennen als Machtmittel verwenden. Es ist begreiflich, daß in einer solchen Lage der Sozialismus das Bürgertum zeiht, es habe nicht Ideen geschaffen, die wahr sind, sondern Ideologien, die die Macht der herrschenden Klasse idealisieren und rechtfertigen, und zwar mit Hilfe von Begriffen und Werten, die der Vergangenheit angehören und heute keine Aktualität mehr haben. Unsere Wissenschaftler haben den Ernst dieser Angriffe selten verstanden. Der Ideologiebegriff im polemischen Sinn ist ein Symbol für den Vulkan, auf dem unsere Gesellschaft lebt. Wenn ein geistiges System mit Erfolg als eine reine Ideologie gedeutet wird, hat es seine formende Kraft verloren. Die offiziellen Vertreter der Wissenschaft und Religion haben noch nicht einmal bemerkt, wie weit dieser unterminierende Prozeß vorgeschritten ist, und nicht nur im Proletariat. Sie werden der kommenden Katastrophe ihrer geistigen Welt genauso unvorbereitet gegenüberstehen, wie sie der ihrer politischen Welt nach dem ersten Weltkrieg gegenüberstanden. Es ist rührend und aufreizend zugleich, die Naivität zu sehen, mit der viele hochgebildete Menschen ihre eigene begünstigte gesellschaftliche Stellung verabsolutieren, ohne daß sie sich die allgemeine Struktur vergegenwärtigen, die ihnen diese Stellung ermöglicht. Wenn es auch Recht und Pflicht wissenschaftlicher Redlichkeit ist, jeden propagandistischen Mißbrauch der Suche nach der Wahrheit zurückzuweisen, so ist es auch Recht und Pflicht, die Macht der sozialen Struktur zu erkennen, zu der man gehört, denn man kann ihr nicht entfliehen. Sie bestimmt ebensosehr die Erkenntnisfunktionen wie das System der Werte, in dem man lebt. Wer die Seinsmächtigkeit in der Tiefe seiner historischen Existenz erkennen will, muß in wirklichem Kontakt mit den konkreten unwiederholbaren Spannungen der Gegenwart leben. *Das Erkenntnisideal des historischen Realismus ist die Vereinigung wissenschaftlicher Objektivität mit leidenschaftlicher Bemächtigung und Transformation der historischen Situation.*

Der historische Realismus weist alle Versuche, der Gegenwart um einer unwirklichen Vergangenheit willen oder einer unwirklichen Zukunft willen zu entfliehen, scharf ab. Die romantische Haltung, die sich der Vergangenheit zuwendet, einer Vergangenheit, die es niemals gab, und die utopische, die sich der Zukunft zuwendet, einer Zukunft, die es nie geben wird, beide haben vom Standpunkt des historischen Realismus gleich unrecht. Beide verfehlen die Gegenwart und dringen nicht zum wahrhaft Wirklichen der geschichtlichen Existenz vor. Denn die Vergangenheit kann nur auf Grund einer aktiven Teilnahme an der Gegenwart erreicht werden, und die Zukunft kann nur in konkreten Entscheidungen über gegenwärtige historische Probleme geformt werden. Dies führt keineswegs zu der sogenannten Realpolitik, die in der Ära Bismarcks und in der Vorkriegszeit von der imperialistischen Bourgeoisie propagiert und bereitwillig, allzu bereitwillig, von großen Teilen der deutschen Intelligenz akzeptiert wurde. „Realpolitik" hat nichts zu tun mit historischem Realismus. Sie ist ein Produkt des rein technischen Realismus und holt sich ihre Ziele nicht aus einem Eindringen in die Bedeutung der Gegenwart, sondern aus den sogenannten Forderungen des Augenblicks. Deshalb ist sie letztlich selbstzerstörerisch.

Es gibt keinen Konflikt zwischen dem Prinzip der Gegenwärtigkeit und der Gültigkeit ethischer Normen. „Ethischer Instinkt" kann niemals die ethischen Prinzipien ersetzen, die Kriterien für Gut und Böse. Prinzipien und Kriterien fehlen dem historischen Realismus durchaus nicht. Vielmehr setzt er sie auf seinem Weg in die Tiefe einer geschichtlichen Situation voraus. Ohne das allgemeine Kriterium der

Gerechtigkeit ist eine tiefgehende Analyse einer geschichtlichen Situation unmöglich. Ohne das Prinzip des Idealen kann das Reale nicht in seiner Tiefe gedeutet werden. Aber der historische Realismus hindert die Prinzipien daran, abstrakt zu werden. Er drückt sie in dem Lichte der Gegenwart aus und als Antworten auf die Fragen, die in einer geschichtlichen Situation eingeschlossen liegen.

4. *Historischer Realismus und Glaube*

Nun erhebt sich die Frage: In welcher Beziehung steht der historische Realismus zu dem, was wir den gläubigen Realismus genannt haben? Der historische Realismus strebt danach, die Seinsmächtigkeit oder das wahrhaft Wirkliche in einer konkreten historischen Situation zu erfassen. Aber das wahrhaft Wirkliche wird nicht erreicht, ehe nicht der unbedingte Grund alles Wirklichen oder die unbedingte Seinsmächtigkeit in allem Seienden erreicht wird. Der historische Realismus verbleibt in einer verhältnismäßig unrealen Schicht, wenn er nicht jene Tiefe der Wirklichkeit ergreift, in der ihr göttlicher Grund und Sinn sichtbar wird. Alles vor diesem Letzten Liegende hat nur vorläufige, bedingte Wirklichkeit. Deshalb ist der historische Realismus insofern wahr, als er zum letzten Grund und Sinn einer geschichtlichen Situation vordringt und durch sie zum Sein als solchem.

Nun aber gehört es zur Macht des Unbedingten, daß es nicht ergriffen werden kann; seine Macht schließt sein unerreichbares Geheimnis in sich ein. Wird der Versuch, es zu ergreifen, gemacht, so ist das, was wir in unserer Hand halten, nicht mehr das Unbedingt-Mächtige – selbst wenn es die höchsten religiösen oder ontologischen Namen trägt. Diesen Fehler macht der Idealismus. Er verwechselt die Welt der Wesenheiten und Werte und ihre Einheit mit dem Unbedingt-Wirklichen. Die Sphäre der reinen Vernunft vermag er nicht zu überschreiten, eine Sphäre, die nur dadurch überschritten werden kann, daß das, was „vor der Vernunft" ist, das *Unvordenkliche,* wie es Schelling nannte, akzeptiert wird, das ursprünglich Gegebene, der Grund und Abgrund alles dessen, was ist. Ein Empfinden für diese Grenze ist in der ganzen griechischen Philosophie spürbar. Tatsächlich ist der reine Idealismus ungriechisch, da der antike Geist nicht den Glauben an das ewige Widerstreben der Materie überwindet, deren negative, beschränkende Macht eine unbedingte göttliche Macht ausschließt. Der eigentliche Idealismus ist nur auf christlichem Boden möglich, auf der Grundlage des Schöpfungsgedankens, der behauptet, daß die Welt wesenhaft gut und wesenhaft einheitlich ist. Vollkommene Systeme, wie diejenigen der großen Idealisten, setzen den christlichen Sieg über die Reste des religiösen Dualismus im griechischen Denken voraus. Aber sie können nur entstehen, weil der andere christliche Gedanke vernachlässigt wird, die Kluft zwischen Gott und Mensch durch Endlichkeit und Sünde.

Hier ist der Positivismus christlicher als der Idealismus. Er akzeptiert den begrenzten und fragmentarischen Charakter der menschlichen Situation und versucht, innerhalb der Sphäre des Bedingten zu bleiben. Er ist demütiger als der Idealismus, indem er das Gegebene hinnimmt, wie es ist, und romantische oder utopische Synthesen, die keine Realität haben, verwirft. Aber der Positivismus sieht nicht das Problem der Selbsttranszendenz. Er beschränkt sich auf die Immanenz, nicht wegen des unerreichbaren Geheimnisses des Transzendenten, sondern weil er nicht die Grenzen des empirisch Gegebenen überschreiten möchte. Der Positivismus ist ungläubiger Realismus.

Der gläubige Realismus ist die religiöse Tiefe des historischen Realismus, daher ist er dem mystischen und dem technischen Realismus entgegengesetzt. Der mystische Realismus gewahrt nicht die Unerreichbarkeit des göttlichen Grundes der Wirklichkeit (einschließlich der „Seele"). Er versucht, das Unbedingte in bedingten Stufen zu erreichen, in gradweiser Erhebung zum Höchsten. Mystische Selbsttranszendenz ist kontinuierliche Annäherung an das Letzte; sie vergegenwärtigt sich nicht die unendliche Kluft zwischen dem Endlichen und dem Unendlichen; sie vergegenwärtigt sich nicht den paradoxen Charakter des Glaubens und eines Realismus, der mit dem Glauben geeint ist. Das bedeutet nicht, daß der mystische Realismus den Glauben ausschließt. Implizit liegt in jeder mystischen Erfahrung ein Akt der Selbsttranszendenz oder des Glaubens. Die vollkommene Einswerdung mit dem Letzten ist, gemäß allen Mystikern, ein Geschenk, das empfangen wird, und keine Vollendung, die vollbracht wird. Deshalb ist es ein Fehler, wenn protestantische Theologen – von Ritschl bis Barth – einen absoluten Gegensatz zwischen Mystik und Glauben annehmen. Es ist hingegen richtig, daß die Mystik in der Erfahrung einer mystischen Einswerdung den Glauben zu überschreiten sucht, und daß sie absieht von der historischen Situation und deren Mächtigkeit und Tiefe übersieht. Anders im gläubigen historischen Realismus, der das Letzte innerhalb und vermittelst einer konkreten historischen Situation erfährt und alle Stufen der Annäherung an das Letzte negiert, da er weiß, daß es immer zugleich unbedingt nah und unbedingt fern ist.

Aber der technische Realismus kann noch weniger gläubiger Realismus werden. Er führt zum Zwiespalt von Glauben und Realismus. Im späten Ritschlianismus wird der Glaube zu einem Mittel, die ethische Persönlichkeit über die Natur zu moralischer Unabhängigkeit zu erheben, während die Natur der technischen Unterwerfung preisgegeben wird. Die technische Deutung der Natur, ihre vollkommene Unterwerfung unter menschliche Zwecke wird akzeptiert, aber nicht transzendiert. Und die sich über die Natur erhebende Persönlichkeit gebraucht den Glauben als ein Mittel, um diese unabhängige und beherrschende Stellung aufrechtzuerhalten. Diese Theologie drückt die Schwierigkeit, Glauben und technischen Realismus miteinander zu verbinden, ausgezeichnet aus. Wenn auch der Glaube, von dem z. B. ein Mann wie Wilhelm Herrmann spricht, in sich warm, mächtig und leidenschaftlich ist, so ist es im Gefüge der technischen Wirklichkeitsauffassung seine Funktion, die Persönlichkeit des siegreichen Bürgertums zu schaffen. Im englischen Positivismus wird überhaupt kein Versuch gemacht, Glaube und Realismus zu vereinen. Glaube ist das konventionelle oder ernsthafte Festhalten an den Glaubenssätzen und Institutionen der Kirche. Und Realismus ist hier die technische Haltung gegenüber Natur und Gesellschaft. Aber zwischen dieser Art des Glaubens und dieser Art des Realismus gibt es keine Vereinigung. Es sind zwei Welten, die nur durch einen mächtigen gesellschaftlichen und intellektuellen Konformismus miteinander verknüpft werden.

Gläubiger Realismus ist verbunden mit dem Bewußtsein der Gegenwärtigkeit. Die letzte Seinsmächtigkeit, der Grund der Wirklichkeit bricht in einem besonderen Augenblick, in einer konkreten Situation herein und offenbart die unendliche Tiefe und den ewigen Sinn der Gegenwart. Das ist aber nur paradox zu fassen, d. h. durch Glauben, denn in sich ist die Gegenwart weder unbedingt noch ewig. Je mehr sie im Lichte des Unbedingten gesehen wird, desto mehr erscheint sie fragwürdig und leer an ewiger Bedeutung. So wird die Mächtigkeit eines Dinges zugleich bejaht und verneint, wenn es für den Grund seiner Mächtigkeit, das letztlich Wirkliche, transparent wird. Es ist wie ein Aufreißen der Finsternis, wenn der Blitz eine blendende Helle über alle Dinge wirft, um sie im nächsten Augenblick in tiefster Dunkelheit zurückzulassen. Wenn die Wirklichkeit so mit dem Auge des gläubigen Realismus gesehen wird, ist sie etwas Neues geworden. Ihr Grund ist sichtbar geworden in einer ekstatischen Erfahrung, die Glaube heißt. Sie ist nicht mehr selbstgenügsam, wie sie es vorher zu sein schien, sie ist transparent geworden, oder, wie gesagt werden kann, *theonom*. Dies ist natürlich kein Naturereignis, wenn auch — wie immer in geistigen Dingen — Worte und Bilder verwendet werden müssen, die aus der räumlichen Sphäre stammen. Aber es ist das Ganze der Persönlichkeit, mit ihrem bewußten Zentrum, ihrer Freiheit und Verantwortlichkeit, die vom Unbedingten, dem Grunde auch jeden persönlichen Seins, ergriffen wird. Wir werden in der Glaubenserfahrung durch das Unzugänglich-Heilige ergriffen, das der Grund unseres Seins ist und in unsere Existenz einbricht und uns richtet und heilt. Das ist Krisis und Gnade zugleich. Krisis im theologischen Sinne ist genau so Sache des Glaubens wie Gnade. Es ist eine schlechte Theologie, Krisis zu beschreiben als etwas Immanentes, jedermann zu jeder Zeit Offenes, und Gnade als etwas Transzendentes, jedem Verschlossenes und nur durch persönliche Entscheidung Faßbares. Weder Krisis noch Gnade können von uns ergriffen werden, weder Gnade noch Krisis aber stehen jenseits einer möglichen Erfahrung. Die gegenwärtige Situation ist voller Elemente der Krisis, Kräfte der Auflösung und Selbstzerstörung. Aber sie wird zur Krisis im religiösen Sinne, d. h. zum Gericht, nur in Einheit mit der Erfahrung der Gnade. So überschreitet der historische Realismus sich selbst, historischer und gläubiger Realismus sind geeint.

5. *Gläubiger Realismus und Theologie*

Alle religiösen Worte sind Deutungen der Spannung zwischen dem Bedingten und Unbedingten, zwischen „Realismus" und „Selbsttranszendenz". Religiöse Begriffe sind um so brauchbarer, je deutlicher sie dieses Paradox in seiner Tiefe und Mächtigkeit ausdrücken. Das gleiche gilt von theologischen Begriffen. In dem Wort „unbedingte Mächtigkeit" zum Beispiel wird das Wort „Mächtigkeit", das in Verbindung mit „Sein" (Seinsmächtigkeit) auf die höchste Aussage über alles, was „ist", hinweist, für etwas gebraucht, das alles, was „ist", transzendiert. Eine ganz andere Seinsmächtigkeit ist gemeint, wenn wir „unbedingte Mächtigkeit" im Sinn von „Allmacht" gebrauchen. Religiöse und theologische Worte verlieren ihren echten Sinn, wenn sie als Begriffe verwendet werden, die endliche Objekte unter der Herrschaft jener Kategorien bezeichnen sollen, die die Welt der Objekte konstituieren. Geschieht das, so drücken die religiösen Worte zugleich zuviel und zuwenig aus. Zuviel insofern, als sie *ein* Objekt („Gott" genannt) über alle anderen erheben, zuwenig insofern, als sie Gott nicht die unbedingte Mächtigkeit zugestehen, die ihn zu Gott und nicht nur zu dem höchsten Wesen macht. Der Prüfstein der Theologie ist ihre Fähigkeit, die absolute Spannung zwischen dem Bedingten und dem Unbedingten zu erhalten.

Die Religion versucht, die gegebene Wirklichkeit zu übersteigen, um sich dem Unbedingten zu nähern. Die Mittel dazu sind Rausch und Ekstase. Wo immer wir die Grenzen unseres eigenen Seins überschreiten und uns der Vereinigung mit einem anderen Sein nähern, ereignet sich Ekstase („außer sich sein"). Ekstase ist Durchbrechung der jeweils fixierten Form des eigenen Daseins. Wenn wir den Begriff in diesem Sinne gebrauchen, müssen wir sagen: Nur im Element der Ekstase ist Erfassung der letzten Macht des Seins möglich — in uns, in Dingen und Personen und in geschichtlichen Situationen. Plato kämpft im *Phaedrus* gegen die Nüchternheit und die Eroslosigkeit in dem immanenten Realismus der Sophisten. Und auch das Gefühl der unbegrenzten Herrschaft über die Natur im technischen Realismus hat noch ein rauschhaftes Element in sich. Auch in der Liebe und in der Gemeinschaft ist Ekstase, wie in der inneren Selbstbemächtigung, in der Erfahrung der Freiheit und der erhabenen Größe des kategorischen Imperativs. Das macht uns den Gebrauch berauschender Genußmittel und Getränke in den primitiven Kulten verständlich, und gleicherweise die Ekstase der Askese und das rauschhafte Ergriffensein der Mystik. Und es kann nicht behauptet werden, daß all dies der Glaubenshaltung, wie sie in der Bibel ausgedrückt ist, entgegengesetzt sei. Niemand kann das Ekstase-Element überhören in den Worten und der Haltung der großen Propheten, im Radikalismus der Worte Jesu und in den Beschreibungen seiner visionären Erlebnisse, in den Mysterienreden des Johannes-Evangeliums und der Kultlegende der Synoptiker, in Paulus' Zeugnis vom Wirken des Geistes und von der Liebe und in den Triumphworten Luthers vom Sieg über Gesetz, Tod und Teufel. Und sogar in manchen Äußerungen der „Theologie der Krisis" (die doch ausschließlich eine Theologie des Glaubens sein will) ist unverkennbar die Ekstase des Paradoxen und das asketische Selbstopfer der Vernunft und der Autonomie gegenwärtig.

Wer von alledem nichts wissen will und gegen das ekstatische Element in der Religion ankämpft, wird von einer berechtigten Furcht getrieben. Er fürchtet die Verwechslung von echter Ekstase und künstlicher Selbstberauschung, denn nicht jeder Rausch ist Teilhabe am Unbedingt-Mächtigen, nicht alles, was sich Ekstase nennt, ist die Erfahrung des Ergriffenseins vom wahrhaft Wirklichen. Der Rausch, der uns von der Wirklichkeit und den Forderungen der Gegenwart wegtreibt, ist zerstörerisch, und wenn er mit dem Anspruch auf Heiligkeit auftritt, dämonisch. Im echten Rausch aber vollzieht sich wirkliches Mächtigwerden, wirkliches Ergriffenwerden vom Unbedingten. Im falschen Rausch wird eine Seite unseres Wesens übermächtig, das

Ganze, das persönliche Zentrum, entmächtigt, entleert, zerstört. Jeder Versuch, das Unbedingt-Mächtige auf uns herabzuzwingen, schafft notwendigerweise einen falschen Rausch, denn es gibt keinen Weg zum Unbedingt-Mächtigen, den wir von uns aus einschlagen können. Es ergreift uns, wann und wo es will, denn es ist immer auch die unbedingte Finsternis, der Tod und das Gericht für uns. Kulte, Sakramente, reine Lehren, mystische oder moralische Theologie, die uns einen Weg öffnen wollen, durch den wir das zu ergreifen scheinen, was jenseits unseres Griffes liegt, führen uns von der wahren Seinsmächtigkeit fort, von der Tiefe des Gegenwärtigen. Sie betrügen uns, wenn sie uns zu erheben versuchen. Der echte Rausch ist eins mit dem Glauben, und der Glaube übersteigt das, was wirklich zu sein scheint, weil es die Gegenwärtigkeit des wahrhaft und letztlich Wirklichen ist.

Der falsche Rausch kann vielerorts gefunden werden, sogar in einer Religion, die auf dem Prinzip „Allein durch den Glauben" gegründet ist und die oft zu einer anti-ekstatischen Moral führt wie im Protestantismus. Dies bezieht sich auch auf den protestantischen Kultus oder was davon noch übrig ist, und sogar auf die Bestrebungen, die diesen reformieren und bereichern wollen. Die protestantische Liturgie enthält nur wenige Elemente, in denen der Rausch des unbedingten Ergriffenseins sich ausdrückt. Aber diese noch in ihr vorhandenen Elemente sind von der Tiefe der Gegenwärtigkeit weit entfernt. Sie gehen uns nicht wirklich an, und deshalb sind sie den meisten unter uns Heutigen fremd und unwirklich. Es hat keinen Zweck, die „Schätze der Vergangenheit" in unsere Liturgien einzuführen, wenn sie nicht die Tiefe unserer gegenwärtigen Situation ausdrücken.

Und das gilt auch für das gesprochene Wort, von dem der Protestantismus innerhalb und außerhalb des Kultus voll ist. Das „Wort Gottes" ist ein zweideutiger Begriff. Es wird oft für das geschriebene Bibelwort gebraucht. Aber kein Bibelwort ist für uns Gottes Wort, sofern wir die Wirklichkeit unserer geschichtlichen Situation aufgeben müssen, um es zu verstehen. Auch das biblische Wort kann uns nicht erreichen, wenn es nicht gegenwärtig wird. „Wort Gottes" ist jede Wirklichkeit, durch die hindurch das Unbedingte in unsere Gegenwärtigkeit mit unbedingter Mächtigkeit hereinbricht: eine Person, das heißt der Christus, ein Ding, das heißt ein sakramentaler Gegenstand, ein geschriebener Text, das heißt die Bibel, ein gesprochenes Wort, das heißt die Predigt. Dies ist die besondere Not der heutigen protestantischen Kirchen, daß sie noch keine Verkündigung gefunden haben, in der Gegenwärtigkeit und selbsttranszendierende Mächtigkeit vereint sind. Die kirchliche und in einem großen Ausmaß auch die biblische Terminologie sind weit entfernt von der Wirklichkeit unserer geschichtlichen Situation. Wenn sie trotzdem mit jener priesterlichen Arroganz gebraucht werden, die das biblische Wort einfach repetiert und der es gleichgültig ist, ob der Zuhörer davon ergriffen wird oder nicht, dann hört es gewißlich auf, „Wort Gottes“ zu sein und wird mit Recht überhört. Und der Geistliche, der sich als Märtyrer einer göttlichen Erfolglosigkeit fühlt und sogar sich an dieser Erfolglosigkeit berauscht, macht sich schuldig durch Mangel an Gegenwärtigkeit.

Hinter der ungegenwärtigen Fassung des Bibelwortes steht die ungegenwärtige Fassung der Offenbarung. Nichts ist Offenbarung, was sich nicht mir, meiner Gegenwärtigkeit in ihrer ganzen Konkretheit, offenbart. Wird aber gefordert, daß ich aus meiner Gegenwart heraus in eine historische Zeitspanne der Vergangenheit trete, um dort Offenbarung zu empfangen, dann ist das, was ich empfange, nicht mehr Offenbarung *für mich*, sondern ein Bericht über Offenbarungen, die andere empfingen, zum Beispiel irgendwelche Leute in Palästina in den Jahren 30 bis 33. Entweder muß ich zu einem echten Zeitgenossen dieser Menschen werden, was unmöglich ist, oder etwas muß in dieser Offenbarung, die sie empfingen, enthalten sein, das für mich und für jede geschichtliche Situation gegenwärtig werden kann. Zugleich gefährdet das Verleugnen der Gegenwärtigkeit das transzendente Element in der Offenbarung. Der Sprung aus meiner gegenwärtigen in eine vergangene Situation wäre das „Werk“, das ich zu leisten hätte und das ich leisten müßte, um Offenbarung empfangen zu können. So würde aber Offenbarung von mir abhängig, und zwar insoweit, als ich mich aus meiner konkreten geschichtlichen Situation herausbewegen muß in diejenige Situation, in welcher ich dem „geschichtlichen Jesus“ begegnen kann. Die historische Kritik hat dies jedoch als unmöglich aufgezeigt, sogar dann, wenn es theologisch zulässig wäre. Es gibt keine Möglichkeit, dem „geschichtlichen Jesus“ zu begegnen, das heißt dem Produkt der historischen Kritik, weil der Jesus, von dem uns Berichte überliefert sind, von Anfang an der „Christus des Glaubens“ war. Dies Ergebnis wissenschaftlicher Sauberkeit, religiösen Mutes und eines unbezähmbaren Dranges nach geschichtlicher Wahrheit stimmt völlig mit den Forderungen des gläubigen Realismus überein. Es hindert die Theologie daran, die Verehrung einer Gestalt der Vergangenheit mit der Manifestation des Unbedingten in der Gegenwart zu verwechseln. Wenn er, der der Christus ist, nicht gegenwärtig ist, ist er nicht der Christus.

Der gläubige Realismus erhebt den Anspruch, Kritiker aller Formen des Supranaturalismus zu sein, Supranaturalismus, verstanden als eine

Theologie, die eine supranaturale Welt neben oder über der natürlichen annimmt, eine Welt, in welcher das Unbedingte eine räumliche Stelle hat – sei es, daß Gott zu einem jenseitigen Objekt, die Schöpfung zu einem Akt am Anfang der Zeit, oder die Vollendung zu einem zukünftigen Zustand der Dinge gemacht werden. Ein solches Bedingtmachen des Unbedingten zu kritisieren, selbst wenn es zu atheistischen Konsequenzen führen sollte, ist religiöser als ein Theismus, der Gott in einen supranaturalen Bereich verbannt, weil es den unbedingten Charakter des Göttlichen mehr anerkennt als jener. Und der Mensch von heute, der sich durch eine Kluft geschieden weiß von dem Frommen, dem theistischen Gläubigen, weiß mehr von der „unbedingten Mächtigkeit" als der selbstsichere Christ, der meint, daß er durch seinen Glauben Gott besitzt, zumindest intellektuell. Ein Christ, der seinen supranaturalen Glauben mit der ständigen Verleugnung seiner geschichtlichen Situation (und der geschichtlichen Situation vieler anderer, für die er verantwortlich ist) vereint, wird durch die Prinzipien des gläubigen Realismus verworfen, der immer auch geschichtlicher Realismus ist. Das ist die protestantische Lösung des Problems: Glaube und Wirklichkeit.

TRENNUNG UND EINIGUNG IM ERKENNTNISAKT

Probleme einer Ontologie des Erkennens

I. Grundsätzliche Betrachtung

Die Polarität von Individualisation und Partizipation

Nur eine ausführlichere und vollständigere Analyse als sie hier möglich ist, würde den zahlreichen und schwierigen Problemen, die mit der Frage der kognitiven Partizipation verbunden sind, gerecht werden. Daher ist dieser Beitrag nur als ein Anfangsschritt in der Behandlung des Problems einer Ontologie des Erkennens anzusehen.

Der beste Ausgangspunkt für eine ontologische Untersuchung scheint die Möglichkeit der ontologischen Frage selbst zu sein. Was wir auch über Natur und Struktur des Seins sagen mögen – sei es offen in ontologischen oder verhüllt in antiontologischen Begriffen –, immer müssen wir die Frage beantworten: Wie ist es möglich, daß wir überhaupt nach dem Sein fragen? Welches ist die Struktur des Seins, die ein Fragen möglich macht? Die erste, wenn auch unvollständige Antwort lautet: Das Sein, soweit es Objekt des Fragens ist, setzt die Subjekt-Objekt-Struktur der Wirklichkeit voraus. Sein, betrachtet im Licht der Frage nach dem Sein, weist die strukturelle Polarität von Subjekt und Objekt auf. Diese ist aber die kognitive Seite einer allumfassenden Polarität – jener von Selbst und Welt. Fragen ist die Tätigkeit eines Ich-Selbst, ein Prozeß, der in einer Welt vor sich geht, zu der das Ich-Selbst gehört. Diese hochdialektische Polarität umfaßt noch andere polare Elemente; Individualisation und Partizipation bilden eines dieser Paare.

Individualisation weist auf das hin, was selbst-zentriert, was partikular ist. Als Selbst-zentriertes widerstrebt es der Verschmelzung in das Universale. Je stärker ein Teil zentriert ist, desto mehr ist er fähig, seine eigene Identität in einer unendlichen Mannigfaltigkeit von Beziehungen zu bewahren. Das Erkennen ist eine dieser Beziehungen.

Partizipation heißt wörtlich „Teilnahme", aber der Sinn dieses Wortes ist vieldeutig. Es kann bedeuten: „Anteil haben", wie man Anteile einer Firma besitzt; oder: „teilhaben", im Sinn der platonischen μέθεξις des Individuellen am Universalen; oder: „teilnehmen", wie man z. B. an einer politischen Versammlung teilnimmt. In jedem dieser drei Fälle weist die Partizipation hin auf ein Element der Identität in dem, was verschieden, oder auf eine Zusammengehörigkeit dessen, was getrennt ist. Ob es sich um die Identität mit derselben Firma oder mit demselben Allgemeinen oder Ganzen, zu dem etwas als Teil gehört, handelt, in jedem Falle enthält Partizipation Identität. Aber es ist eine Identität, die in polarer Korrelation zu Verschiedenheit steht. Wie zu allen anderen Arten der Partizipation gehört auch zum Erkennen die Polarität von Identität und Verschiedenheit, und zwar einer Verschiedenheit, die durch die Trennung des zentrierten Selbst von jedem anderen Seienden bedingt ist.

Die Spannung zwischen Trennung und Partizipation im Erkenntnisakt

Es gibt Arten endlichen Seins, die so miteinander in Beziehung stehen, daß entweder eines dem anderen im Raum widersteht, oder daß sie sich gegenseitig kausal hervorbringen, oder eines dem anderen substantiell innewohnt. Andere Arten endlichen Seins hingegen stehen zueinander in einer Beziehung, die man am besten Begegnung nennt. Der Mensch, der zu der zweiten Art endlichen Seins gehört, begegnet einem anderen Seienden als anderem Seienden. Früher habe ich versucht, eine Ontologie der Begegnung auszuarbeiten von der Voraussetzung aus, daß es möglich sei, das Subjekt-Objekt-Verhältnis aus den Phänomenen abzuleiten, daß es jedoch unmöglich sei, Formen der Begegnung wie Liebe oder Erkennen verständlich zu machen, wenn man von der reinen Objektivität oder der reinen Subjektivität ausgeht, oder wie Spinoza und Schelling von einer vorgängigen Identität. Nicht die Identität, sondern die Polarität und im aktuellen Lebensprozeß die Begegnung liegen vor dem Erkennen. Die Wurzel „gegen" in „begegnen" (wie „contra" in „encounter") weist auf einen Begriff hin, der auch in „objectum" enthalten ist, d. h. das, was dem entgegen geworfen wird, für den es ein Objekt ist. „Begegnung" heißt von beiden Seiten kommen, sich in einer gemeinsamen Situation treffen und an dieser Situation dadurch partizipieren, daß man Teil der Situation wird. Erkennen ist solch eine Begegnung. Subjekt und Objekt treffen einander in der Situation des Erkennens. Beide sind Teile der Situation.

Aber um einander erkennend begegnen zu können, müssen Subjekt und Objekt für einander offen sein. Erkennender und Erkanntes müssen sich gegenseitig aufnehmen. Offenheit, eine Metapher, die dem räumlichen Denkbereich entnommen ist, wird häufig auf psychische und geistige Phänomene angewandt. Sie setzt voraus, daß die eigene Totalität etwas anderes in sich aufnehmen oder in eine andere Totalität aufgenommen werden kann. Als Leibniz die Offenheit der Monaden verwarf, mußte er jede Monade zu einer Welt für sich machen, einer geschlossenen, allumfassenden Totalität, die nichts aufnehmen kann, weil es nichts aufzunehmen gibt, das nicht schon gegenwärtig wäre. Daher kann keine Monade ein unmittelbares Wissen von einer anderen Monade haben. Aber diese Lehre von Leibniz zeigt in ihrer absurden Radikalität, wie wichtig „offene Türen und Fenster" auch für die Erkenntnis sind.

Aber Erkenntnis verlangt nicht nur Offenheit für Begegnung und Partizipation, sondern auch Trennung, Selbstbezogenheit und Distanz. Andernfalls bräche die Dynamik des Erkennenden zerstörend in die Struktur des Erkannten ein. Wo keine Trennung ist, gibt es keine Erkenntnis. Der Mensch hat Erkenntnis, weil er Welt hat, d. h. sich von seiner Umwelt lösen kann. Die Umwelttheorien über den Menschen übersehen, daß er, um eine Theorie haben zu können, d. h. etwas, das universal gültig zu sein beansprucht, über seine Umwelt hinausgeschritten sein und Welt haben muß. Ein Wesen, das durch seine Umwelt bestimmt ist, kann die Bedingungen der Erkenntnis, die wir Selbstbezogenheit und Distanz genannt haben, nicht erfüllen. Ein durch seine Umwelt bestimmtes Wesen ist kein Selbst im vollen Sinne und daher freier Selbstbezogenheit nicht fähig. Und ebensowenig ist es einer Distanz im vollen Sinne fähig, da es immer schon Teil seiner Umwelt ist.

Diese Einheit von Trennung und Partizipation in jedem kognitiven Akt ist es, die implizit in der alten Frage erörtert wird, ob Gleiches von Gleichem oder Ungleiches von Ungleichem erkannt wird. Empedokles, hierin Parmenides folgend, sagt, daß wir mit dem Feuer in uns das Feuer erkennen, mit der Liebe die Liebe, mit dem Haß den Haß. Bei Anaxagoras, der Heraklit folgt, wird das Warme aber vom Kalten erkannt, und der Geist kann deshalb alle Dinge erkennen, weil er selbst rein und mit den Dingen unvermischt ist: *πάντα ἔγνω νοῦς*. Die Beweise, die von der einen Seite für die Notwendigkeit der Partizipation und von der anderen Seite für die Notwendigkeit der Trennung in jedem Erkenntnisakt vorgebracht werden, haben beide ihre relative Gültigkeit. Es ist wichtig, sich zu vergegenwärtigen, daß der wissenschaftliche Typ des Denkens die Trennung, der metaphysische Typ des Denkens die Partizipation bevorzugt. Dies führt zu der Frage, ob nicht in der kognitiven Begegnung die verschiedenen Schichten der Wirklichkeit verschiedene Relationen zwischen den Elementen der Partizipation und der Trennung begünstigen. Die allgemeine Antwort ist nach der vorausgegangenen Erörterung klar: da Subjekt und Objekt an der Erkenntnissituation teilhaben, ändert sich die Situation des Ganzen immer dann, wenn sich die Form der kognitiven Begegnung ändert.

II. Erkenntnishaltung und Seinsschichten

Partizipation, Distanz und die phänomenologische Schau

Ohne daß ich Husserl in seiner Phänomenologie folge und die Existenz ausklammere, glaube ich doch, daß die platonische Tradition in allen ihren Abwandlungen recht hat, wenn sie die Frage nach den strukturellen Voraussetzungen der Erfahrung stellt. Es ist eine Frage, die der Empirismus niemals beantworten kann. Die Konstitution des Subjekts als Subjekt und entsprechend des Objekts als Objekt ist der eigentliche Gegenstand der phänomenologischen Frage. Die Phänomenologie hat diese Frage überzeugend neu formuliert und dadurch die philosophische Atmosphäre seit 1900 in vieler Hinsicht verändert. Jedoch verlor die Phänomenologie viel von ihrer Bedeutung, teils durch Übertreibungen – wie in Schelers Versuch, Bischöfe und Engel zum Objekt einer phänomenologischen Wesensschau zu machen –, teils durch die Unmöglichkeit, existentielle Entscheidungen allein schon durch die Wahl der Beispiele vermeiden zu können, und teils durch die Vermengung empirischer und phänomenologischer Aussagen. Jede kognitive Begegnung weist jedoch ein nicht reduzierbares, wenngleich unbestimmtes Minimum struktureller Voraussetzungen auf, die den legitimen Gegenstand phänomenologischer Forschung bilden. Der Beweis für ihr Vorhandensein ist offenkundig, da selbst der Angriff auf ihre Gültigkeit nicht ohne sie geführt werden kann. Für mich gehören die logischen, kategorialen und ontologischen Prinzipien zu dieser Seinsart, kurz alles, was die Struktur der kognitiven Begegnung und damit auch, wie es anfangs gezeigt wurde, die Struktur des Fragens ausmacht.

In diesem Zusammenhang hat Partizipation anscheinend die absolute Vorherrschaft über Trennung. Das Subjekt ist Teil des Prozesses, in dem es nicht nur dem Objekt begegnet, sondern auch seinem eigenen Begegnen. Der offenbare Mangel an Distanz hat die phänomenologische Schau verdächtig gemacht. Es sieht so aus, als sei keinerlei Nachprüfung möglich, als produziere das schauende Subjekt das, was es zu schauen wünscht. Seit den Zeiten Platos und Aristoteles' ist es zu keiner Einigung über die ersten Prinzipien gekommen, und Husserls Ideal der Philosophie als einer exakten Wissenschaft ist bei allen seinen Schülern zusammengebrochen (wie er mir einmal mit großem Kummer eingestanden hat).

Partizipation, Distanz und Herrschaftswissen

Max Scheler unterscheidet in seinen „Versuchen zu einer Soziologie des Wissens" drei Typen der Erkenntnis: Heilswissen, Bildungswissen und Herrschaftswissen. Wenn wir das „Bildungswissen" außer acht lassen, das keinen besonderen Erkenntnistyp darstellt, und wenn wir den Bereich des „Heilswissens" so erweitern, daß er auch das umfaßt, was heute existentielle Erkenntnis genannt wird, erhalten wir eine Skala, deren Pole das „Herrschaftswissen" auf der einen Seite und die existentielle Erkenntnis auf der anderen Seite bilden. Zwischen den Polen, die den Elementen der Trennung und Partizipation entsprechen, liegen verschiedene Mischungen von Herrschaftswissen und existentieller Erkenntnis der Wirklichkeit.

Das Herrschaftswissen wird repräsentiert durch die mathematischen Naturwissenschaften und jede wissenschaftliche Forschung, soweit sie deren Methoden folgt. Der Ausdruck Herrschaftswissen weist auf die enge Verbindung zwischen wissenschaftlicher Entdeckung und technischer Anwendung hin. Diese Verbindung reicht in die Tiefen der Methode selbst hinein, in Analyse, Experiment und Hypothese, und wurde von Anaxagoras schon gesehen, wenn er sagt, daß der völlig getrennte *νοῦς* jede Bewegung der ihn umgebenden Dinge beherrscht. Die Frage ist, ob es im Herrschaftswissen nicht außer Trennung auch Partizipation gibt. Ich finde sie an zwei Stellen: Zunächst, wie schon gezeigt, in der kategorialen Struktur, die mit jeder Subjekt- und Objekt-Begegnung gegeben ist, dann noch an einer anderen Stelle, nämlich in der wissenschaftlichen Erkenntnis, die durch Ausdrücke wie: „das Gegebene", „Wahrnehmung", „Information", „Vernehmen" und (vom gleichen Wortstamm) „Vernunft" angegeben wird. In diesen Ausdrücken wird die Metapher des Gebens und Nehmens zur Beschreibung des Erkenntnisaktes verwandt. Erkennen heißt, das in sich hineinnehmen, was durch die Sinne gegeben ist. Es wird vollkommen aufgenommen als das, was es wirklich ist, wie die Vorsilbe „ver" andeutet (ebenso „per" in *perception* und „piras" in *empiria)*. Diese Aufnahme des wahrhaft Wirklichen formt und informiert (engl. to „in-form") das, was aufnimmt, d. h. das erkennende Selbst. Das Phänomen der wissenschaftlichen Wißbegier ist tiefer als das Wort zuzugestehen scheint. Es ist die Begierde, an dem zu partizipieren, was wirklich ist und durch seine Wirklichkeit unendliche Anziehung ausübt auf das Wesen, das fähig ist, der Wirklichkeit als Wirklichkeit zu begegnen. Partizipation an dem, das die Seins-Macht des wahrhaft Wirklichen hat, gibt demjenigen Erfüllung, der daran partizipiert. Die wissenschaftliche Wißbegier, die Begierde zu wissen um des Wissens willen, von Aristoteles jedem Menschen zugesprochen, wirft ein Licht auf die Grenze des Begriffs „Herrschaftswissen", und sie weist darauf hin, daß es sogar am wissenschaftlichen Pol ein Element der Partizipation gibt.

Partizipation und Verstehen

Die Bezeichnungen, die für das Phänomen des Verstehens gebraucht werden, zeigen ebenfalls, daß wir uns des Elementes der Partizipation bewußt sind. „Under-standing" heißt wörtlich: „stehen unter" dem Objekt. Verstehen benutzt ein ähnliches Bild. „Comprehendere" verwendet die Metapher des Ergreifens und Zusammentragens. In all diesen Worten liegt starker Nachdruck auf dem „Sein mit".

Wenn wir das Wort „Verstehen" gebrauchen, wollen wir ausdrücken, daß der Sinn eines Wortes, Satzes oder einer Gebärde ergriffen wird. Eine Sprache lernen heißt, in wachsendem Maß an den Bedeutungen eines besonderen Systems sprachlichen Ausdrucks zu partizipieren. Aber darüber hinaus ergeben sich zwei kognitive Probleme des Verstehens, das erste betrifft die Erkenntnis persönlicher Lebensprozesse, eigener wie fremder, das zweite die Erkenntnis des geistigen Ausdrucks der Lebensprozesse. Kurz gesagt geht es im ersten Fall um das Problem der Einfühlung, im zweiten um das Problem der Interpretation.

Die Vorherrschaft des Prinzips der Trennung in den modernen Erkenntnistheorien hatte zur Folge, daß man das Fremd-Verständnis als eine Schlußfolgerung aus dem Selbst-Verständnis zu beschreiben suchte. Das setzt voraus, daß das Individuum zunächst an sich selbst partizipiert und erst dann, mittelbar, an anderen. Tatsächlich sind jedoch Selbst-Verständnis und Fremd-Verständnis sekundäre Phänomene. Das primäre Phänomen ist das Verstehen der Begegnungssituation, an der ich selbst und die anderen partizipieren, ohne als Subjekt und Objekt getrennt zu sein. Das Kind macht die Erfahrung der Freundlichkeit oder des Zornes, noch bevor es die Teilnehmer an dieser Begegnung als Vater und als ein eigenes Selbst objektiviert. Die Partizipation geht der Objektivierung voraus. Erst wenn das Stadium der Objektivierung erreicht ist, kann die andere Person Gegenstand des Herrschaftswissens werden. Sie kann geprüft, berechnet und gehandhabt werden – sei es durch einen Testpsychologen in Amerika, einen Propagandisten in einem totalitären Staat oder irgendwo auf der Welt durch einen diplomatischen Ehepartner. Die Person ist ein Objekt des Herrschaftswissens geworden. Die Gemeinschaft des existentiellen Verstehens, des Verstehens durch Partizipation, ist zerbrochen.

Auch im Akt der Selbsterkenntnis gibt es zwei Ebenen. In der modernen psychologischen Fachsprache wird die bewußte Partizipation am eigenen Sein oft „Einsicht“ genannt. Beide Silben dieses Wortes betonen die kognitive Partizipation. Der Sinn der Tiefenpsychologie wird jedoch völlig mißverstanden, wenn Einsicht als Erkenntnis und Selbstanwendung psychotherapeutischer Theorien interpretiert wird. Die Heilkraft einer solchen Erkenntnis muß mit Recht verneint werden. Einsicht ist heilendes Wissen, weil sie bewußte Partizipation an Situationen, Prozessen und Bestrebungen der Gegenwart und Vergangenheit ist, die verschüttet, verdrängt oder vergessen worden sind. Selbstverständnis partizipiert und wird Einsicht, nicht weil es Einsicht in eine äußerlich erinnerte, sondern in eine innerlich wieder aktivierte Vergangenheit ist. Jeder Analytiker weiß, daß die wissenschaftliche Kenntnis der beteiligten psychischen Prozesse eine Reaktivierung, Einsicht und Heilung fast unmöglich macht. Der Unterschied der kognitiven Ebenen wird dadurch deutlich.

Es sieht freilich aus, als sei in diesen Erkenntnishaltungen das Element der Trennung verlorengegangen und mit ihm das der Objektivität und die verifizierenden Kriterien. „Einsicht“ kann zu einer Bezeichnung für fanatische Selbstbestätigung werden und das Verstehen der anderen Person zu einer Sache des Wunschträumens oder romantischer Idealisierung. Diese Schwierigkeit läßt sich nur durch eine exakte Darstellung der Partizipation überwinden. Das kognitive Kriterium fällt mit dem ethischen Kriterium zusammen: wahre Erkenntnis der anderen Person ist nur soweit möglich, als die Beziehung zu einer anderen Person weder verblendende Leidenschaft noch verschönernder Wunsch oder verzerrender Haß, vielmehr kritische und annehmende *ἀγάπη* ist – zu gleicher Zeit Distanz und Partizipation. Gleicherweise ist wahre Selbsterkenntnis nur möglich in dem Maße, in dem die *ἀγάπη* gegen mich selbst jegliche Ideologie und Rationalisierung meiner selbst weggeräumt hat.

Diese Feststellung über Einsicht und Partizipation können zur Überwindung eines recht alten Mißverständnisses der sokratischen Lehre beitragen, des Mißverständnisses des Satzes, daß Wissen Tugend sei. Wenn Erkenntnis als Herrschaftswissen verstanden werden müßte, dann wäre die sokratische Behauptung absurd. Aber weil Erkenntnis existentielle Erkenntnis bedeutet, nämlich die eigene kognitive Partizipation an dem, was essentiell menschlich ist, deshalb ist die sokratische Behauptung wahr. Denn der Akt, der eine solche Partizipation schafft, ist die Tugend selbst und schließt alle anderen Tugenden in sich.

Als nächstes wenden wir uns der interpretierenden Erkenntnis zu. Die Silbe „inter" in Interpretation weist darauf hin, daß man „zwischen" sein muß, um verstehen zu können. Man muß an dem geistigen Prozeß partizipieren, der in einem Text ausgedrückt ist. Man kann wohl philologische und existentielle Interpretation voneinander unterscheiden, aber nicht derart, daß man sie als zwei verschiedene Methoden hinstellt. Sie sind vielmehr die beiden Pole einer jeden wirklichen Interpretation. Es war eine recht unglückliche Entwicklung, als die protestantische Exegese als indifferente Philologie betrieben wurde, der man lediglich eine fromme Aufmachung gab. Der Begriff der kognitiven Partizipation muß als Waffe gegen ein Vorgehen dienen, für das es auch in Philosophie und Literatur manches Beispiel gibt. Die philologische Interpretation hat den exaktesten hermeneutischen Regeln zu folgen. Sie muß sich aber immer daran erinnern, daß sie nur in dem Maß sinnvoll ist, in dem das Schöpferische von einst mit der schöpferischen Kraft des Interpreten konfrontiert wird oder ganz allgemein in die interpretativen Potentialitäten der gegenwärtigen Periode hineinspricht. Wieder ist die Polarität von Trennung und Partizipation wirksam. Das philologische Element eines Interpretationsaktes zielt auf die unwandelbare Vergangenheit des Textes, der im wahrsten Sinne des Wortes „objektum" ist. Er muß rein erhalten und so wörtlich wie nur irgend möglich erklärt werden. Aber der Text wird nur verstanden, wenn eine Begegnung mit der Vergangenheit vor sich geht, wenn in dem interpretierenden Geist die Vergangenheit zum integrierenden Bestandteil der Gegenwart wird, sei es, daß sie verworfen, sei es, daß sie angenommen wird. Das gilt für jede neue Generation im Blick auf die Dokumente der Vergangenheit, und sogar für den Autor selbst, wenn er zu seinem eigenen Werk zurückkehrt. Wie jede Autobiographie zeigt, ist eine neue Union des Verstehens zwischen der Gegenwart und der Vergangenheit des Autors nötig. Hierin ist eine weitere wichtige Konsequenz enthalten. Es wird die Meinung abgelehnt, als ob die Vergangenheit völlig und unabänderlich abgeschlossen sei. Schöpferisches Verstehen formt die Vergangenheit um, insofern ein potentieller Sinn, der implizit in einem Text der Vergangenheit enthalten ist, durch die gegenwärtige Interpretation einen aktuellen Sinn erhält. Dann ist die Vergangenheit in ihrer Bedeutung verändert worden. Als Beispiel kann die Geschichte der Deutung der klassischen griechischen Kultur von ihrer eigenen Zeit bis zum heutigen Tag dienen. Jede nachfolgende Periode ist unwiderruflich vom klassischen Griechentum getrennt. Aber jede Periode erkennt durch Partizipation und verändert durch dieses Erkennen, was in den unwandelbaren Fakten der griechischen Vergangenheit enthalten ist. Ein neuer Sinn wird erfaßt, der über das hinausgeht, was die Griechen an Sinngehalt heraushoben, denn auch für sie war jede ihrer Schöpfungen für immer neue Deutung offen.

Die einzelnen Wissenschaften sind hier nicht behandelt worden, da in den meisten verschiedene Arten der kognitiven Begegnung zusammentreffen. Was über das Verstehen und das Verhältnis von Partizipation und Trennung gesagt wurde, ist gültig für geschichtliche Erkenntnis in allen ihren Verzweigungen, gilt für Biologie, Psychologie, Anthropologie und Soziologie in gleicher Weise. Es ließe sich auch zeigen, daß viele der methodischen Vorurteile, die in diesen Disziplinen ihr Unwesen treiben, durch eine sorgfältige und kritische Analyse der kognitiven Partizipation aufgehoben werden könnten. Außerdem könnte man aufweisen, bis zu welchem Grad die Wirklichkeit von Mensch und Gesellschaft im Erkenntnisprozeß übergangen oder verzerrt wird durch Methoden, in denen sich das Verstehen auf eine kausale, genetische oder gar funktionelle Erklärung reduziert.

Erkenntnis und Hingabe

Der letzte Typus der kognitiven Begegnung, der betrachtet werden muß, ist durch die entschiedene Vorherrschaft der Partizipation gekennzeichnet, und zwar einer totalen person-zentrierten Partizipation, die man kognitive Hingabe nennen kann.

Charakteristisch für diese Art der Erkenntnis ist das griechische Wort *γνῶσις* in seiner späteren Entwicklung. Zur Zeit des Neuen Testamentes bedeutete *γνῶσις* dreierlei: mystische Einung, Geschlechtsverkehr und eine Erkenntnis, die nicht *ἐπιστήμη* ist. Ganz offensichtlich vertritt in dieser Terminologie *γνῶσις* die Seite der Partizipation. Dem Wort *γνῶσις* zufolge ist die kognitive Hingabe analog der erotischen und der mystischen Hingabe. Trotzdem bleibt sie Erkenntnis und ist im System der Spätantike mit verfeinerten logischen und epistemologischen Analysen verbunden.

Das Problem der kognitiven Hingabe ist indes viel umfassender. Es bezieht sich auf alles, was religiöse Erkenntnis genannt wird, und auf deren methodische Auslegung, die Theologie genannt wird. Wenn Religion definiert wird als die Erfahrung dessen, was den Menschen unbedingt angeht, dann partizipiert das kognitive Element am Ganzen der religiösen Erfahrung. Der Begriff der Partizipation ist ein notwendiges und brauchbares Werkzeug für das Verständnis des kognitiven Elementes in der Religion und seiner Beziehung zum Erkenntnisakt im allgemeinen. Insofern religiöse Erkenntnis Trennung und Partizipation vereinigt, ist sie qualitativ von Erkenntnis in allen anderen Bereichen nicht verschieden; allerdings vereinigt sie die beiden in besonderer Weise. Nur wenn wir in einer Art methodischen „Imperialismus" das Herrschaftswissen zum Modell jener Erkenntnis machen, werden existentielle Erkenntnis und kognitive Hingabe zu sinnlosen Begriffen. Solchem Imperialismus sollte man sich überall und nicht nur im Religiösen widersetzen.

Partizipation in der kognitiven Hingabe heißt Ergriffen-werden in einer Dimension der eigenen Wirklichkeit und der Wirklichkeit überhaupt, die nicht durch die Subjekt-Objekt-Struktur der Endlichkeit bestimmt ist, sondern dieser Struktur zugrunde liegt. Hingabe in dieser Dimension heißt nicht, sich selbst als Subjekt an ein Objekt zu verlieren, auch nicht an das höchste Objekt, wie es der populäre Theismus fordert. Hingabe bedeutet vielmehr Partizipation der ganzen Person an dem, was über beides, Objektivität und Subjektivität, hinausreicht. Die Religion hat dies in unzähligen Symbolen ausgedrückt; ihnen ist allen gemeinsam, daß sie sowohl in negativen wie in positiven Begriffen interpretiert werden müssen. Sie verneinen, was sie bejahen, und bejahen, was sie verneinen (z. B. „Gott ist das Nächste und das Fernste"). Das ist eine notwendige Folge des Aktes, in dem in der religiösen Erkenntnis das Subjekt-Objekt-Schema transzendiert wird.

Doch es muß die Frage beantwortet werden: wie ist Erkenntnis möglich, wenn ihre Voraussetzung, die Subjekt-Objekt-Struktur der Wirklichkeit, transzendiert wird? Was bleibt vom Element der Trennung, der Objektivität, der Verifizierbarkeit in dieser Art Begegnung? Die Antwort ist: Erkenntnis ist eine ontische Beziehung und daher den Seinskategorien, insbesondere der Kategorie der Zeit, unterworfen. Es ist der Zeitunterschied zwischen dem Moment der einenden Partizipation und dem der trennenden Objektivierung, der die religiöse und in gewissen Maße jede Erkenntnis ermöglicht. Das bedeutet nicht, daß eine frühere Partizipation erinnert und zum Objekt der Erkenntnis gemacht wird. Sondern es bedeutet, daß der frühere Moment, nennen wir ihn den perzeptiven, in dem späteren, nennen wir ihn den reflexiven Moment, gegenwärtig ist und umgekehrt. Beide Momente wechseln miteinander ab und bilden in ihrer Gesamtheit die kognitive Begegnung. Dies ist die Situation in allen Bereichen, und das ist die Struktur, die religiöse Erkenntnis möglich macht.

Ich kann hier die kognitive Hingabe im allgemeinen und religiöse Erkenntnis im besonderen nicht ausführlicher behandeln. Was ich herausarbeiten möchte, ist dies: Der Begriff der kognitiven Partizipation beseitigt die Schranke zwischen den verschiedenen Formen der kognitiven Begegnung, und er rollt vor allem den eisernen Vorhang beiseite, der jetzt die religiöse Erkenntnis und das Herrschaftswissen trennt.

Es wurde eine faszinierende und überraschende Reise, als ich zu entdecken versuchte, auf welche Weise sich die verschiedenen Philosophien mit den ontologischen Prinzipien der Partizipation und der Trennung befaßt haben. Sie alle haben das Problem gekannt und es zugunsten der Vorherrschaft des einen oder anderen Prinzips entschieden. Aber keine von ihnen hat das entgegengesetzte Prinzip völlig beseitigen können, insbesondere dann nicht, wenn sie zum Phänomen der kognitiven Begegnung kamen. Die Einheit von Partizipation und Trennung in der kognitiven Situation wird immer ein fundamentales Problem der Philosophie bleiben, und immer wird die erstaunliche Wirklichkeit der Erkenntnis den Anlaß für jene kognitive Aufgabe bilden, die wir „Ontologie der Erkenntnis“ nennen.

DIMENSIONEN, SCHICHTEN UND DIE EINHEIT DES SEINS

Es ist meine Absicht, einige Eigenschaften der Lebensprozesse zu beschreiben, die es uns möglich machen, sowohl die Einheit des Lebens als auch seine verschiedenen Manifestationen zu verstehen. Das Problem, dem ich mich zuwende, hat eine lange Geschichte in den Versuchen des Menschen, etwas von sich selbst und seiner Welt zu wissen. Und was noch wichtiger ist als das theoretische Problem selbst: Die verschiedenen Lösungen, die in der Geschichte des Denkens erschienen sind, hatten und haben erhebliche Konsequenzen für das menschliche Leben, insonderheit das sittliche und religiöse Leben. Es gibt keine sittliche Haltung ohne eine bewußte oder unbewußte Antwort auf die Frage nach der Einheit des Lebens. Und es gibt keine religiöse Aussage über den Menschen und seine Bestimmung ohne ein Urteil über das Verhältnis der verschiedenen Elemente, die sich im Leben des Menschen miteinander und gegeneinander bewegen. Diese Elemente sind in verschiedener Weise bezeichnet worden als sein Leib, seine Seele, sein Geist.

Aber das Problem der Einheit des Lebens kann nicht auf den Menschen beschränkt bleiben. In ihm erscheinen alle Elemente, die auch in Lebensprozessen der anderen Lebewesen vorhanden sind, und darum muß man, wenn man ihn und die Einheit seines Lebens verstehen will, die Einheit des Lebens in allen Dimensionen und Bereichen verstehen.

Die folgenden Ausführungen beschäftigen sich mit drei Problemgruppen: Zuerst soll der Unterschied zwischen Dimensionen und Schichten besprochen werden. Danach möchte ich die Lebensprozesse daraufhin untersuchen, welche der Dimensionen in den verschiedenen Prozessen vorherrschend ist. Drittens soll die Frage nach dem Charakter der Zweideutigkeit aller Lebensprozesse gestellt werden.

I.

Zuerst will ich sprechen von Dimensionen und Schichten in den Prozessen des Lebens. Wir wissen, daß echte repräsentative Symbole, wie sie in Geschichte, Kunst und Religion vorkommen, nicht willkürlich durch andere Symbole ersetzt werden können. Sie sind aus einer bestimmten Begegnung mit der Wirklichkeit geboren und sind so lange lebendig, wie diese Begegnung lebendig ist. Dann sterben sie oder werden verwandelt. Metaphern haben nicht den gleichen Charakter, obgleich auch sie mehr als bloße Zeichen sind, mehr als bloße Produkte von Konventionen, die beliebig miteinander ausgetauscht werden können. Metaphern weisen hin auf eine Analogie zwischen dem gewöhnlichen Sinn des Wortes, das in der Metapher gebraucht wird, und dem, auf was sie hindeutet. Dieser Analogie wegen kann die Wahl der rechten Metapher für die Lösung einer ganzen Serie von Problemen entscheidend sein. Auf Grund dieser Einsicht schlage ich vor, daß wir die Metapher „Schicht" durch die Metapher „Dimension" ersetzen. Das mag uns helfen, eine neue Sicht von Mensch und Leben zu gewinnen, eine Sicht, die im Gegensatz steht zu allen Formen des Dualismus, alten wie neuen.

Die Metapher Schicht für die verschiedenen Gebiete der begegnenden Wirklichkeit hat tiefe soziologische und religiöse Wurzeln. Sie ist eine Spiegelung der sozialen Ordnung sowohl im Religiösen wie im Profanen. Das Wort Hierarchie, das wahrscheinlich zuerst von dem theologischen Mystiker Dionysius Areopagita um 500 nach Ch. gebraucht wurde, bezeichnet sowohl religiöse wie profane Hierarchien. Im Mittelalter ist die Pyramide der weltlichen Mächte mit dem Kaiser an der Spitze heilig durch Weihe, und die Pyramide der religiösen Funktionen mit dem Papst an der Spitze ist heilig wegen ihres sakramentalen Fundaments. Hierarchisches Denken in diesem Sinne kann auf alle Bereiche der Wirklichkeit ausgedehnt werden. Es kann auf das Sein selbst angewandt werden, wenn man den kühnen Begriff von mehr oder weniger Sein gebraucht. Es ist auf den Menschen bezogen, wenn man ihn aufteilt in eine körperliche Grundlage, eine seelische Mitte und eine geistige Spitze. Auf die Natur ist es angewandt, wenn die anorganische, die organische und die psychische Schicht unterschieden werden. Hierarchisches Denken kann in der Ethik verwandt werden, wenn man bürgerliche Gerechtigkeit, durchschnittliche Sittlichkeit und mönchische Askese sich einander folgen läßt. Genauso kann es auf die Werte und deren Hierarchie bezogen werden. Und schließlich kann es in der Religion erscheinen, wenn das Natürliche und das Übernatürliche gegenübergestellt werden.

Der Protest gegen das Denken in hierarchischen Schichten wurde sowohl vom Protestantismus wie von der Renaissance erhoben. Beide fochten gegen die Hierarchie in der Beziehung des Menschen zum Göttlichen und Unbedingten. Für Luther gibt es keine Schichten der Annäherung an Gott. Ein jeder steht in der Schicht, die als die niedrigste betrachtet wird, nämlich der des Laien. Der Heilige ist ein Sünder, und der Sünder ist gerecht, nicht weil er eine höhere Stufe erklomm, sondern weil Gottes Vergebung sich auf ihn herabgelassen hat. Der höchste Grad menschlicher Vollendung ist noch unendlich entfernt vom Unendlichen. Die Hierarchien in bezug auf das Verhältnis zu Gott sind dadurch beseitigt. Zu demselben Ergebnis kommt der Humanismus der Renaissance. Sein klassischer Vertreter ist der Kardinal Nikolaus von Kues im Rom des 15. Jahrhunderts. Er sucht die Unendlichkeit des Unendlichen zu verstehen und sieht dabei ein, daß das Unendliche aufhören würde, unendlich zu sein, wenn das Endliche neben ihm stehen würde als ein begrenzender Bereich. Darum sprach er vom Zusammenfallen der Gegensätze *(coincidentia oppositorum)*, nämlich von der Gegenwart des Unendlichen im Endlichen und des Endlichen im Unendlichen. Wie für Luther Gott gegenwärtig ist in jedem Sandkorn, so ist für Cusanus das Zentrum der göttlichen Unendlichkeit gegenwärtig in jedem Punkt der Peripherie, in jedem endlichen Ding. Dies ist der andere Weg, auf dem das hierarchische Denken beseitigt wurde. Es ist der Weg, der schließlich zum modernen Humanismus führte.

Und nun frage ich, was hat dieses Stück Geistesgeschichte mit dem Austausch der beiden Metaphern zu tun, der Metapher der Schicht und der Metapher der Dimension? Die Antwort ist: Es gibt dem Austausch den historischen Hintergrund und die weite geschichtliche Perspektive. Es ist nicht sprachliche Willkür, sondern es ist eine logische Konsequenz dessen, was sich im modernen Bewußtsein ereignet hat, wenn wir gezwungen sind, von Dimensionen anstatt von Schichten zu reden.

Die gefährlichen und sogar zerstörerischen Konsequenzen des Denkens in Schichten sind offenkundig. Schichten sind in sich selbst fertige, sich gegenseitig ausschließende Sektoren der Wirklichkeit. Sie liegen übereinander und haben keine notwendige Beziehung zueinander. Es gibt keine innere Notwendigkeit, von der niederen zu der höheren Schicht zu gehen oder umgekehrt. Wenn man jedoch behauptet, daß eine solche Notwendigkeit besteht, dann hat man der Metapher Schicht schon ihren Sinn genommen. Wenn z. B. Leib und Geist als zwei verschiedene Schichten bezeichnet werden, dann ist ihr Verhältnis zufällig, und das eine könnte ohne das andere bestehen. Auf diese Weise ist keine Lösung des Leib-Geist-Problems möglich. Nur wenn man Leib und Geist als Dimension einer und derselben Wirklichkeit versteht, wird die Natur des Menschen verständlich. Denn nur dann ist verneint, daß sie einander fremd sind und daß sie einander stören. Wenn die Metapher Schicht gebraucht wird, dann sind körperliche

Triebe entweder völlig von geistigen Akten getrennt, oder sie greifen störend in dieselben ein und umgekehrt. Wo man so denkt, ist der Versuch naheliegend, die eine Seite zugunsten der anderen völlig zu eliminieren. Eine Art vereinfachter Monismus wird dann behauptet, dadurch, daß man den Geist auf körperliche Funktionen reduziert oder den Körper auf geistige Funktionen. Solche Vereinfachung durch Reduktion, sei sie materialistisch oder spiritualistisch, ist ausgeschlossen, wenn man von der Einheit vielfacher Dimensionen spricht.

Die Beziehung zwischen Körper und Geist ist *ein* Beispiel, die zwischen Organischem und Anorganischem ein anderes. Die Schwierigkeit, die Beziehung zwischen Organischem und Anorganischem zu beschreiben, wenn man in ihnen zwei Seinsschichten sieht, hat dazu geführt, daß man das Organische auf anorganische Prozesse zurückgeführt oder das Anorganische in organische Strukturen aufgelöst hat. Die Metapher „Dimension" hilft zu einem Verständnis des organischen Lebens im Verhältnis zu den physischen und chemischen Prozessen, die sich in ihm abspielen. Die Reduktion der einen Seite auf die andere wird unmöglich, und der zugrundeliegende Dualismus von Organischem und Anorganischem ist überwunden.

Ein drittes Beispiel für die Gefahren, die im Gebrauch der Metapher „Schicht" enthalten sind, ist die Beziehung von Kultur und Religion. Wenn Religion und Kultur als zwei Schichten verstanden werden, Religion als die obere, Kultur als die untere, dann sind die Konflikte zwischen den beiden, die sich in den vergangenen Jahrhunderten ereignet haben, unvermeidlich. Religion versucht, die Kultur zu beherrschen, und Kultur versucht, sich die Religion zu unterwerfen und sie zu einem Teil ihrer selbst zu machen. Wenn die Metapher „Dimension" gebraucht wird, dann wird Religion als die Tiefendimension der Kultur verstanden und Kultur als die Form, in der Religion erscheint.

Hinter diesen Beispielen liegt ein anderer, vielleicht der fundamentalste Dualismus im Verständnis unserer Welt. Es ist der Dualismus des Übernatürlichen und Natürlichen. Die Wirklichkeit ist aufgeteilt in eine Schicht übernatürlich-göttlicher Dinge und in eine Schicht natürlich-menschlicher Dinge. Die mythischen Symbole, Himmel und Hölle, werden wörtlich als Seinsschichten aufgefaßt. Die göttliche und die menschliche Natur sind so gegenüber gestellt, daß göttliche Akte störend in die Natur eingreifen. Aus solcher Auffassung folgt der verzerrte Wunderbegriff, der besagt, daß Gott die natürlichen Strukturen der Dinge aufheben muß, um sein Wirken in der Welt zu zeigen, obwohl diese natürlichen Strukturen von ihm selbst geschaffen und, wie die biblische Geschichte erzählt, von ihm als gut bezeichnet sind.

Diese mannigfachen Gefahren, für die die Metapher „Schicht" ein Symptom ist, können vermieden werden, wenn man Lebensprozesse unter der Metapher der „Dimension" sieht. Selbstverständlich ist es nicht der Wechsel der Metapher als solcher, der das neue Verständnis schafft, sondern es ist das neue Verständnis, das einen Wechsel der Metapher fordert. Eine falsche Metapher kann Verwirrung und Verzerrung schaffen, wie es sich in den letzten Jahrhunderten der menschlichen Geistesgeschichte immer wieder ereignet hat.

Die Metapher „Dimension" ist aus der Geometrie entnommen, wo man drei reale und darüber hinausgehend viele irreale Dimensionen unterscheidet. Wenn man von Lebensprozessen spricht, ist die Zahl der Dimensionen, die man metaphorisch nennen will, nicht begrenzt. Dimensionen haben die Eigenschaft, daß sie sich in einem Punkt treffen, aber nicht ineinander eingreifen. Sie liegen nicht nebeneinander oder übereinander oder untereinander. Sie liegen ineinander und sind in dem Punkt geeint, in dem sie sich treffen. Wenn die Metapher „Dimension" voll bewußt gebraucht wird und alle ihre Konsequenzen verstanden werden, dann haben wir es mit einer anderen Art Begegnung unseres Geistes mit unserer Welt zu tun, als wenn wir die Metapher „Schicht" benutzen. Selbstverständlich gibt es in allen Lebensprozessen Spannungen und Konflikte. Sie sind keineswegs verneint, im Gegenteil! Aber sie sind nicht von dem Unterschied der Schichten abgeleitet, sondern von den widersprechenden Elementen, die in allen Dimensionen des Lebens vorhanden sind. Es ist nicht der Unterschied des Organischen und Anorganischen, der die Konflikte in beiden Dimensionen hervorruft, sondern es ist die Zweideutigkeit der Kräfte, die in beiden Dimensionen wirksam wird. Es ist auch nicht der Unterschied des Organischen und des Seelischen, der Konfliktsituationen herbeiführt, sondern es ist die Zweideutigkeit der in beiden Dimensionen tätigen Kräfte. Es ist nicht der Unterschied der seelischen und der geistigen Dimension, der Konflikte in beiden verursacht, sondern es ist die Spannung der Kräfte und ihre zweideutige Mischung, die in beiden Dimensionen vorhanden ist.

Diese Sätze fordern weitere Verdeutlichung. Zunächst muß man fragen, was es bedeutet, wenn man sagt, daß etwas in einer Dimension geschieht. Es setzt voraus, daß es Bereiche von Dingen und Ereignissen gibt, in denen eine Dimension vorherrschend ist und in der die anderen ihr unterworfen sind. Es ist die Vorherrschaft einer Dimension, die uns zwingt, Bereiche wie das Organische, das Anorganische, das Psychische und das Geistige zu unterscheiden. Aber in jedem dieser Bereiche des Seins sind alle Dimensionen immer gegenwärtig, obgleich eine von ihnen den spezifischen Charakter dieses Bereiches bestimmt. Das Wort „Bereich" hat einen halb politischen Klang und ist darum besonders geeignet, die Vorherrschaft einer Dimension über die andere auszudrücken.

Noch eine andere Erwägung ist hier nötig. Wenn ich behaupte, daß in allen Lebensprozessen alle Dimensionen des Lebens immer gegenwärtig sind, dann setze ich die fundamentale Unterscheidung des Potentiellen vom Aktuellen voraus. Beide, das Aktuelle wie das Potentielle, sind Wirklichkeiten, wobei das Potentielle das ist, das die „Macht zum Sein" hat, diese Macht aber sozusagen noch nicht gebraucht hat. Das potentielle Sein ist noch nicht aktuell geworden. Selbstverständlich gibt es im anorganischen Bereich nichts aktuell Organisches, nichts aktuell Psychisches, nichts aktuell Geistiges, aber potentiell sind diese Dimensionen gegenwärtig. Im Atom ist die geistige Kraft potentiell gegenwärtig, die Shakespeares Hamlet geschaffen hat, genauso wie in den geistigen Akten, die Hamlet produzierten, die Bewegungen der Atome im Leib Shakespeares teilnahmen. Darum kann man sagen: Als Gott das Atom schuf, schuf er den Menschen als Potentialität – und umgekehrt: Mit der Schöpfung des Menschen als Potentialität war die Schöpfung des Atoms gegeben.

Wenn dem so ist, muß man fragen, woher kommen die Verschiedenheiten der Bereiche, die Verschiedenheiten, aus denen die falsche Metapher „Schicht" abgeleitet ist? Die Antwort muß sein, daß die Gesamtbewegung des Universums es gewissen Potentialitäten erlaubt, aktuell zu werden, während andere von der Aktualisierung im gleichen Raum und zur gleichen Zeit ausgeschlossen sind. Milliarden von Jahren hat es auf der Erde bedurft, bis die Bewegung des Universums, sozusagen seine historische Dimension, die Aktualisierung von Wesen begünstigt hat, die unter der Herrschaft des Organischen stehen. In der Entwicklung des Universums gibt es nur verhältnismäßig wenige Plätze und Augenblicke, in denen Organismen zur Existenz kommen können und noch wenigere, in denen Träger der geistigen Dimension erscheinen können. Was wir sehen, ist ein System von Vorbedingungen für die Verwirklichung der Potentialitäten des Seins. Aber entwicklungsmäßige Vorbedingungen schaffen nicht eine Pyramide von Schichten.

II.

Wenn man nun fragt, wie die Dimensionen vom Potentiellen zum Aktuellen übergehen, so begegnet man den Antworten, die theologisch in der Diskussion zwischen Supranaturalismus und Naturalismus entwickelt wurden. In der Metaphysik gibt es ähnliche Antworten in der Diskussion zwischen den monistischen und den dualistischen Lehren vom Menschen, und in der wissenschaftlichen Diskussion stritt man über eine ewige und eine zeitlich bedingte Existenz der Arten.

Ich will mit dem letzten Problem anfangen: Die Metapher „Dimension" weist metaphysisch auf die überzeitliche Potentialität aller Arten hin, während die Verwirklichung der Arten in Raum und Zeit von der Entwicklungslehre richtig beschrieben wird. Das beseitigt das Problem der Entstehung des Lebens im Universum als theologische oder metaphysische Frage und überläßt es der Wissenschaft, nach den Bedingungen für das Erscheinen von Organismen auf der Erde und für den Übergang von einer Art des Organischen zur anderen zu forschen. Das bestätigt auch die Gestalt-Theorie bezüglich der Relation der physikochemischen Prozesse zur organischen Gestalt. Nicht eine besondere Lebenskraft dirigiert die anorganischen Elemente in Richtung auf Entstehung, Bewahrung, Wachstum und Tod des Organismus, sondern die Potentialitäten, die in diesen Prozessen gegenwärtig sind und die innerhalb einer konkreten Gestalt Verwirklichung finden. Es ist richtig, wenn gesagt wird, die Gestalt sei das erste, weil sie die Strukturen schafft, innerhalb deren die chemischen Prozesse sich entfalten. Aber man muß dann hinzufügen, daß die Potentialitäten der organischen Dimension in den anorganischen Elementen vor jeder Aktualisierung vorhanden sind. Auf dieser Grundlage verlieren Fragen wie die nach einer synthetischen Produktion des Lebens ihre metaphysische und religiöse Bedeutung. Es mag möglich sein, die Vorbedingungen zu schaffen, aus denen Leben entsteht, aber die Dimension des Organischen liegt vor jeder Aktualisierung dieser Bedingungen.

Wenn wir nun zu der Einheit des Lebens im Menschen kommen, so haben wir es nicht nötig, die verschiedenen Formen des Dualismus oder des reduzierenden Monismus zu verwerfen. Wir haben das vorher getan. Aber wir müssen zeigen, was die vieldimensionale Einheitslehre für die Lösung alter und neuer Probleme des menschlichen Lebens bedeutet.

Vornean steht die Frage nach der Entstehung des Menschen aus verwandten tierischen Arten. Man zweifelt heute im allgemeinen nicht mehr an der Gültigkeit der Entwicklungslehre auch in dieser Beziehung trotz der Gegensätze innerhalb der Theorie selbst. Aber es ist auch heute noch römisch-katholische Lehre, daß an einem gewissen Punkt dieser Entwicklung eine menschliche Seele in einen anderweitig vollständigen menschlichen Organismus eingesenkt wird. Diese Lehre führt zu der Frage, wie sich das persönliche Selbst, das Zentrum und die

Quelle aller geistigen Funktionen zu der Dimension des Seelischen verhält. Das geistige Leben ist die Verwirklichung der inneren Möglichkeiten der psychischen Prozesse. Die einfachste Aussage oder Handlung ergibt sich aus einem reichen Material von Sinneseindrücken, von erinnerten und vorweggenommenen Bildern, von Begriffen, von Trieben und Gefühlen. Dieses Material hat in sich selbst die Potentialität, in einem Akt des Erkennens oder in einem sittlichen Akt geeinigt zu werden. Der Erkenntnisakt oder die moralische Handlung sind nicht das Resultat der psychologischen Elemente, die in ihm vereinigt sind, so wenig wie der lebende Organismus das Resultat der chemischen Prozesse ist, die in ihm vorkommen. Diese Prozesse gehen vielmehr in der Richtung einer neuen Dimension, der organischen im zweiten Falle, der geistigen im ersten Falle. In dieser Richtung wird gewählt, ausgeschieden, getrennt, vereinigt, umgeformt. Nicht eine besondere Wirklichkeit neben dem psychischen Material tut das, wie es auch keine spezielle Lebenskraft ist, die in den organischen Prozessen die Vereinigung zustande bringt. Es ist aber die Dimension des Geistigen, die im zentrierten Selbst verwirklicht ist und die erkenntnismäßige und sittliche Entscheidungen möglich macht.

Diese Betrachtungen weisen auf eine Lösung des Leib-Seele-Geist-Problemes hin, eine Lösung im Sinne der hier vertretenen vieldimensionalen Einheitslehre. Sie zeigen, daß die Lehre von einer Seele, die dem Leib und seinem Bewußtsein von sich selbst durch einen besonderen göttlichen Akt hinzugefügt ist, zum Verständnis der menschlichen Natur nichts beiträgt. Im Gegenteil: Sie fügt ein fremdes Element hinzu, das in die normalen Lebensprozesse störend eingreift, ganz gleich, ob der Eingriff angenommen oder verworfen wird. Das Geistige ist die Erfüllung des Organischen und seiner Potentialitäten, aber es ist nicht die Verzerrung des Organischen.

Ähnlich ist die Problematik hinsichtlich des Verhältnisses von Gott und der Welt. Hier muß ich freilich eine Warnung einfügen. Wenn man von Gott und göttlichen Dingen spricht, redet man analogisch oder symbolisch. Das, wovon die Theologie spricht, geht über alle zeitlichen und ursächlichen Bedingungen hinaus; es überbrückt auch den Gegensatz von Potentialität und Aktualität. Das Göttliche ist ewig, was es ist, und ist in jedem Lebensprozeß gegenwärtig als sein schöpferischer und bestimmender Grund. Wenn wir darum die vieldimensionale Einheitslehre auf die Beziehung zwischen Gott und Welt anwenden, so tun wir es symbolisch, genauso wie wir es tun, wenn wir von Gottes Macht und Liebe, von Schöpfung und Offenbarung reden. Wenn immer wir von Gott reden, reden wir symbolisch. Aber im analogen Sinn kann die Metapher „Dimension“ auf die Beziehung zwischen dem schöpferischen Grund des Seins und allem, was am Sein teilhat, angewendet werden. Das Göttliche ist nicht identisch mit einem höchsten Seienden. Der Superlativ „höchstes Seiendes“ ist ein Überbleibsel des hierarchischen Denkens, des Denkens in Schichten. Aber es gibt keine Schicht des Göttlichen. Gott ist symbolisch gesprochen die Dimension des Unbedingten in Sein und Sinn, gegenwärtig in allem, was ist und entfernt von allem, was ist. Solche Behauptungen rufen freilich fast unvermeidlicherweise die Furcht hervor, daß man pantheistisch denkt, was immer das fragwürdige Wort Pantheismus bedeuten soll. Oft ist es die Furcht vor solchem Pantheismus, die zu einer Art Theismus führt, der Gott als besonderes Wesen in eine besondere Schicht neben und über die Welt stellt und ihm dort einen begrenzten Bereich zuweist. Es ist deutlich, daß diese Gedanken zahlreiche äußerst wichtige Konsequenzen haben für Theologie und Religion und daß auch hier der Austausch von „Schicht“ durch „Dimension“ von fundamentaler Bedeutung ist. Es ist eine der notwendigsten Einsichten, die die Theologie zu entwickeln hat.

III.

Es scheint, daß die hier vertretene Einheitslehre des Lebens die Einheit so sehr betont, daß die Spannungen, Konflikte und Zweideutigkeiten des Lebens verdeckt sind. Doch gibt es keinen Lebensprozeß ohne solche Konflikte, ohne solche Zweideutigkeiten. Aber eine genaue Analyse der Lebensprozesse und ihrer Dynamik zeigt, daß man die Tiefe der Konflikte nur dann verstehen kann, wenn man sie nicht deutet als Konflikte zwischen Schichten, sondern als Konflikte von Elementen und Kräften, die in allen Schichten in gleicher Weise entstehen. Alle Lebensprozesse zeigen zwei Bewegungen, die zueinander gehören und gegeneinander gerichtet sind. Alles Lebende geht einerseits über sich hinaus, will über sich hinausgehen zu etwas Neuem. Aber es will sich in diesem Über-sich-Hinausgehen nicht verlieren, und darum drängt es zu sich selbst zurück. Es will sich wiederfinden. Ich gebe ein Beispiel, das mit unserer gegenwärtigen Situation unmittelbar zusammenhängt. Wenn man einem Redner zuhört, will man durch ihn in einer bestimmten Beziehung über das hinausgehoben werden, was man schon ist. Man will das Neue, das der Redner bringt, in sich aufnehmen, sich durch das, was er sagt, erweitern. Aber dies ist nur die eine Seite einer solchen Situation, denn man will nicht von dem Redner aus seinem eigentlichen Sein herausgerissen werden, man will nicht, daß er durch magische Worte das eigene Sein zerstört. Vielmehr, man will bleiben, was man ist. Man will nach Bereicherung durch den Inhalt der Rede zu sich selbst zurückkehren. Dieses einfache Beispiel des Zuhörens während einer Rede deutet auf einen Grundcharakter alles Lebens hin: das Über-sich-Hinausgehen und das Zu-sich-Zurückkehren aller Lebensprozesse. Aus diesem Grund-Phänomen können drei Hauptprozesse des Lebens abgeleitet werden. Sie sind in ihm enthalten. Ich nenne den ersten Prozeß die Selbst-Integration des Lebens, den zweiten die Selbst-Produktion des Lebens, den dritten die Selbst-Sublimierung des Lebens.

In Selbst-Integration, Selbst-Produktion und Selbst-Sublimierung geht das Leben über sich hinaus und kehrt zu sich zurück. In allen drei Fällen ist das Wort „Selbst" gebraucht und das mit Absicht. Es bedeutet, daß kein Grundprozeß des Lebens durch Einwirkungen von außen verstanden werden kann. Es gibt kein Ding, das fähig wäre, in das Leben einzugreifen, denn jedes Ding gehört zum Leben selbst. Es gibt keine Wirkung, die von außen her das Leben zerbrechen und wiederherstellen könnte, denn es gibt kein „Außen", wenn man vom Leben als Ganzem spricht. Das gilt auch vom göttlichen Lebensgrund, der nicht ein Lebensprozeß neben anderen Lebensprozessen ist, der nicht eine partikulare Ursache ist, von dem Eingriffe abgeleitet werden könnten, sondern der der Grund und die Tiefe und das Ziel aller Lebensprozesse ist. Die drei genannten Lebensprozesse, Selbst-Produktion, Selbst-Manifestation und Selbst-Sublimierung, finden in allen Bereichen des Lebens statt. In allen Bereichen unter der Herrschaft der jeweiligen Dimension integriert das Leben sich selbst, produziert es sich selbst und sublimiert es sich selbst. Aber damit ist die Beschreibung noch nicht vollständig. Neben dieser Funktion findet eine Gegenbewegung statt. Die Selbst-Integration kämpft in jedem Augenblick gegen Desintegration, die Selbst-Produktion wehrt sich gegen Destruktion, die Selbst-Sublimierung bricht durch die Tendenzen zur Profanisierung hindurch. In jedem Lebensprozeß findet Desintegration im Gegensatz zur Selbst-Integration statt, findet Destruktion im Gegensatz zu Selbst-Produktion statt, findet Profanisierung im Gegensatz zu Selbst-Sublimierung statt. In diesen widerstreitenden Lebenstendenzen haben wir den eigentlichen Grund für das, was wir als falsche dualistische Theorien des Lebens abgelehnt haben, aber der Kampf der Tendenzen des Lebens führt nicht zum Dualismus. Im Gegenteil, wenn man in Schichten denkt, kann man die Dynamik des Lebens in all diesen Prozessen nicht verstehen, denn nicht Geist und Leib streiten widereinander, sondern es sind in beiden, Geist und Leib, widerstrebende Tendenzen, die Konflikte schaffen. In *jedem* Lebensprozeß, unter der Vorherrschaft *jeder* Dimension vom Anorganischen bis zum Geistigen, gibt es die genannten Prozesse und ihren Gegensatz, gibt es Selbst-Integration und Desintegration, gibt es Selbst-Produktion und Destruktion, gibt es Selbst-Sublimierung und Profanisierung. Sie gehören untrennbar zueinander, und damit erhält das Leben einen Charakter, der fundamental ist für alles Leben, nämlich den Charakter der Zweideutigkeit. Jedes Leben, jeder Lebensakt, jeder Lebensprozeß zeigt in jedem Augenblick Zweideutigkeit. Und weil das so ist, entsteht aus dem Erlebnis der Zweideutigkeit des Lebens die Frage nach unzweideutigem Leben, nach einem Leben, das in religiöser Sprache „ewiges Leben" genannt wird. Es ist hier nicht der Ort, diese Grundgedanken zu einer vollen Lebensphilosophie zu entwickeln. Eine solche Lebensphilosophie könnte jedoch die Grundlage sein für ein neues Verständnis der religiösen Symbole des „ewigen Lebens", der „Erfüllung", des „Gerichts" und der „Vollendung".

Aber die Durchführung solcher Gedanken würde die Grenzen dieses Aufsatzes weit überschreiten. Ich möchte deshalb nur an einem Beispiel zeigen, was die vieldimensionale Einheit des Lebens bedeutet und was auf dieser Grundlage die Lehre von der Zweideutigkeit aller Lebensprozesse aufzeigen kann. Das Beispiel, das ich geben will, ist in gewisser Weise mehr als ein Beispiel, denn die Erfahrung mit dem Bereich dieses Beispiels ist es zum großen Teil, die mir selbst beides hat aufgehen lassen, das Verständnis der Einheit und das Verständnis für die Zweideutigkeit der Lebensprozesse.

Das Gebiet, von dem ich spreche, ist das Gebiet des Heilens. Man kann von einer vieldimensionalen Einheit des Heilens reden. Heilen ist die Überwindung der desintegrierenden Kräfte durch die Selbst-Integration des Lebens. Diese Überwindung kann und muß in allen Dimensionen stattfinden, damit Heilung stattfinden kann. Wir haben es bei allem Heilen mit der einen Wirklichkeit zu tun, die wir Mensch nennen. Nichts ist wichtiger für das Verständnis des Heilens als die Ablehnung jeder Zweiteilung oder Dreiteilung in der Beschreibung der menschlichen Natur. Der Mensch ist eine vieldimensionale Einheit, und das ist die Hauptthese, zu der ich in diesem ganzen Aufsatz führen wollte. Er strebt nach Zentrierung in allen Dimensionen seines Seins, nach Integration, und er unterliegt dem Verlust dieser Zentrierung in allen Dimensionen, und diesen Verlust nennen wir Krankheit. In allen Dimensionen muß geheilt werden, wenn überhaupt geheilt werden soll. Das ist in unserer Zeit deutlicher geworden, als es Jahrhunderte hindurch war.

Wir sprechen heute von psychosomatischer Medizin. Wir begreifen, daß es ein Heilen der Persönlichkeit nicht geben kann ohne ein Heilen der seelischen Grundlage, und daß umgekehrt weder die biologische noch die seelische Grundlage voll geheilt werden kann, ohne daß die geistige Persönlichkeit integriert ist. Und das hat an vielen Stellen praktische Konsequenzen gehabt. Ärzte und Theologen arbeiten in einer Weise zusammen, wie sie es vielleicht seit der Renaissance nicht mehr getan haben. Sie versuchen den Menschen als Menschen zu sehen. Sie bestreiten, daß es möglich ist, den Menschen zu teilen und dann in jedem Teil des Menschen Krankheiten zu überwinden. Nur Gesamt-Integration des menschlichen Lebensprozesses kann volle Integration in allen einzelnen Dimensionen bewirken. Die Theologen müssen heute lernen, was in den anderen Dimensionen mit einem Menschen geschieht, der zu ihnen kommt, um persönliche Beratung und Hilfe zu finden. Und die Ärzte müssen heute lernen, daß ohne seelische Integration es nicht möglich ist, dem Körper voll gerecht zu werden. Solche Realität unseres Lebens, wie es heute sich entwickelt hat, ist ein konkreter Ausdruck dessen, was hier in abstrakten Begriffen vorgelegt wurde. Es ist ein Beweis der Berechtigung und der Notwendigkeit, nicht mehr von Schichten, die nebeneinanderliegen, sondern von Dimensionen, die ineinanderliegen, im menschlichen Leben und in allem Leben zu sprechen. Es war der Wechsel einer Metapher, mit der diese Betrachtung anfing. Es ist eine universale Vision des menschlichen Seins und der Welt, die seine Welt ist, und darüber hinaus, es ist eine Vision des göttlichen Grundes beider, des Menschen und seiner Welt, mit der ich schließe.

ZUR EXISTENZPHILOSOPHIE

SCHELLING UND DIE ANFÄNGE DES EXISTENTIALISTISCHEN PROTESTES

I.

Meine erste Pflicht ist es, den Veranstaltern dieser Schelling-Feier für die Ehre zu danken, mich als Redner von jenseits des Ozeans zu rufen. Ich überwand meine Bedenken, dem Ruf zu folgen, als ich fühlte, daß ich mit dieser Rede etwas von der Verehrung zum Ausdruck bringen kann, die ich meinem großen Lehrer in Philosophie und Theologie schulde. Er war mein Lehrer, obgleich die Anfänge meines Studiums und das Jahr seines Todes genau 50 Jahre auseinander liegen; niemals in der Entwicklung meines eigenen Denkens habe ich die Abhängigkeit von Schelling vergessen. Zu allen Zeiten, auch auf dem Boden einer halb-fremden Kultur sind mir seine Grundgedanken eine Hilfe auf den verschiedensten Gebieten gewesen. Meine Arbeit an den Problemen der systematischen Theologie wäre undenkbar ohne ihn. – Sein Bild hat sich in den Jahren meiner intensiven Beschäftigung mit ihm so eingeprägt, daß ich heute nichts anderes tun kann als aus der Struktur dieses Bildes heraus zu Ihnen zu reden. Ich bringe Ihnen keine neue Einzelforschung, auch keine Biographie auf Grund alten oder neuen Materials, auch keine Zitate mit verbindendem Text, sondern einen Versuch, Schelling aus den Grenzen seiner Zeit und seines Raumes herauszuheben und seine fundamentale Bedeutung für die Probleme der Situation in der gesamten westlichen Welt zu zeigen. Ich will versuchen – wofür das Schicksal der Emigration eine besonders günstige Bedingung liefert –, ihn und seine Leistung zu entprovinzialisieren.

Das ist nicht leicht. Der Geist der angelsächsischen Theologie und Philosophie ist dem Verständnis Schellings nicht günstig. Amerika hat zwar romantische Bewegungen gehabt, aber es ist nie tiefer von der Romantik beeinflußt worden. Und Schelling ist der Philosoph der Romantik par excellence. Die kalvinistische Substanz Amerikas konnte die Aufklärung leicht, die Romantik nur schwer amalgamieren, während die lutherische Substanz Deutschlands die umgekehrte Möglichkeit hatte. Darum ist es begreiflich, daß das lutherische Württemberg die Führer der romantischen Bewegung hervorgebracht hat.

Eine zweite Schwierigkeit für die Entprovinzialisierung Schellings ist der Stand der herrschenden Universitätsphilosophie, herrschend zum mindesten an den großen angelsächsischen Universitäten. Ich meine die Reduktion der Philosophie auf logisches Kalkül und Wissenschafts-Theorie. Es ist charakteristisch, daß ein Mann wie Bertrand Russell in seiner breit angelegten Geschichte der Philosophie Schelling nicht einmal erwähnt.

Die dritte Schwierigkeit für eine Entprovinzialisierung Schellings ist der Stand der Theologie, namentlich in Kontinental-Europa. Es ist der Versuch einer Offenbarungstheologie, die philosophische Begriffe, insonderheit ontologische Probleme, von der Theologie fernzuhalten sucht, und, im Gegensatz zu Schelling, den Gottesgedanken und den Seinsbegriff voneinander trennen will.

Demgegenüber gibt es aber auch Elemente in unserer Situation, die einer universalen Würdigung Schellings günstig sind.

Als erstes möchte ich das große Ringen um den Symbol- und Mythos-Begriff nennen, das sich seit einem Jahrzehnt in beiden Kontinenten entwickelt hat und das, z. T. durch den Einfluß von Ernst Cassirer, dazu geführt hat, daß die Alleinherrschaft des Wissenschaftsmythos in der amerikanischen Philosophie gebrochen ist, und daß aus der Werkstatt der philosophischen Fakultät der Columbia University in New York die ersten zwei englischen Übersetzungen Schellings hervorgegangen sind, die seiner „Freiheitslehre" und die seiner „Weltalter".

Als zweites möchte ich die Wiederentdeckung des Unbewußten nennen, für die teils die Lebensphilosophen verantwortlich sind, insonderheit Bergson und Whitehead, beide stark von Schelling beeinflußt, vor allem aber die Tiefenpsychologie, die infolge ihrer praktischen Anwendbarkeit in Amerika stärksten Einfluß ausübt.

Wichtiger aber als die beiden genannten Einflüsse ist die des Existentialismus. Ich beabsichtige, in der Interpretation von Schellings Entwicklung häufig die Worte essential und existential und ihre Ableitungen zu gebrauchen. Eine vorläufige Bestimmung beider Begriffe ist darum wünschenswert. Unter Essentialismus verstehe ich eine Philosophie, die auf das Wesen der Dinge, ihr „Was", platonisch gesprochen auf ihr *eidos*, ihr ewiges Bild, christlich gesprochen auf ihre schöpfungsmäßige Natur gerichtet ist. Hegels System ist das vollkommenste, wenn auch keineswegs das reinste Beispiel einer Essentialphilosophie — vollkommen, aber unrein, weil er die Geschichte, die zur Existenz gehört, in das System der Essenzen hereinnimmt. Unter Existentialismus verstehe ich eine Philosophie, die auf die Existenz der Dinge, sofern sie im Widerspruch zu ihrem Wesen stehen, platonisch und christlich gesprochen, auf die Dinge in ihrem Abfall von sich selbst, gerichtet ist. Existentiale Elemente in diesem Sinne finden sich, wie bei Plato, in den meisten Essentialphilosophien. Sie brechen revolutionär hervor im 19. Jahrhundert in dem Kampf der Vorläufer des gegenwärtigen Existentialismus, Kierkegaards, des frühen Marx, Nietzsches, Burckhardts, gegen Hegel, und sie bestimmen als existentialer Stil die große Kunst, Literatur und Philosophie des 20. Jahrhunderts. Wo das aber der Fall ist, sind die Tore für eine neue Würdigung Schellings geöffnet. Und durch diese Tore möchte ich heute mit Ihnen gehen.

II.

Das Gesagte genügt, um meiner Auffassung Ausdruck zu geben, daß Schelling nicht als die dritte Stufe in der Reihe konstruiert werden darf, die von Kant als ihrem Anfang zu Hegel als ihrem Ziel führt. Schon die Tatsache der zeitlich und sachlich weit über Hegel hinausführenden letzten Periode Schellings macht das unmöglich. Noch wichtiger aber ist, daß von Anfang an die Motive der Schellingschen Philosophie andere waren als diejenigen sowohl Fichtes wie Hegels. Es ist meine erste Aufgabe, das zu zeigen; zu zeigen, daß die Motive, die zur existentialen Wendung in Schellings Spätphilosophie führen, von vornherein da sind. Wenn das gezeigt werden kann, ist zugleich eine Frage beantwortet, die viel besprochen worden ist und vielerlei Antworten gefunden hat; nämlich, welche Perioden man in Schellings Entwicklung unterscheiden muß, und wie sich der Wechsel von einer Periode zur anderen zu den Einflüssen fremder Philosophien verhält, denen Schelling unterworfen war. – Meine erste und aufs stärkste betonte Antwort ist, daß Schellings Entwicklung als innere Bewegung seines Denkens, also dialektisch, verstanden werden muß, und daß die fremden Einflüsse erst in dem Moment wirksam wurden, wo seine eigne Entwicklung reif war, sie aufzunehmen. Das Kausale der fremden Einflüsse ist dem Dialektischen der inneren Notwendigkeit in Schellings Gedankenbewegung untergeordnet. Er hatte die Sensitivität von Menschen, die fühlen, wann ihr eignes Sein reif ist, fremdes Sein aufzunehmen, ohne sich von sich selbst zu entfremden. Das geht vor allem aus der Tatsache hervor, daß wo ein fremder Einfluß stattfand, er sich in Form eines schöpferischen Mißverständnisses darstellte. Schelling glaubte, einig zu sein mit Fichte, mit Spinoza, mit Goethe, mit Hegel, mit Böhme, mit Aristoteles. Er war es, und er war es nicht. Und sobald klar wurde, daß er es nicht war, stellte sich eine Entfremdung ein, die in Fällen persönlicher Verbundenheit den Charakter von

Bitterkeit und Feindschaft annahm. Es ist diese Situation des schöpferischen Mißverstehens, die einiges in Schellings oft maßloser Aggression gegen fremde Gedanken erklärt — obwohl nicht entschuldigt. — Die zweite Antwort, die ich geben möchte, mit sehr viel schwächerer Betonung, bezieht sich auf die Unterscheidung der Perioden seiner Entwicklung. Meine eigene Antwort, die anderen nicht notwendig widerspricht, ist die, daß seit der „Freiheitslehre" im Jahre 1809 die existentialen Elemente der früheren Perioden durch den essentialen Rahmen, in dem sie gehalten waren, durchbrechen, und wachsend zu bewußtem, negativem und positivem Ausdruck gebracht werden. In den Vorlesungen über die Philosophie der Offenbarung, im 2. Band der 2. Abteilung seiner Gesammelten Werke, und zwar in den Abschnitten über den Unterschied der negativen und positiven Philosophie, sind die Formulierungen erreicht, die seine existentiale Haltung am klarsten machen. Es sind diese Formulierungen, die Kierkegaard, dessen Nachschrift von Schellings Vorlesungen in der Kopenhagener Bibliothek vorhanden ist, für seinen eigenen Angriff gegen Hegel benutzte, und die insofern als ein Urdokument existentialer Philosophie betrachtet werden müssen.

Es war ein langer Weg, ehe dieser Punkt erreicht war. Und es war ein Weg, den nur eine Persönlichkeit gehen konnte, in der das Philosophische zugleich eine Sache höchster Denkkraft und existentieller Anteilnahme war. Wie bei den anderen rebellierenden Existentialisten des 19. Jahrhunderts, Kierkegaard, dem jüngeren Marx, Nietzsche, ist das Existentiale existentiell entdeckt worden, mit der Leidenschaft, von der Hegel sprach, die er aber in sein System einmauerte, und in deren Namen seine Schüler, am deutlichsten Kierkegaard, sich gegen ihn wandten. Diese Leidenschaft ist auch in jedem Wort von Schelling spürbar. Sie gibt ihm, wie den anderen existentialistischen Rebellen des 19. Jahrhunderts, die Kraft der Sprache, das dichterische Element, das zuweilen offen hervorbricht, wie in dem schönen Gespräch: „Clara, über die Unsterblichkeit der Seele", das, wie ich jüngst Zeuge war, noch Hörer des 20. Jahrhunderts bewegen kann. „Clara" steht für „Karoline" — dieser Name erinnert zugleich an die Verbindung von Schicksal und Charakter in Schellings Leben. Es war der Tod Karolines, der in ihm die Wendung zur „Freiheitslehre" und damit zum bewußt existentialen Denken auslöste. Und es war der mehrfache Wechsel von Gipfel und Tal in seinem äußeren Schicksal, der ihn die Zerrissenheit der Existenz sehen ließ; und es war die eigne, nur wenig gebändigte, dämonische Natur, die es ihm möglich machte, immer wieder, vor allem in seiner scheinbar so abstrakten und konstruierten Potenzenlehre, auf den dämonischen Untergrund der Existenz hinzuweisen. In der Beschreibung der ersten seiner Potenzen (universale Seinsmächte) beschreibt er den schöpferisch-zerstörerischen Untergrund alles Lebendigen, seine Zweideutigkeit, seine Qual, seine Schwermut und seine Sehnsucht. Und das gilt von der individuellen Seele wie von dem Universum des Lebendigen. Es war das Dämonische in ihm selbst, das ihn diesen Urgrund des Lebens sehen ließ. Und damit haben wir zugleich einen Schlüssel zu den Brüchen seines Charakters und den Mängeln seines Denkens. Die Strenge, mit der ein Spinoza und Hegel dachten, gab ihnen trotz der damit verbundenen Starrheit eine weltgeschichtliche Wirkung, die Schellings genialen Intuitionen versagt war.

III.

Versuchen wir nun, existentiale Elemente in Schellings früherer Entwicklung zu beschreiben und ihre vorbereitende Funktion für den späteren Existentialismus zu verstehen. Es ist immer deutlicher geworden – u. a. durch eine scharfsinnige Analyse meines hochverehrten Lehrers und Führers zu Fichte und Schelling, Fritz Medicus, daß Schellings Ansatz im Prinzip des „absoluten Ich" für ihn von vornherein etwas anderes bedeutete als für Fichte, von dem er es übernahm. Während Fichte aus dem Prinzip der Selbstsetzung des Ich als Ich einen Monismus der moralischen Selbstverwirklichung des Absoluten ableitete, sah Schelling in seinen Frühschriften den inneren Konflikt jeder Philosophie des Absoluten. Er sah, daß die Freiheit, wenn sie mit dem Absoluten gleichgesetzt wird, sich selbst aufhebt und zu einer spinozistischen oder mystischen Vernichtung des individuellen Selbst führt. Er sah — und das bringt ihn nahe zu Kant, zu einem der überraschenden existentialen Elemente bei Kant —, daß aktuelle Freiheit nur möglich ist durch Willkür, d. h. durch die Fähigkeit des vernünftigen Willens, mit sich selbst in Widerspruch zu treten. Freiheit ist bei Fichte rein essentiell gefaßt. Akte der Freiheit sind Akte der Selbstverwirklichung des Absoluten. Freiheit ist dagegen bei Kant und Schelling verstanden als die Möglichkeit des Übergangs vom Essentiellen zum Existentiellen. Das, was bei Heidegger und Sartre als normlose Freiheit erscheint, ist bei Schelling *ein* Element im Begriff der Freiheit. „Willkür ist die Göttin der Geschichte", sagt er. Nur wo Willkür ist, ist Abfall des Wesens von sich selbst, ist Existenz, und nur wo Existenz ist, ist Geschichte. In dem Essentialsystem gibt es weder das eine noch das andere. Das ist Kierkegaards Einwand gegen Hegels Identifikation des Dialektischen mit dem Historischen.

Als Schelling sich der Naturphilosophie zuwandte, schien eine Abwendung von der existentiellen Problematik unvermeidlich. Denn wenn wir an dem schöpferischen Prozeß der Natur teilnehmen und die Natur unmittelbare, vorethische Gegenwart des Absoluten ist, wo bleibt die Spannung der moralischen Selbstverwirklichung, wo bleibt der Bruch zwischen Essenz und Existenz? Aber Schelling entging dieser Konsequenz, der alter und neuer Naturalismus so oft unterliegt. Auch hier war Kant eine Hilfe: in seiner dynamischen Konstruktion der Natur hatte er die Wirksamkeit widersprechender Prinzipien gezeigt, durch die allein das einzelne Naturobjekt verständlich wird. Schelling folgt ihm und spricht von einem „Widerstreit reell entgegengesetzter Tendenzen". In diesem Widerstreit wird die Natur, die ursprünglich Subjekt, reine Tätigkeit ist, Objekt, Produkt, Resultat der hemmenden Tendenz. Die Natur muß, um zu ihrer Realität zu kommen, Objekt werden, d. h. mit sich selbst als schaffender Natur in Widerspruch geraten.

Eine andere, für existentiales Denken wichtige Einsicht, zu der Schelling mit Hilfe der Anwendung des Identitätsprinzips auf die Natur durchdrang, ist die Relation des Unbewußten und des Bewußten. Natur ist von ihm definiert als Geist im Element des Unbewußten. Das geht weit hinaus über Hegels Interpretation der Natur als selbstentfremdeter Geist. Das Unbewußte, wie es in der Natur, auch im Menschen als Natur, vorliegt, gehört zum Geist. Geist ist niemals naturlos. Nur aus dem Dunklen erhebt sich das Licht. Das Dunkle als solches ist nicht das Entfremdete, sondern ein Eigenes des Geistes. Es gibt kaum eine stärkere Gegeninstanz gegen den Essentialismus des Moralischen als die Philosophie und Psychologie des Unbewußten; und sie war, wenn nicht entdeckt, so doch neu gesehen in Schellings Naturphilosophie.

Es ist interessant, zu verfolgen, wie in der Übergangsperiode des „Transzendentalen Idealismus" sowie in der vollendeten Identitätsphilosophie der zeitweise Triumph des Essentialismus ständig durch existentialistische Elemente unterminiert wird. Ich weise nur hin auf die Aufnahme der platonischen Idee des Falls der Ideenwelt – das am deutlichsten existentialistische Element in Plato selbst. Ferner die schon hier erscheinende Lehre, daß es erregte Selbstheit ist, durch die das Einzelne aus dem essentialen Sein heraustritt und zur Existenz kommt. Doch all das bleibt letztlich unwirksam. Die Überordnung der ästhetischen und dann der intellektuellen Anschauung über Wissenschaft und Ethik führte Schelling zu der Art Essentialismus, die Kierkegaard als das erste ästhetische Stadium bezeichnete, gegen die er die ethische Existenz als das zweite stellte. Und doch war es diese Periode, in der Schelling den Sinn von Mythos und Symbol entdeckte und sich damit Kategorien eroberte, die er in seiner Spätzeit den Antworten auf das Problem der Existenz zugrunde legte.

IV.

Die existentialen Elemente, die im Bann eines radikalen Essentialismus gehalten waren, brachen auf, als Schelling sich erneut dem Problem der Freiheit zuwandte. Es war gerade dieser Radikalismus der essentialistischen Lösung, der Schelling vor eine scharfe Alternative stellte. Das Identitätsprinzip war gemeint als totale Überwindung der Subjekt-Objekt-Spaltung. Die Anstrengung Fichtes, den Menschen vor dem Versinken in dinghafte Objektivität zu retten mit Hilfe der Subjektivität des reinen Bewußtseins, konnte nicht erfolgreich sein.

In Schellings Fassung des Identitätsprinzips schien das Problem gelöst zu sein. Aber der Preis war das völlige Verschwinden derjenigen Subjektivität der Freiheit, die auch Willkür sein kann. Verschwunden war auch die Welt konkreter Unterscheidungen und die Möglichkeit ihrer gegenständlich-wissenschaftlichen Analyse. Der Verstand hat keinen Platz in der Identität der absoluten Vernunft. Hegel hatte sich vor dieser Konsequenz dadurch gerettet, daß er das Negative in den Prozeß des Positiven — der eben dadurch *Prozeß* wurde — mit aufgenommen hatte. Die Begegnung mit dem Nichts hatte in Hegel seinen Schrecken verloren; und es war Hegel nicht schwer, für die Reflexion, die Trennung von Subjekt und Objekt, einen notwendigen Platz zu finden. Sein scharfer Angriff auf Schellings Fassung des Identitätsprinzips drehte sich um diesen Punkt. Hegel hatte recht. Aber Schelling war auf dem Wege zu etwas, das Hegel verborgen blieb, und dessen Fehlen schließlich zu der Katastrophe seines dialektischen Systems von Identität und Nicht-Identität führte: Ihm blieb verborgen, daß das Nichtsein sich dialektisch nicht einfangen läßt. Das Nicht-Sein ist die Offenheit des Seins. Schelling, der das Nicht-Sein viel radikaler entfernt hatte als Hegel, wurde durch die Unmöglichkeit, von der Identität aus zum denkenden und handelnden Selbst zu kommen, denkerisch wie menschlich zur Erfahrung des Nicht-Seins als letzter Drohung getrieben. Andrerseits konnte er das Identitätsprinzip nicht aufgeben, denn an ihm hängt beides, Philosophie und Ethik. Selbst Positivismus und Pragmatismus brauchen das Identitätsprinzip. Im Kern jedes pragmatischen Erfahrungsbegriffs steckt die Identitäts-Voraussetzung. So wurde Schelling zu der Lehre vom Sprung getrieben, und zwar zunächst nicht vom Selbst her wie Kierkegaard, sondern vom Sein her. Es gibt, das sieht er nun, keine Ableitung der Existenz von der Essenz in Form rationaler Notwendigkeit. Gäbe es sie, so würde die Existenz selbst essential sein, d. h. als Existenz aufgehoben sein, wie es bei Hegel in der Logik der Existenz der Fall ist. Andrerseits läßt Schelling in keinem Stadium seiner Entwicklung das Essentiale fallen. Er hätte den Satz Sartres, daß seine Existenz des Menschen Essenz ist, niemals annehmen können. Der Sprung zur Existenz bleibt im Rahmen der Identität. Er ist kein Abbruch. Denn ein solcher würde konsequenterweise Denken und Handeln der totalen Willkür überliefern – wie es bei einigen der gegenwärtigen Existentialisten der Fall ist. Nur weil Schellings Existential-Denken im Rahmen seines vorangegangenen Essential-Denkens bleibt, konnte er versuchen, eine Antwort zu geben. Denn alle Antworten auf existentiale Fragen sind bewußt oder unbewußt von einer vorausgesetzten Essential-Anschauung abgeleitet. Das gilt für religiöse wie für säkulare Antworten und ist der fundamentale Einwand gegen theologische Orthodoxie und dogmatischen Pragmatismus.

Schelling gibt eine Beschreibung des Sprungs von Essenz zu Existenz, die deutlich von Jakob Böhme beeinflußt ist, aber auch durch Kants Lehre vom radikalen Bösen und Schellings frühe Fassung des Willens, der Willkür, beeinflußt sein kann. Die Einzelausführung, die Schelling gibt, ist eine begriffsmythische Reproduktion der Idee vom transzendenten Sündenfall. In ihr verwendet Schelling seine berühmte Potenzenlehre, die schon in seiner Naturphilosophie konzipiert war. Er beschreibt den schöpferischen Grund alles Lebendigen in Begriffen, die eine vollständige Lebensphilosophie darstellen und als solche gedeutet werden müssen. Sie sind nicht als Phantasien über transzendentes Geschehen zu verstehen, sondern als Analysen der Mächte, die überall Leben bestimmen: es ist die Spannung zwischen dem unbestimmten, formlosen Lebensdrang und dem bestimmten, geformten Element alles Lebendigen, die in der Potenzenlehre durchgeführt ist. Reiner Essentialismus kennt nur die zweite und nicht die erste Potenz, reiner Existentialismus nur die erste und nicht die zweite Potenz. Beides ist falsch. Schellings zwei erste Potenzen drücken den später klar formulierten Gegensatz von Existentialem und Essentialem lebensphilosophisch aus. Fundamental für existentiales Denken ist ferner die Verknüpfung von Endlichkeit und Schuld in Schellings Vision der gefallenen Natur. Der stark mythische Charakter dieses Gedankens darf uns nicht hindern, seine anthropologische Funktion zu sehen. Er bedeutet die Ablehnung jedes Moralismus, der Mensch und Natur trennt, und er bedeutet die Neuformulierung der tragischen Welterfahrung, die in der christlichen Erbsündenlehre einen verhängnisvoll unzulänglichen Ausdruck gefunden hatte. Hinter allen existentialen Beschreibungen der menschlichen Situation von Pascal bis Heidegger steht, was Schelling in dichterisch-philosophischer Form ausgedrückt hat: die Anschauung der Angst und Schwermut in allem kreatürlichen Leben, die Entfremdung von Mensch und Natur sowie des Menschen von sich selbst, die Vision von der Einheit des Schöpferischen und Zerstörerischen in allem Seienden.

V.

Die endgültigen existentialen Formulierungen finden sich in den Einleitungskapiteln zur Philosophie der Mythologie und Offenbarung. Schelling bezeichnet sein eigenes früheres und das Fichte-Hegelsche System als Versuche, eine reine Vernunftwissenschaft zu entwickeln. Ihr Gegenstand ist das „Was" der Dinge. Sie gewinnt ihren Inhalt aus der Erfahrung, aber sie sucht das Erfahrene in seiner logischen und kategorialen Struktur zu erfassen. Ihr Ziel ist eine Darstellung des Essentialen in seiner inneren Notwendigkeit. Das so Begriffene ist das, was ist, wenn überhaupt etwas ist. Daß aber etwas ist, darüber kann die Vernunftwissenschaft nichts aussagen. Sie entwickelt, was in der unendlichen Potenz des Seins, dem unendlichen Sein-Können, enthalten ist. Die Bewegung des Gedankens, die von einem Begriff zum andern geht, erweckt aber den Anschein, als ob es eine Bewegung zur Realität wäre; sie führt zu der Verwechslung von dem, was wirklich ist, und seiner Wirklichkeit, dem „Was" der Dinge und ihrem „Daß". Die Bewegung im Logischen ist keine reale Bewegung. Trendelenburg und Kierkegaard sind nicht müde geworden, diesen Gedanken zu wiederholen. Schelling nennt die Vernunftwissenschaft jetzt „negative Philosophie", teils weil sie sich im Bereich der essentialen Möglichkeiten des Seienden bewegt und nicht an ihre Realität kommt, teils weil sie den Anspruch alles Seienden, das Sein-Selbst zu sein, fortschreitend negiert. Man muß hier an Heideggers Unterscheidung des Seins-selbst von den Arten des Seienden denken. Schelling spricht von der Ambivalenz der Essential-Philosophie, ganz wie Heidegger der abendländischen Metaphysik vorwirft, daß sie das Sein-selbst verloren, und ihr doch zugesteht, daß sie dem Sein eine Stätte der Erhellung gegeben habe. Schelling hat aber auch darauf hingewiesen, daß in den großen Essential-Philosophien seit Plato die Grenzen des Essential-Denkens erkannt sind. Plato greift zum Mythos, wo immer er den Fall aus der

Essenz in die Existenz und die Erhebung der Seele aus der Existenz in die Essenz beschreiben will.

Der negativen Philosophie des Essential-Systems stellt Schelling gegenüber die positive Philosophie der existentiellen Erfahrung. In dieser Konfrontation erscheinen weitere entscheidende Elemente des Existential-Denkens: zunächst der Protest gegen die systematische Form. Positive Philosophie anerkennt die Unabgeschlossenheit des Universums. Obgleich die Natur am Ende ist, geht die Geschichte weiter. In ihr manifestiert sich und wird sich manifestieren das, was in der Essentialphilosophie höchste Idee ist. Da wo die Essentialphilosophie kapitulieren muß, nämlich wo sie von dem Sein spricht, das jenseits der Möglichkeit des Sprechens liegt, das unvordenkliche Faktum des Seins-selbst, da beginnt die positive Philosophie. Schelling weist ihr die Aufgabe zu, dieses Sein als Gott zu erweisen, a posteriori, wie er immer wieder betont, in keiner Weise als rationale Beweise für das Dasein Gottes. Wie erweist sich das Sein-selbst als Gott? Indem es das Bewußtsein beherrscht und sich in symbolischen Formen in ihm ausdrückt. Das geschieht in Mythos und Offenbarung. Sie spiegeln die Art wider, in der das Sein-selbst das Bewußtsein beherrscht. Das Absolute ist nicht Gott, aber es wird Gott und erweist sich als Gott in den ungeheuren Prozessen und Erschütterungen der mythischen Erfahrungen. Seins-Manifestationen ergreifen das Bewußtsein, schaffen schwerste Konflikte und machen anderen Manifestationen Platz. Positive Philosophie hat den Inhalt der Religion zu ihrem Inhalt, aber sie ist nicht religiöse Philosophie; sie ist nicht abhängig von irgendeiner religiösen Autorität. Sie ist freie Philosophie, der Existenz zugewandt, eine Sache des Verstandes und der Klugheit, nicht der Vernunft und Weisheit. Positive Philosophie ist Existenzanalyse im Hinblick auf das Sein, das in der Existenz erscheint.

Daraus folgt der geschichtliche Charakter der positiven Philosophie. Schelling bemüht sich, den vieldeutigen Terminus „geschichtliche Philosophie" gegen Mißdeutungen zu schützen. Geschichtliche Philosophie ist weder Philosophie der Geschichte, noch ist sie Geschichte der Philosophie, sondern sie ist die Anschauung des Universums als geschichtlich, nämlich als bestimmt durch Freiheit und Tat. Ungeschichtlich ist eine Philosophie wie die Spinozas, in der die einzelnen Dinge in zeitloser Notwendigkeit aus dem Absoluten folgen. Geschichtlich ist eine Philosophie wie die christliche, in der die Existenz auf freier Tat beruht; göttlicher sowie menschlicher. Von hier aus erhellt der Sinn von Philosophie der Offenbarung. Offenbarung ist ihr Objekt, nicht Autorität. Sie zeigt, daß Offenbarung nicht Mitteilung von Einsichten ist, die in den Bereich der Wesenswissenschaft gehören, sondern Manifestation des Unvordenklichen, an das die Wesensbeschreibung nicht heran kann. Diese Manifestation findet in der Natur und Geschichte statt; Geschichte ist Offenbarungsgeschichte, in einem Sinn, der gleich entfernt ist von Naturalismus und Supranaturalismus.

Da die Selbst-Manifestation des Seins in Freiheit und Tat geschieht, kann sie nur in der Begegnung unendlicher und endlicher Freiheit erlebt werden. Schelling entdeckt in diesem Zusammenhang die existential so wichtige Kategorie der Begegnung, lange vor den gegenwärtigen jüdischen und christlichen Begegnungsphilosophen. Es ist der existentiale Protest gegen die Verdinglichung, der in der Forderung personaler Begegnung mit dem, was Herr des Seins ist, sich ausdrückt. Das hat nichts zu tun mit dem schlechten Theismus traditioneller Theologie, sondern ist genau wie im existentialen Entscheidungsbegriff ein Versuch, die Person als Person ontologisch zu fundieren. Die Leidenschaft von Schellings bekanntem Angriff auf die Gefühlsphilosophie Jacobis ist nur so zu erklären. Er wollte nicht zugeben, daß die Philosophie das Werkzeug der Verdinglichung ist, die das industrielle Zeitalter auf allen Gebieten charakterisiert; er wollte sich nicht in dem zentralen menschlichen Anliegen in das Emotionale treiben lassen.

Als letzten Punkt möchte ich auf Schellings Geistbegriff hinweisen, weil in dem Gegensatz seines und des Hegelschen Geistbegriffs der Gegensatz von existentialer gegen essentiale Analyse deutlich sichtbar wird. Schelling konstruiert den Geistbegriff mit Hilfe der Potenzen. Die erste Potenz gibt dem Geist die Möglichkeit, aus sich und der Notwendigkeit seines Wesens herauszutreten, zu schaffen und sich zu verlieren. In Hegel ist der Geist an sein Wesen und die Notwendigkeiten seines Prozesses gebunden. In Schelling gehört das Unbewußte zum Geist selbst, in Hegel ist die aus dem Unbewußten kommende Leidenschaft nur ein Mittel, um sozusagen hintenherum Wesensstrukturen zu verwirklichen. Darum konnte Hegels Geistbegriff ohne zu großen Verlust im Englischen durch „mind“ wiedergegeben werden. Bei Schelling wäre das unmöglich.

Geist als Einheit der beiden Potenzen ist die Stätte, in der vom Unbewußten her der Mythos geschaffen wird. In wechselnden Verbindungen beherrschen die Urmächte des Lebens das menschliche Sein, Bewußtes und Unbewußtes. Sie sind reale Mächte; darum ist der Mythos nicht primitive Wissenschaft, nicht dichterische Phantasie, obwohl beide an seiner Formung beteiligt sind, sondern Ausdruck eines Seinsverhältnisses. Mythen müssen existential — und das ist mehr als ethisch — interpretiert werden. Schellings Philosophie der Mythologie und Offenbarung ist ein großangelegter, ein im Material veralteter, in der Intention überaus zeitgemäßer Versuch, das zu tun. Manche gegenwärtigen Kontroversen über das Wesen des Mythos wären nicht aufgekommen, wenn Schellings Lehre vom Mythos wirksam gewesen wäre.

VI.

Wenn wir heute zurückdenken an den großen Philosophen, der vor 100 Jahren zu dem Ziel gelangte, das er selbst Essentialisierung durch den Tod nannte, so liegt die Frage nahe, warum seine lange Spätperiode geschichtlich nicht wirksamer geworden ist. Manches kam zusammen, um solche Wirksamkeit zu hindern: Die Ungemäßheit der Zeitsituation, das Fehlen einer maßgeblichen Veröffentlichung seiner Arbeiten, das ungelöste Ringen mit neuen Problemen in Schelling selbst, sein früher Erfolg, sein Charakter. Aber richtiger als all das ist etwas Grundsätzliches, etwas, das eine Repristination von Schellings Spätphilosophie ausschließt, nämlich die Unmöglichkeit, aus existentialen Analysen existentielle Antworten abzuleiten. Schelling versuchte es und schuf eine philosophische Theologie, die weder echte Theologie noch echte Philosophie war. Es ist die Aufgabe des Theologen, die Fragen der menschlichen Existenz und ihrer Konflikte mit dem essentiell Menschlichen zu beantworten. Aber er kann das nur auf Grund von Offenbarung tun, Offenbarung der Seinsmacht, die den Konflikt von Essenz und Existenz überwindet, und die in der Geschichte begegnen muß. Schelling wußte das; aber er war zu sehr ein Erbe der idealistischen Tradition, um die Konsequenzen zu ziehen. Er vergaß den Begegnungscharakter der Offenbarung, den er selbst gefordert hatte. Das fühlten seine Zeitgenossen; und das sehen wir Heutigen noch klarer, als sie es konnten. Aber wir sehen auch das andere besser, als sie es konnten, daß Schelling in seinem Alterswissen das Problem unserer Zeit vorausnahm, das Problem der menschlichen *Existenz* in einer Welt, in der *menschliche* Existenz aufs Schwerste bedroht ist. Daran erinnern wir uns, freuen uns seiner, trotz dem Wissen um sein und unser Scheitern. Denn aus dem Wissen um das Scheitern wird der letzte Mut geboren, der Mut, ja zu sagen zum Sein.

EXISTENZPHILOSOPHIE[1]

Die besondere Weise zu philosophieren, die sich heute Existenzphilosophie nennt, entstand als eine Hauptströmung deutschen Denkens in der Weimarer Republik und zählt zu ihren Führern Männer wie Heidegger und Jaspers. Aber ihre Geschichte reicht mindestens ein Jahrhundert weiter zurück, in das Jahrzehnt um 1840, als ihre Grundgedanken durch Denker wie Schelling, Kierkegaard und Marx in scharfer Kritik am herrschenden „Rationalismus" und „Panlogismus" der Hegelianer formuliert wurden. Die nächste Generation sah Nietzsche und Dilthey unter den Vorkämpfern der Existenzphilosophie. Ihre Wurzeln sind aber noch älter; sie sind tief eingebettet in die vorkartesianische deutsche Tradition des Suprarationalismus und der Innerlichkeit, wie sie durch Böhme verkörpert wird.

So ist die Existenzphilosophie anscheinend eine spezifisch deutsche Schöpfung. Sie hat ihren Ursprung in den Spannungen der geistigen Situation Deutschlands im frühen 19. Jahrhundert und wurde durch die dortigen politischen und geistigen Katastrophen in unserer Zeit stark beeinflußt. Ihre Terminologie ist weithin vom Genius und oft auch vom Dämon der deutschen Sprache bestimmt – eine Tatsache, die die Übersetzung von Heideggers „Sein und Zeit" praktisch unmöglich macht.

Wer einmal den Namen und den ursprünglichen Impuls der Existenzphilosophie verstanden hat, begreift auch, daß sie nur ein Teil einer allgemeinen philosophischen Bewegung ist, die ihre Repräsentanten in Frankreich, England und Amerika ebenso wie in Deutschland hat. Wenn die existentialistischen Denker die Menschen zur „Existenz"

[1] Die Begrenztheit dieses Aufsatzes ist darin begründet, daß er im Jahre 1944 während des Krieges geschrieben wurde und als erste Einführung der Existenzphilosophie in Amerika gedacht war. Daher blieb die französische existentialistische Literatur unbeachtet, die damals schwer oder gar nicht zugänglich war. (Der Begriff „Existential Philosophy" des englischen Textes hat einen weiteren Sinn als das deutsche Wort „Existenzphilosophie". Da in der deutschen Sprache kein anderes Wort zur Verfügung steht, wurde er durchgehend mit „Existenzphilosophie" übersetzt. „Existential philosophers" wurde überall da, wo nicht ausdrücklich die Existenzphilosophen im engeren Sinne gemeint sind, mit „Philosophen der Existenz" wiedergegeben. D. Hrsg.)

zurückrufen, so kritisieren sie die Identifizierung von Wirklichkeit mit erkannter Wirklichkeit, von Sein mit Denken. Ausgehend von der traditionellen Unterscheidung von „Essenz“ und „Existenz“ bestehen sie darauf, daß das wirkliche, konkrete Sein und seine Fülle nicht in der „Essenz“ liegt, nicht das *Objekt* der Verstandes-Erfahrung ist, sondern vielmehr in der „Existenz“, nämlich in der Wirklichkeit, wie sie unmittelbar erfahren wird, wobei die Unmittelbarkeit und Innerlichkeit der Erfahrung betont werden. Damit stehen sie in einer Front mit Bergson, Bradley, James und Dewey. Gleich ihnen wenden sie sich ab von der Berufung auf die Ergebnisse des rationalistischen Denkens, das die Wirklichkeit mit dem Objekt des Denkens, mit Beziehungen oder „Essenzen“ gleichsetzt und zur Wirklichkeit selbst hin, zu der Gestalt der Wirklichkeit, wie sie die Menschen in ihrem wirklichen Leben unmittelbar erfahren. Folglich gehören die Existenzphilosophen mit all denen zusammen, die überzeugt waren, daß die „unmittelbare Erfahrung“ des Menschen das Wesen und die Struktur der Wirklichkeit vollkommener offenbare als die theoretische Erkenntnis. Die Philosophie der „Existenz“ ist eine Form jenes weitverbreiteten Appells an die unmittelbare Erfahrung, der als besonders charakteristisches Merkmal des modernen Denkens bezeichnet worden ist. Der internationale Charakter dieser Bewegung ist unbestreitbar. Sie hat nicht nur das Denken, sondern auch das historische Geschehen beeinflußt. Marx, Nietzsche und Bergson stehen dafür als Zeugen.

Der Appell an die „Existenz“ wurde gerade vor hundert Jahren, zwischen 1840 und 1850, zum erstenmal gehört. Damals, im Winter 1840/41, hielt Schelling an der Berliner Universität seine Vorlesungen über die Philosophie der Mythologie und der Offenbarung vor einer erlesenen Hörerschaft, zu der Engels, Kierkegaard, Bakunin und Burckhardt gehörten. 1840 waren Trendelenburgs „Logische Untersuchungen“ erschienen, 1843 Ludwig Feuerbachs „Grundsätze der Philosophie der Zukunft“. 1844 schrieb Marx sein Manuskript „Nationalökonomie und Philosophie“, das erst vor einigen Jahren veröffentlicht worden ist. Im selben Jahr publizierte Max Stirner seine Schrift „Der Einzige und sein Eigentum“ und Kierkegaard seine „Philosophischen Brocken“; außerdem wurde Schopenhauers „Die Welt als Wille und Vorstellung“ zum zweitenmal aufgelegt, ein Werk, das später die Existenzphilosophie stark beeinflußte. 1845/46 schrieb Marx die Schrift „Die deutsche Ideologie“, die die Thesen über Feuerbach enthält, und 1846 gab Kierkegaard das klassische Werk der Existenzphilosophie im engeren Sinn des Wortes heraus: „Abschließende unwissenschaftliche Nachschrift...“ Schellings Berliner Vorlesungen brachten die Weiterentwicklung seiner Position, die er in der „Philosophie der Freiheit" von 1809 und den „Weltaltern" von 1811 dargelegt hatte. In den Münchner Vorlesungen der späten zwanziger Jahre versuchte er zu beweisen, daß die „positive Philosophie", wie er seine Art von Existenzphilosophie nannte, Vorgänger in Männern wie Pascal, Jacobi und Hamann gehabt hat, sowie in der theosophischen Tradition, die sich von Böhme herleitet. Nach Schellings Auffassung trug auch Kant durch seine kopernikanische Wendung dazu bei, und sogar bei Plato gibt es „existentielle Elemente", besonders im undialektischen „Timaios". Für Schelling ist das Problem der „positiven Philosophie" so alt wie die Philosophie selbst. Und darin stimmen Kierkegaard und Heidegger völlig mit ihm überein; Kierkegaard mit seiner Berufung auf Sokrates, und Heidegger mit seinen engen Beziehungen zu Aristoteles und Kant. Auch die Wertschätzung, die Lessing bei allen Existenzphilosophen genießt, spricht dafür.

Doch nach diesem eindrucksvollen Auftritt in den fünfziger Jahren des 19. Jahrhunderts ließ der Impuls der Existenzphilosophie wieder nach, und sie wurde durch den Idealismus der Neu-Kantianer sowie den naturalistischen Empirismus verdrängt. Man interpretierte Feuerbach und Marx als dogmatische Materialisten, Kierkegaard blieb völlig unbekannt, und Schellings Spätzeit wurde mit ein paar geringschätzigen Äußerungen in den Leitfäden zur Geschichte der Philosophie begraben. Erst in den achtziger Jahren gab die Lebensphilosophie dem „existentialen" Denken einen neuen, zweiten Aufschwung. Während dieses Jahrzehnts erschienen die bedeutendsten Werke Nietzsches. 1883 veröffentlichte Dilthey seine „Einleitung in die Geisteswissenschaften", 1889 Bergson sein „Essai sur les Données Immédiates de la Conscience". Allerdings sind Lebensphilosophie und Existenzphilosophie nicht identisch. Doch wenn man die letztere – wie es aus historischen und systematischen Gründen notwendig ist – im weiteren Sinn nimmt, dann enthält sie die meisten Charakteristika der Lebensphilosophie. Auch bestimmte Züge des Pragmatismus, besonders im Denken von William James, möchte ich dieser Philosophie der Existenz zurechnen.

Die dritte und gegenwärtige Periode der Existenzphilosophie resultiert aus einer Verbindung der Lebensphilosophie mit dem Denken Husserls – seiner Wendung von den gegebenen Objekten zurück auf das Bewußtsein, dem sie gegeben sind – und mit der Wiederentdeckung Kierkegaards und des frühen Marx.

Heidegger und Jaspers einerseits, die Religiösen Sozialisten mit ihrer existentialen Interpretation der Geschichte andererseits, sind die Hauptträger dieser dritten Periode.

Ich beabsichtige keineswegs, hier die Geschichte der Existenzphilosophie zu bringen. Das haben Karl Löwith, Herbert Marcuse und andere Philosophen der jüngeren Generation unternommen, die in ihrem Leben den unmittelbaren Ansturm jener Probleme, die von der Existenzphilosophie in den Mittelpunkt gerückt wurden, erfahren haben. Aber ich will eine vergleichende Übersicht der Ideen geben, die für die meisten Existenzphilosophen charakteristisch sind, ohne die besonderen Unterschiede der einzelnen Systeme zu beachten. Meine eigene Wertung und Interpretation dieser Ideen wird in meiner Darstellung nur implizit zu finden sein; ausdrücklich werde ich sie nur in einem kurzen Schlußwort anfügen.

I. Die methodischen Grundlagen der Existenzphilosophie

1. *Die Unterscheidung zwischen „essentia" und „existentia" in der philosophischen Tradition*

Die Philosophie der „Existenz" leitet ihren Namen und die besondere Art der Formulierung ihrer Kritik an der rationalistischen Sicht der Wirklichkeit von der traditionellen Unterscheidung zwischen *essentia* und *existentia* her. „Existenz" – abgeleitet von *existere* im Sinne von „heraustreten" oder „hervorkommen" – heißt ursprünglich soviel wie „seiend" innerhalb der Totalität des Seins, im Unterschied zum „Nicht-Seienden". Dasein, ein Wort, das seinen prägnanten Sinn in Heideggers „Sein und Zeit" erhalten hat, fügt das konkrete Element des „Seins an einem bestimmten Ort" hinzu, des „da"-Seins. Die scholastische Unterscheidung zwischen *essentia* und *existentia* war der erste Schritt auf dem Weg, dem Wort „Existenz" einen prägnanten Sinn zu geben. In dieser Unterscheidung bedeutet die „*essentia*" das „Was", das *τί ἐστιν* oder „*quid est*" eines Dinges, „*existentia*" drückt das „Daß" aus, das *ὅτι ἐστιν* oder „*quod est*". Die *essentia* gibt also an, als was ein Ding bekannt ist; es meint den unzeitlichen Gegenstand der Erkenntnis in einem zeitlichen und wandelbaren Ding, die *οὐσία* des Dinges, die es erst zu dem macht, was es ist. Aber ob ein Ding in der Wirklichkeit vorhanden ist oder nicht, ist in der *essentia*, im Wesen, nicht mit enthalten: wir wissen nicht, ob es solch ein Ding gibt, wenn wir nur seine Essenz kennen. Das muß durch ein Existenz-Urteil entschieden werden.

Die These der Scholastik, daß in Gott Essenz und Existenz identisch sind, ist der zweite Schritt in der Entwicklung des Begriffs der „Existenz". Das Unbedingte kann nicht durch einen Unterschied zwischen Wesen und Existenz bedingt sein. Im absoluten Sein gibt es keine Möglichkeit, die nicht zugleich Aktualität wäre: es ist reine Aktualität. Bei allen endlichen Wesen dagegen ist dieser Unterschied vorhanden; bei ihnen ist es ein Zeichen der Endlichkeit, daß Existenz und Essenz getrennt sind.

Der dritte Schritt in der Entwicklung des Begriffs der „Existenz" war das Resultat der Diskussion um den ontologischen Gottesbeweis, seiner Kritik durch Kant und der Wiederherstellung in verwandelter und erweiterter Form durch Hegel. Diese Diskussion enthüllte den fundamentalen Trugschluß, der im ontologischen Gottesbeweis enthalten ist. Dieser beruht auf dem Grundprinzip der Identität von Sein und Denken, der Voraussetzung für alles Denken. Diese Identität ist das „Unvordenkliche", wie Schelling sagt, das erste Prinzip, das allem Denken zuvorliegt, das Prius alles Denkens. Aber die Beweisführung verwandelt dieses Prinzip heimlich in ein höchstes Wesen, für dessen Existenz oder Nicht-Existenz Beweise erbracht werden können. Kants Kritik dieser Beweisführung ist gültig; aber sie berührt das Prinzip selber nicht. Im Gegenteil, Kant selbst beschreibt in einer eindrucksvollen Stelle die „Unvordenklichkeit" des Seins selbst vom Standpunkt eines vorgestellten höchsten Wesens aus, das sich fragt: „Woher komme *ich?*" – Hegel stellt nicht nur den ontologischen Beweis in gereinigter Form wieder her, sondern er wendet das Prinzip der Identität von Sein und Denken auf das *Ganze* des Seins an, insofern es die „Selbst-Verwirklichung des Absoluten" ist. Auf diesem Wege sucht er die Trennung der Existenz von der Essenz im endlichen Seienden zu überwinden: für ihn ist das Endliche unendlich, sowohl in seiner Essenz als auch in seiner Existenz.

2. *Hegels Lehre von Wesen und Existenz*

Der nach-hegelsche Angriff auf Hegels dialektisches System richtet sich gegen seinen Versuch, die ganze Wirklichkeit in ihrer Essenz, ihrer Existenz und Geschichtlichkeit in die dialektische Bewegung „reinen Denkens" einzubeziehen. Der logische Ausdruck für diesen Versuch findet sich in Äußerungen über Essenz und Existenz wie etwa der folgenden: „Das Wesen *muß* erscheinen."[2] Es verwandelt sich selbst in Existenz. Die Existenz ist das Sein der Essenz, und deshalb kann

[2] Hegel. Sämtl. Werke. Hrsg. v. H. Glockner. Bd. 4: Logik. Teil 1. 2. Aufl. Stuttgart 1936. S. 597.

die Existenz „wesenhaftes Sein" genannt werden. Die Essenz *ist* die Existenz, sie ist nicht von ihrer Existenz unterschieden. Im Licht dieser Definitionen müssen einige bekannte Stellen aus Hegels „Rechtsphilosophie" verstanden werden. Wenn die Existenz wesenhaftes (= essentielles) Sein ist, ist die Vernunft wirklich und die Wirklichkeit vernünftig. Deshalb kann Hegel sagen: „Das, *was* ist, zu begreifen, ist die Aufgabe der Philosophie, denn das, *was* ist, ist die Vernunft ... Es ist ebenso töricht zu wähnen, irgendeine Philosophie gehe über ihre gegenwärtige Welt hinaus, als ein Individuum überspringe seine Zeit, springe über Rhodus hinaus. Geht seine Theorie in der Tat darüber hinaus, baut es sich eine Welt, *wie sie sein soll*, so existiert sie wohl, aber nur in seinem Meinen – einem weichen Elemente, dem sich alles Beliebige einbilden läßt."[3] Es ist nicht die Aufgabe der Philosophie, eine Idealwelt zu konstruieren, sondern – nach Hegel – „die Aussöhnung mit der Wirklichkeit" herbeizuführen. Im Gegensatz dazu sah die Existenzphilosophie ihre Aufgabe darin, diese Hegelsche Aussöhnung aufzulösen, denn sie erfolgte nur im Raum der Begriffe, ließ aber die Existenz selbst „unausgesöhnt" zurück.

3. *Dialektische Bewegung und Bewegung in der Zeit*

Trendelenburgs „Logische Untersuchungen" scheinen auf die Nach-Hegelianer ähnlich gewirkt zu haben wie Husserls „Logische Untersuchungen" auf das philosophische Denken in der Zeit nach den Neu-Kantianern. Trendelenburg kritisiert die dialektische Bewegung in Hegels Logik, weil weder aus dem reinen Sein, das offenbar eine Abstraktion ist, noch aus dem ebenso abstrakten Nichts, das Werden plötzlich entstehen kann, „diese conkrete, Leben und Tod beherrschende Anschauung".[4] Zwei Dinge sind gefordert – und bei Hegel implizit vorausgesetzt –, damit Bewegung „gedacht" werden kann: ein denkendes Subjekt und die Anschauung von Raum und Zeit. Das Prinzip der Negation jedoch, die treibende Kraft des dialektischen Prozesses, kann zu nichts Neuem führen, ohne daß die Erfahrung des denkenden Subjekts vorausgesetzt wird. Bewegung ist es, die den Bereich der Existenz von dem des Wesens unterscheidet.

Kierkegaard, der sich gelegentlich auf Trendelenburg bezieht, drückt seine Erkenntnis des Unterschieds zwischen dem bloß dialektischen und

[3] Hegel. Sämtl. Werke. Bd. 7: Philosophie des Rechts. Stuttgart 1928. S. 35.

[4] Vgl. Adolf Trendelenburg. Logische Untersuchungen. Bd. 1. Berlin 1840. S. 25 f.

dem realen Werden noch stärker aus: „Das reine Denken aber ist noch ein drittes Medium, ein ganz neuerfundenes. Es beginnt, wie es daher heißt, nach der erschöpfenden Abstraktion. Um das Verhältnis, das die Abstraktion immer noch zu dem hat, wovon es abstrahiert, weiß das reine Denken, was soll ich sagen: frommer- oder gedankenloserweise, nichts. In diesem reinen Denken ist Ruhe vor allem Zweifel, ist die ewige positive Wahrheit, und was einem sonst zu sagen beliebt. Das heißt, das reine Denken ist ein Phantom. Und wenn die Hegelsche Philosophie frei von allen Postulaten ist, so hat sie dies durch ein irrsinniges Postulat gewonnen: das Anfangen des reinen Denkens."[5]

Schelling nennt den Anspruch des Hegelschen Vernunft-Systems, nicht nur das Wesen, das „Was", sondern auch seine Wirklichkeit, das „Daß", zu erfassen, eine Täuschung. „Es ist kein wirklicher, sondern ein bloß logischer Prozeß, der sich hier entspinnt."[6] Wenn Hegel solche Formulierungen gebrauche, wie: „Die Idee entschließt sich, Natur zu werden", oder „die Natur ist der Sturz aus der Idee", so beschreibe er entweder ein wirkliches, undialektisches Ereignis oder seine Terminologie sei sinnlos.

Marx greift in ähnlicher Weise den Hegelschen Übergang von der Logik zur Natur an. Er sagt: „Dieser ganze Übergang der Logik in der[7] Naturphilosophie ist nichts Anderes als der – dem abstrakten Denker so schwer zu bewerkstelligende und daher so abenteuerlich von ihm beschriebene Übergang aus *Abstrahieren* in das *Anschauen*."[8] Aber seine Kritik geht noch weiter. Sie richtet sich gegen Hegels Kategorie des „Aufhebens", das sowohl negieren wie aufnehmen in eine höhere Synthese bedeutet. „Und weil das Denken sich einbildet, unmittelbar das andere seiner selbst zu sein, *sinnliche Wirklichkeit*, also ihm seine Aktion auch für *sinnliche wirkliche* Aktion gilt, so glaubt das denkende Aufheben, welches seinen Gegenstand in der Wirklichkeit stehen läßt, ihn wirklich überwunden zu haben ..."[9] Diese Verwechslung von dialektischer Negation, die in Wirklichkeit nichts bewegt, sondern die Dinge nur als „aufgehoben" etikettiert, mit wirklicher revolutionärer

---

[5] Kierkegaard. Ges. Werke. Abt. 16: Abschließende unwissenschaftliche Nachschrift zu den Philosophischen Brocken. Übers. v. M. Junghans. Teil 2. Düsseldorf, Köln 1958. S. 15.

[6] Schelling. Werke. Hrsg. v. M. Schröter. 6. Erg.-Bd.: Philosophie der Offenbarung. München 1927. S. 65.

[7] Hier dürfte ein Druckfehler im Originaltext vorliegen. Es müßte sinngemäß „die Naturphilosophie" heißen. (Anm. d. Hrsg.)

[8] Karl Marx. Nationalökonomie und Philosophie. In: Die Frühschriften. Hrsg. v. S. Landshut. Stuttgart 1953. S. 284.

[9] Ebd. S. 279.

„Negation" durch praktisches Handeln, ist verantwortlich für den reaktionären Charakter des Hegelschen dialektischen Systems – trotz des Prinzips der Negation. Es ist klar, daß diese Kritik nicht nur Hegel trifft, sondern jede rationale Theorie einer progressiven Entwicklung, ob sie idealistisch oder naturalistisch ist, den späteren sogenannten „wissenschaftlichen Marxismus" nicht ausgenommen.

4. *Möglichkeit und Wirklichkeit*

Die Unfähigkeit der „Wesensphilosophie", die Existenz zu erklären, geht aus der Tatsache hervor, daß die Vernunft nur mit Möglichkeiten umgehen kann: *essentia est possibilitas.* Schelling schreibt: „Die Vernunft erlangt das, was sein kann oder sein wird, wenn die Potenz als sich bewegend gedacht wird, nur im Begriffe, und also dem wirklichen Sein gegenüber doch wieder nur als *Möglichkeit.*"[10] Kierkegaard könnte diesen Gedanken von Schelling übernommen haben; er schreibt: „Nur dadurch, daß sie die Wirklichkeit aufhebt, kann die Abstraktion ihrer habhaft werden, aber sie aufheben heißt gerade, sie in Möglichkeit verwandeln."[11] Das gilt besonders von der Geschichte. Wir können eine historische Wirklichkeit nicht erkennen, ehe wir sie nicht in bloße Möglichkeit aufgelöst haben. „... die einzige Wirklichkeit, um die ein Existierender mehr als wissend ist, ist seine eigene Wirklichkeit, daß er da ist; und diese Wirklichkeit ist sein absolutes Interesse."[12] Nur in der ästhetischen Haltung – der Haltung der Distanz – können wir nach Kierkegaard auf Essenz, den Bereich des Möglichen, bezogen sein. In der ästhetischen Haltung, die die bloß erkennende einschließt, gibt es immer viele Möglichkeiten, und eine Entscheidung wird in ihr nicht gefordert; in der ethischen Haltung muß immer eine persönliche Entscheidung getroffen werden.

Marx vertritt in seiner Kritik Hegels denselben Standpunkt, wenn er bemerkt, daß nach Hegel eine wirkliche menschliche Existenz eine philosophische Existenz ist. Wenn also unser existentielles Dasein nur im Medium des Denkens zur vollkommenen Verwirklichung gelangt, ist meine wirkliche natürliche „Existenz" meine Existenz als Naturphilosoph, meine wirkliche religiöse „Existenz" die als Religionsphilosoph. Das aber wäre die Negation der Religion ebenso wie die des

---

[10] Schelling. Philosophie der Offenbarung. S. 66.

[11] Kierkegaard. Abschließende unwissenschaftliche Nachschrift zu den Philosophischen Brocken. Teil 2. S. 16.

[12] Ebd. S. 17.

Mensch-Seins. Diese Kritik trifft nicht nur Hegel, sondern auch alle diejenigen, die heute die Religion durch Religionsphilosophie ersetzen, und ebenso jene, die versuchen, die menschliche Existenz in bloße wissenschaftliche Möglichkeiten aufzulösen.

5. *Die unmittelbare und persönliche Erfahrung der Existenz*

Da die Existenz auf rationale Weise nicht erfaßt werden kann – weil sie sich, wie Feuerbach und Schelling betonen, „außerhalb" alles Denkens befindet –, muß man sich ihr auf empirischem Wege nähern. Schelling erörtert den Empirismus sehr ausführlich. Er schätzt ihn so hoch ein, daß er den englischen Empirismus dem dialektischen System Hegels vorziehen möchte. So schrieb er den oft zitierten und oft mißdeuteten Satz, daß in England und Frankreich die wahren Philosophen die großen Naturwissenschaftler seien. Andererseits unterscheidet er zwischen den verschiedenen Arten des Empirismus. Er lehnt ab, was er „Empirismus der Sinneswahrnehmung" nennt; aber er bejaht den „Empirismus der reinen Denkerfahrung". Von ihm sagt er: „Auch die rationale Philosophie ist Empirismus der Materie nach."[13] Ihre Wahrheit hängt allerdings von keinerlei Wirklichkeit ab, weil „sie wahr sein würde, auch wenn nichts existierte."[14] Denn ihr Gegenstand ist der Bereich intelligibler Beziehungen – der „Sachverhalte", wie Husserl es später nannte.

Im Gegensatz zu einem solchen „Empirismus der reinen Denkerfahrung" findet die Existenzphilosophie den Zugang zur „Existenz" völlig *a posteriori*. Wir erfahren „Existenz" auf die gleiche Weise, wie wir einen Menschen durch seine Handlungen kennenlernen. Wir beobachten nicht zuerst die Motive und ihre Auswirkungen und ziehen dann Schlüsse daraus, sondern wir begegnen einem Menschen unmittelbar in seinem konkreten Verhalten. Auf dieselbe Weise, so sagt Schelling, sollten wir den Weltprozeß anschauen als die beständige Selbst-Offenbarung des „Unvordenklichen" (das heißt, dessen, was alles Denken voraussetzen muß). Dieses Unvordenkliche ist nicht Gott, aber es offenbart sich als Gott für alle, die diese Offenbarung in einem entscheidenden Erlebnis erfahren. Die Offenbarung des Unvordenklichen schließt Freiheit auf beiden Seiten des Offenbarungsvorganges ein. Der Inhalt der Offenbarung ist keine Denk-Notwendigkeit wie die Idee des Absoluten, sofern man dieses als höchsten Begriff rationaler Philosophie

[13] Schelling. Philosophie der Offenbarung. S. 102.
[14] Ebd. S. 128.

auffaßt. Auf diese Weise kehrt Schelling zu Kants kritischer Position zurück: Gott als Gott ist ein Gegenstand des Glaubens, und es gibt keine rationale Ableitung der Wirklichkeit Gottes. Für das reine Denken bleibt Gott eine bloße Möglichkeit. Darin stimmen Kant und Schelling überein. Aber Schelling geht darüber hinaus und versucht, den Gott der Offenbarung in den Begriffen eines dritten Empirismus zu fassen – nämlich in denen des „metaphysischen Empirismus". Dieser Schritt führt ihn zu einer spekulativen Neu-Interpretation der Religionsgeschichte. Der spekulative Drang seines Geistes siegte über die existentielle Beschränkung und Bescheidung, die er selbst gefordert hatte.

Obwohl die Philosophen der Existenz Schellings „metaphysischen Empirismus" ablehnten – viele von ihnen waren von den Berliner Vorlesungen enttäuscht –, forderten sie doch alle gleich ihm einen „empirischen" oder „erfahrungsmäßigen" Zugang zur Existenz. Und da sie darin übereinstimmten, daß die Existenz unmittelbar in der inneren persönlichen Erfahrung oder der konkreten „Existenz" des Menschen gegeben ist, begannen sie alle mit der unmittelbaren persönlichen Erfahrung des existierenden, erfahrenden Menschen. Sie wandten sich nicht an das „denkende Subjekt" wie Descartes, sondern an das „existierende Subjekt" – an das *„sum"* im *„cogito ergo sum"*, wie Heidegger es ausdrückt. Die Beschreibung dieses *„sum"*, also des Charakters der unmittelbaren persönlichen Erfahrung, ist bei jedem Vertreter der Existenzphilosophie verschieden. Aber auf dem Grund dieser persönlichen Erfahrung entwickelt jeder von ihnen eine Theorie in rationalen Begriffen – eine Philosophie. Sie alle versuchen, „Existenz zu denken", das heißt, ihre einzelnen Merkmale zu entwickeln, und nicht nur in unmittelbarer existentieller Erfahrung zu leben.

Für Schelling ist der Zugang zur Existenz die unmittelbare Erfahrung des überlieferten christlichen Glaubens, wenn er ihn auch rational interpretiert. Für Kierkegaard ist es die unmittelbare Erfahrung des Einzelnen vor der Ewigkeit – sein persönlicher Glaube –, wenn er ihn auch in einer äußerst verfeinerten dialektischen Beweisführung interpretiert. Für Feuerbach ist es die unmittelbare Erfahrung des Menschen als Menschen in seiner sinnlichen Existenz, wenn er sie auch zu einer Lehre vom Menschen ausbaut. Für Marx ist es die unmittelbare Erfahrung des sozial determinierten Menschen, seine Existenz als Glied einer sozialen Klasse, wenn er sie auch in Begriffen einer allgemeinen soziologisch-ökonomischen Theorie darlegt. Für Nietzsche ist es die unmittelbare Erfahrung eines biologisch determinierten Seienden und seine Existenz als Verkörperung des Willens zur Macht, wenn er auch eine

Metaphysik des Lebens daraus macht. Für Bergson ist es die unmittelbare Erfahrung dynamischer Vitalität, die Existenz des Menschen in einer besonderen kulturellen Situation, wenn er sie auch in einer allgemeinen „Geistesphilosophie" entfaltet. Für Jaspers ist es die unmittelbare Erfahrung der inneren Aktivität des Selbst, die Existenz des Menschen als „Selbst-Transzendenz" – wenn er sie auch in Begriffen einer immanenten Psychologie beschreibt. Für Heidegger ist es die unmittelbare Erfahrung jenes Seienden, das am Sein Anteil hat und sich selbst in Sorge, Angst und Entschlossenheit erfährt, wenn er auch den Anspruch erhebt, die Struktur des Seins selbst zu beschreiben. Für den „Religiösen Sozialisten" ist es die unmittelbare Erfahrung der Geschichtlichkeit der Existenz, des erfüllten historischen Augenblicks, wenn sie auch in einer allgemeinen Interpretation der Geschichte dargestellt wird.

6. *Der existentielle Denker*

Die Überzeugung, daß der Weg zur Existenz oder zur Wirklichkeit durch die unmittelbare Erfahrung geht, führt weiter zur Idee des „existentiellen Denkers", einem Begriff, der von Kierkegaard geprägt wurde, aber auf alle Philosophen der Existenz angewendet werden kann. „Der Weg der objektiven Reflexion macht das Subjekt zu dem Zufälligen und damit die Existenz zu etwas Gleichgültigem, Verschwindendem. Fort vom Subjekt geht der Weg zur objektiven Wahrheit, und während das Subjekt und die Subjektivität gleichgültig werden, wird die Wahrheit es auch, und gerade dies ist ihre objektive Gültigkeit; denn das Interesse ist, ebenso wie die Entscheidung, die Subjektivität."[15]

Der existentielle Denker ist der interessierte oder leidenschaftliche Denker. Obwohl Hegel die Worte „Interesse" und „Leidenschaft" für jene treibenden Kräfte in der Geschichte verwendet, die die „List der Vernunft" für ihre Zwecke gebraucht, gibt es für ihn kein Problem des existentiellen Denkens, weil die Individuen nur Funktionäre des objektiven dialektischen Prozesses sind. Es ist in erster Linie Marx, der den Ausdruck „Interesse" in dieser Verbindung gebraucht, obwohl er auch bei Kierkegaard nicht fehlt. Nach Marx „blamierte" sich die Idee immer, „soweit sie von dem ‚Interesse' unterschieden war".[16] Ist sie aber mit dem Interesse verbunden, so kann sie sowohl Ideologie wie Wahrheit

[15] Kierkegaard. Abschließende unwissenschaftliche Nachschrift zu den Philosophischen Brocken. Teil 1. S. 184.

[16] Marx. Die heilige Familie. In: Die Frühschriften. S. 320.

sein. Sie wird zur „Ideologie", wenn sie den Anspruch erhebt, die Gesellschaft als Ganze zu repräsentieren, aber in Wirklichkeit nur das Interesse einer einzelnen Gruppe ausdrückt. Sie ist „wahr", wenn die Gruppe, deren Interesse sie ausdrückt, ihrem eigentlichen Wesen nach das Interesse der ganzen Gesellschaft verkörpert. Für Marx ist diese Gruppe in der kapitalistischen Periode das Proletariat. Auf diese Weise versucht er, Allgemeingültigkeit mit der konkreten Situation des existentiellen Denkers zu vereinen.

Feuerbach und Kierkegaard bevorzugen den Ausdruck „Leidenschaft" für die Haltung des existentiellen Denkers. In den schön formulierten „Grundsätzen der Philosophie der Zukunft" sagt Feuerbach: „Wolle nicht Philosoph sein im Unterschied vom Menschen; sei nichts weiter als ein denkender Mensch; denke nicht als Denker, ... denke als lebendiges, wirkliches Wesen, ... denke in der Existenz ..."[17] „Die Liebe ist Leidenschaft, und nur die Leidenschaft ist das Wahrzeichen der Existenz."[18] Um diese Haltung mit der Forderung nach Objektivität zu vereinen, sagt er: „Nur was ... Objekt der Leidenschaft, das ist."[19] Der leidenschaftlich lebende Mensch kennt die wahre Natur von Mensch und Leben.

Kierkegaards berühmte Definition der Wahrheit lautet: „Die objektive Ungewißheit, in der Aneignung der leidenschaftlichsten Innerlichkeit festgehalten, ist die Wahrheit, und zwar die höchste Wahrheit, die es für einen Existierenden gibt."[20] Das, so fährt er fort, ist die Definition des Glaubens. Solch ein Standpunkt scheint jede objektive Gültigkeit auszuschließen und kann kaum als Fundament für eine Existenzphilosophie anerkannt werden. Aber Kierkegaard versucht, am Beispiel von Sokrates zu zeigen, daß der existentielle Denker ein Philosoph sein kann. Das sokratische Nichtwissen, an dem Sokrates mit der ganzen Leidenschaft seiner persönlichen Erfahrung festhielt, war für Kierkegaard ein Beweis für den Grundgedanken, daß die ewige Wahrheit auf den existierenden Einzelnen bezogen ist. Die Gültigkeit der Wahrheit, die in einer leidenschaftlichen persönlichen Erfahrung offenbar wird, beruht auf der Beziehung des Ewigen zum existierenden Einzelnen.

Der existentielle Denker kann keine Schüler im üblichen Sinne haben.

---

[17] Ludwig Feuerbach. Grundsätze der Philosophie der Zukunft. In: Sämtl. Werke. Hrsg. v. W. Bolin u. F. Jodl, Bd. 2: Philos. Kritiken und Grundsätze. Stuttgart 1904. S. 314.

[18] Ebd. S. 297.

[19] Ebd. S. 297 f.

[20] Abschließende unwissenschaftliche Nachschrift zu den Philosophischen Brocken. Teil 1. S. 194.

Er kann keine Ideen vermitteln, weil *sie* gerade *nicht* die Wahrheit darstellen, die er lehren möchte. Er kann in seinem Schüler nur durch indirekte Mitteilung jene „existentielle Haltung" schaffen oder jene persönliche Erfahrung, aus der heraus der Schüler denken und handeln kann. Kierkegaard führt diese Interpretation an Sokrates durch. Aber alle Philosophen der Existenz haben ähnliche Äußerungen getan. Ist der Zugang zur Existenz nur durch die persönliche Erfahrung zu gewinnen, dann besteht die einzige Möglichkeit der Erziehung darin, den Schüler durch indirekte Methoden zur persönlichen Erfahrung seiner eigenen Existenz zu bringen.

Interesse, Leidenschaft und indirekte Mitteilung – alle diese Eigenschaften des existentiellen Denkers finden sich in stärkster Form bei Nietzsche. In keiner Hinsicht ist er so sehr der Philosoph der unmittelbaren Existenz-Erfahrung wie in seiner Beschreibung des existentiellen Denkens. Keiner der späteren Existenzphilosophen hat ihn darin erreicht, obwohl sie alle dieselbe Haltung einnehmen. Während für Marx objektive Gültigkeit und „existentielle" Erfahrung auf Grund der besonderen Lage des Proletariats zusammenfallen, sind es für Nietzsche der Herrenmensch im allgemeinen und sein Prophet im besonderen, die sich an dem Ort befinden, wo Gültigkeit und Existenz sich treffen.

Der existentielle Denker braucht besondere Ausdrucksformen, da die persönliche Existenz durch die Begriffe objektiver Erfahrung nicht ausgedrückt werden kann. Schelling benutzt die traditionellen religiösen Symbole; Kierkegaard Paradox, Ironie und Pseudonym; Nietzsche die Prophezeiung; Bergson Bilder und fließende Begriffe; Heidegger eine Mischung psychologischer und ontologischer Begriffe; Jaspers gebraucht das, was er „Chiffren" nennt, und die Begriffe der „Religiösen Sozialisten" schwingen zwischen Immanenz und Transzendenz. Sie alle ringen um das Problem persönlichen oder „nicht-objektiven" Denkens und seinen Ausdruck. Das ist der innere Konflikt des existentiellen Denkers.

II. Ontologische Probleme der Existenzphilosophie

1. *Existentielle Unmittelbarkeit und der Subjekt-Objekt-Unterschied*

Das Denken des existentiellen Denkers beruht auf seiner unmittelbaren inneren Erfahrung, und es wurzelt in einer Interpretation des Seins oder der Wirklichkeit, die die Wirklichkeit *nicht* mit dem „objektiv Seienden" identifiziert. Aber es wäre auch irreführend zu sagen, daß existentielles Denken die Wirklichkeit mit dem „subjektiv Seienden", mit dem „Bewußtsein" oder dem „Gefühl" gleichsetzt. „Subjektiv" würde damit immer noch von seinem Gegensatz, dem Objektiven, her bestimmt. Das aber ist gerade das Gegenteil von dem, was die Existenzphilosophie anstrebt. Gleich anderen Appellen an die unmittelbare Erfahrung sucht sie eine Ebene zu finden, auf der der Gegensatz zwischen Subjekt und Objekt noch nicht besteht. Sie beabsichtigt, durch den „Subjekt-Objekt-Unterschied" durchzustoßen und jenen Bereich des Seins zu erreichen, den zum Beispiel Jaspers den „Ursprung" nennt. Aber um zu dieser Schicht vorzudringen, müssen wir die Sphäre der „objektiven" Dinge hinter uns lassen und durch die entsprechende „subjektive" innere Erfahrung hindurchgehen, bis wir zu der unmittelbaren Erfahrung des Schöpferischen oder des „Ursprungs" kommen. „Existenz ist, was nie Objekt wird, *Ursprung*, aus dem ich denke und handle ..."[21] Schelling folgt Hegel, wenn er das „Subjekt" und seine Freiheit gegenüber der Substanz und ihrer Notwendigkeit hervorhebt. Während aber bei Hegel das „Subjekt" unmittelbar identisch ist mit dem *denkenden* Subjekt, wird es bei Schelling zum *existierenden* oder unmittelbar erfahrenden Subjekt.

Die Philosophen der Existenz verwerfen ohne Ausnahme jede Identifizierung des Seins oder der Wirklichkeit mit den Objekten des Denkens, denn sie sehen in dieser Identifizierung die große Gefahr für die menschliche Existenz in unserer Zeit.

Nietzsche schreibt im dritten Buch des „Willens zur Macht": „*Erkenntnis* und *Werden* schließen sich aus. Folglich muß ‚Erkenntnis' etwas anderes sein: es muß ein Wille zum Erkennbar-machen vorangehn, eine Art Werden selbst muß die *Täuschung des Seienden* schaffen"[22] – das heißt des objektiven Seienden. Jene Kategorien, die die objektive Welt errichten, sind nützliche Täuschungen, die für die Erhaltung des Menschengeschlechts notwendig sind. Aber der „Ursprung" des Lebens selbst kann durch diese Kategorien nicht zum Objekt gemacht werden.

Nach Bergson verlieren wir unsere ursprüngliche Existenz, unsere wahre Natur, wenn wir von uns selbst in raumgebundenen Begriffen denken, die den objektiven Dingen gemäß sind. „Die Augenblicke aber, wo wir so uns selbst wieder ergreifen, sind selten, und deshalb sind wir selten frei ... Unsere Existenz spielt sich mehr im Raum als in der Zeit

---

[21] Karl Jaspers. Philosophie. Bd. 1. Berlin 1932. S. 15.

[22] Friedrich Nietzsche. Werke. (Kröners Taschenausgabe) Bd. 9: Der Wille zur Macht. Stuttgart 1921. S. 387.

ab."[23] Wirkliche Existenz, unsere wahre Natur aber ist Leben, das sich selbst in der Hand und Dauer hat.

Nach Marx ist die „Verdinglichung", durch die Menschen zu „Objekten", Dingen oder zur Ware werden, das charakteristische Kennzeichen der heutigen Welt. Aber wahrhaft menschlich sein, ist das genaue Gegenteil. Die Naturkräfte und ihre Verwandlung durch die Technik sind in Wirklichkeit die natürlichen Kräfte des *Menschen;* sie sind die „Gegenstände" des Menschen, die ihm *seine* Individualität bestätigen. Die Industrie ist die exoterische Enthüllung der menschlichen Wesenskräfte.[24]

Jaspers sieht in der persönlichen Existenz („existentielle Subjektivität") Mittelpunkt und Ziel der Wirklichkeit. Ein Wesen, dem eine solche persönliche Erfahrung fehlt, kann die Existenz niemals verstehen. Aber wer sie besitzt, kann seinerseits verstehen, daß solche entmenschlichten Charaktere durch einen tragischen Verlust an persönlicher Existenz entstanden sind.

Heidegger bestreitet, daß es möglich sei, durch die objektive Wirklichkeit zum Sein zu gelangen, und er besteht darauf, daß „existentielles Sein", Dasein und Eigentlichkeit, der einzige Zugang zum Sein selber sind. Die objektive Welt („das Vorhandene") ist ein spätes Produkt unmittelbarer persönlicher Erfahrung.

Der Sinn dieser geradezu verzweifelten Verwerfung einer Identifizierung der Wirklichkeit mit der Welt der Objekte wird von Nietzsche in folgenden Worten klar ausgesprochen: „Haben wir erst jene unvermeidlich bevorstehende Wirtschafts-Gesamt-Verwaltung der Erde, dann *kann* die Menschheit als Maschinerie in deren Diensten ihren besten Sinn finden: – als ein ungeheures Räderwerk von immer kleineren, immer feiner ‚anzupassenden' Rädern."[25] Niemand kennt den Sinn dieses ungeheuren Prozesses mehr. Die Menschheit fordert ein neues Ziel und einen neuen Lebenssinn. In diesen Worten ist die große Angst über die sozialen Auswirkungen der „objektiven Welt" klar ausgesprochen. Sie ist das Kampfmotiv der Philosophen der Existenz gegen die „Objektivierung", gegen die Verwandlung des Menschen in ein unpersönliches „Objekt".

---

[23] Henri Bergson. Zeit und Freiheit. Jena 1911. S. 182.

[24] Vgl. Marx. Nationalökonomie und Philosophie. In: Die Frühschriften. S. 241, 244.

[25] Nietzsche. Werke. Bd. 10: Der Wille zur Macht. S. 114.

2. *Psychologische und ontologische Begriffe*

Das Prinzip der persönlichen Existenz oder der „existentiellen Subjektivität“ erfordert eine besondere Begriffsart, in der jene unmittelbare Erfahrung beschrieben wird. Diese Begriffe dürfen „nicht-objektivierend“ sein; sie dürfen Menschen nicht in Objekte verwandeln; außerdem dürfen sie nicht rein „subjektiv“ sein. Im Hinblick auf diese doppelte Forderung können wir die Wahl psychologischer Begriffe mit einer nicht-psychologischen Nebenbedeutung verstehen.

Wenn die Philosophie der persönlichen Existenz mit ihrer Behauptung recht hat, daß die unmittelbare Erfahrung den Zugang zum schöpferischen „Ursprung“ des Seins bildet, so ist es notwendig, daß die Begriffe, in denen die unmittelbare Erfahrung ausgedrückt wird, auch die Struktur des Seins selber beschreiben. Die sogenannten „Affekte“ sind dann nicht nur subjektive Gemütsbewegungen ohne ontologische Bedeutung; sie sind halb-symbolische, halb-realistische Merkmale der Struktur der Wirklichkeit selber. So müssen Heidegger und viele andere Existenzphilosophen verstanden werden. Heidegger gibt in seinem Buch „Sein und Zeit“ nicht Definitionen des Seins als solchem oder der Zeit als solcher, sondern eine Beschreibung dessen, was er *Dasein* und *Zeitlichkeit,* zeitliche oder endliche Existenz nennt. Er beschreibt die Sorge als den allgemeinen Charakter der Existenz oder die Angst als die Beziehung des Menschen zum Nichts, die Todesangst, das Gewissen, die Schuld, die Verzweiflung, die Alltäglichkeit, die Vereinzelung usw. Bei Heidegger sind die Begriffe nicht „ontisch“ gemeint, so daß sie nur ein spezielles Seiendes, nämlich den Menschen, charakterisieren, sondern sie sind vielmehr „ontologisch“ gemeint, das heißt, sie stellen die Struktur des Seins selber dar. Heidegger bestreitet, daß der negative Charakter der Begriffe oder ihre scheinbar pessimistische Nebenbedeutung irgend etwas mit wirklichem Pessimismus zu tun habe. Die Begriffe sind alle ein Hinweis auf die Endlichkeit des Menschen – das eigentliche Thema der Philosophie von der persönlichen Existenz. Dabei bleibt es natürlich eine offene Frage, wie die psychologische Bedeutung dieser Begriffe von ihrer ontologischen Bedeutung unterschieden werden kann. Die Kritik an Heidegger beschäftigt sich mit diesem Problem, und es scheint, daß Heidegger stillschweigend sein Unvermögen zugibt, diesen Unterschied klar zu bestimmen. Jedenfalls betont er selbst immer stärker, daß die menschliche Natur der Ausgangspunkt für jede existentiale Ontologie sei.

Aber damit wird das Problem nicht gelöst. Zweifellos haben alle Philosophen der Existenz und ihre Vorgänger die Ontologie in psychologischen Begriffen entwickelt. Bei Böhme und Baader, in Schellings „Untersuchungen über das Wesen der menschlichen Freiheit" und an vielen anderen Stellen finden wir den Glauben an eine wesensmäßige Beziehung zwischen der menschlichen Natur und dem Sein – den Glauben, daß das innerste Zentrum der Natur sich im Herzen des Menschen befindet. Ein besonders wichtiges Beispiel für den ontologischen Gebrauch eines psychologischen Begriffs ist die Bestimmung des „Willens" als letztes Prinzip des Seins. Es findet sich bei Böhme und bei all denen, die von ihm beeinflußt sind, und vor Böhme bei Augustin, Duns Scotus und Luther. Schellings frühe Auffassung des Willens als „Ur-Sein" und sein ganzer späterer Voluntarismus, der in der Freiheitslehre dargestellt ist, Nietzsches Symbol des „Willens zur Macht", Bergsons *élan vital,* Schopenhauers „Ontologie des Willens", das „Unbewußte" bei Hartmann und Freud – alle diese Bezeichnungen für das Nicht-Rationale sind psychologische Begriffe mit ontologischer Bedeutung. Die Philosophen der Existenz haben sie ebenso wie andere psychologische Begriffe gebraucht, um uns vor der Zerstörung des „schöpferischen Ursprungs" durch eine „objektive Welt" zu schützen, eine objektive Welt, die anfangs selbst aus diesem „Ursprung" hervorging, ihn aber jetzt wie ein ungeheurer Mechanismus zu vernichten droht.

3. *Die Lehre von der Endlichkeit*

Bei Hegel wird der ganze Welt-Prozeß im Begriff der dialektischen Identität des Endlichen mit dem Unendlichen dargestellt. Die existentiale Trennung des Endlichen vom Unendlichen wird gänzlich geleugnet und nicht nur, wie in der Mystik, in gelegentlichen ekstatischen Zuständen aufgehoben. Kants kritische Warnung gegen solche unerlaubte Überschreitung der Grenzen des endlichen Geistes wird völlig außer acht gelassen.

Die Philosophie der erfahrenen Existenz stellt nun die scharfe Trennung des Endlichen vom Unendlichen wieder her. Alle Philosophen der Existenz betonen diesen Punkt besonders. Schelling, der sich für den Sieg des Prinzips der Identität mehr verantwortlich fühlt als irgendein anderer Philosoph und die intellektuelle Anschauung als das Mittel auffaßt, den Sieg zu erringen, erklärt später, daß das Prinzip der Identität nur im Bereich des Wesens, nicht aber der Existenz Gültigkeit habe. Kierkegaard folgt Schelling: „Die rationalistische Idee ist die Identität von Subjekt und Objekt, die Einheit von Denken und Sein. Existenz jedoch ist ihre Scheidung."[26] Im Hinblick auf die Endlichkeit sagt er: „Die Existenz ist eine Synthese des Unendlichen mit dem Endlichen."[27]

Aber diese Synthese ist das genaue Gegenteil der Identität. Sie ist der Grund der existentiellen Verzweiflung, des Willens, von sich selbst freizuwerden. Verzweiflung ist der Ausdruck für das Verhältnis der Getrenntheit in dieser Synthese; sie offenbart die dynamische Unsicherheit des Geistes. Jaspers' Beschreibung der „Grenzsituation" und unserer geschichtlichen Relativität, des Todes, des Leidens, des Kampfes und der Schuld weisen in dieselbe Richtung. Eindringlich stellt er die Endlichkeit in seiner Lehre vom notwendigen „Scheitern des Endlichen" in seinem Verhältnis zum Unendlichen dar. „Weil in der Unbedingtheit Existenz das Maß der Endlichkeit überschreiten will, wird die Endlichkeit des Daseins im Aufschwung der Existenz am Ende ruiniert."[28]

Nach Feuerbach ist das Subjekt, das kein Ding mehr außer sich und folglich keine Schranken mehr in sich hat, nicht mehr „endliches" Subjekt. Marx beschreibt den Menschen als ein Wesen, das durch Bedürfnis, Sinnlichkeit, Tätigkeit, Leiden und Leidenschaft mit den Objekten verbunden ist. Nietzsches pragmatische Auffassung von der Erkenntnis einerseits und seine Sehnsucht nach Ewigkeit andererseits zeigen, daß er um unsere Endlichkeit im Denken und Sein wohl gewußt hat.

Am wichtigsten in diesem Zusammenhang ist aber Heideggers Versuch, Kants kritische Philosophie durch Begriffe der Existenzphilosophie zu interpretieren, besonders durch den Begriff der menschlichen Endlichkeit. In seinem Buch „Kant und das Problem der Metaphysik" (1929) macht er den Versuch Kants, die Metaphysik auf den menschlichen, das heißt endlichen Charakter der Vernunft zu gründen, zum Gegenstand seiner Untersuchung.[29] Endlichkeit ist die eigentliche Struktur der menschlichen Vernunft und muß von bloßen Mängeln, dem Irrtum oder zufälligen Beschränktheiten unterschieden werden. Für Kant hat Gott eine unendliche „Anschauung", während der Mensch eine endliche „Anschauung" hat. „Der Charakter der Endlichkeit der Anschauung liegt demnach in der Rezeptivität."[30] Deshalb hat die endliche Erkenntnis „Gegenstände". Diese Definition der Endlichkeit findet sich

[26] Vgl. Kierkegaard. Abschließende unwissenschaftliche Nachschrift zu den Philosophischen Brocken. Teil 2. S. 126 f.

[27] Vgl. ebd.

[28] Jaspers. Philosophie. Bd. 3. S. 229.

[29] Vgl. Heidegger. Kant und das Problem der Metaphysik. Bonn 1929. S. 19.

[30] Ebd. S. 23.

auch bei Feuerbach und Marx, und Diltheys Interpretation der Wirklichkeit als Widerstand kann damit verglichen werden. Heidegger sieht Kants erkenntnistheoretisches Problem in folgendem: „Wie muß das endliche Seiende, das wir Mensch nennen, seinem innersten Wesen nach sein, damit es überhaupt offen sein kann zu Seiendem, das es nicht selbst ist?"[31] Die verschiedenen Kapitel der „Kritik der reinen Vernunft" beantworten diese Frage Schritt für Schritt. „Durch die Aufhellung dieses Gefüges der reinen Synthesis enthüllt sich ... das innerste Wesen der Endlichkeit der Vernunft."[32] Eine Ontologie, die den Anspruch erhebt, das An-Sich-Seiende zu erkennen, ist anmaßend; eine Ontologie, die sich darauf beschränkt, die Struktur der Endlichkeit zu erkennen, ist möglich.[33] Eine solche Ontologie kann man eine Lehre von der Natur des Menschen nennen; allerdings nicht in dem Sinn, daß sie irgendwelche speziellen Kenntnisse vom Menschengeschlecht vermitteln könnte. Eine ontologische Lehre vom Menschen entwickelt die Struktur der Endlichkeit, wie sie der Mensch in sich selbst als Zentrum seiner eigenen persönlichen Existenz vorfindet. Er allein unter allen endlichen Wesen gewahrt seine eigene Endlichkeit; deshalb führt der Weg zur Ontologie durch die Lehre vom Menschen. Aber auch wenn der Mensch diesen Weg geht, kann er seiner eigenen Endlichkeit doch nicht entfliehen. Auch der Weg zur Endlichkeit ist endlich und kann keine Endgültigkeit beanspruchen: dies ist die Grenze, die dem existentiellen Denker gesetzt ist. Heidegger schließt seine Analyse mit der Feststellung, daß der Kampf gegen Kants Lehre vom Ding an sich ein Kampf war gegen das Eingeständnis der Endlichkeit unserer menschlichen Erfahrung und Erkenntnis.

4. *Die Zeit als Existential oder die ursprüngliche Zeit und die Zeit als gemessene Zeit*

Für die ganze Existenzphilosophie gipfelt die Analyse der Endlichkeit in der Analyse der Zeit. Die Einsicht in die Tatsache, daß die Existenz sich vom Wesen durch ihren zeitlichen Charakter unterscheidet, ist so alt wie die Existenzphilosophie selbst. Es würde eine lohnende Aufgabe sein, die Lehre von der Zeit bei den verschiedenen Philosophen der Existenz zu untersuchen und festzustellen, inwieweit ihre

---

[31] Ebd. S. 39.

[32] Ebd. S. 66.

[33] Vgl. ebd. S. 118.

Ideen überstimmen oder voneinander abweichen. Ich muß mich hier auf ein paar Hinweise beschränken.

Es ist allgemein üblich, die „existentielle" oder unmittelbar erfahrene Zeit von der dialektischen Zeitlosigkeit einerseits und der unendlichen, quantitativen, meßbaren Zeit der objektiven Welt andererseits zu unterscheiden. Diese existentielle – qualitativ gefaßte – Zeit, die für die persönliche Erfahrung charakteristisch ist, bildet das gemeinsame Thema aller Existenzphilosophie. In seinem Buch „Die Weltalter" unterscheidet Schelling drei qualitativ verschiedene Arten von Zeit: die vor-zeitliche, die zeitliche und die nach-zeitliche Zeit. Dem unendlichen Progreß und Regreß versucht er dadurch zu entrinnen, daß er einen Anfang und ein Ende setzt. Kierkegaard will der abgemessenen und objektiven Zeit mit Hilfe seiner Lehre vom Augenblick entgehen – dem schicksalhaften Augenblick, in dem die Ewigkeit die Zeit berührt und eine persönliche Entscheidung fordert. Weiter versucht er, die Objektivität der Vergangenheit durch seine Gedanken von der „Gleichzeitigkeit" auszuschalten, durch die alle Geschichte im schicksalhaften Augenblick gegenwärtig wird, und die behauptet, daß eine Wiederholung der Vergangenheit eine gegenwärtige Möglichkeit ist. Nietzsche entrinnt der unendlichen, quantitativen Zeit durch seine Lehre von der „Ewigen Wiederkehr", die jedem Augenblick das Gewicht der Ewigkeit verleiht; er tut es auch mit Hilfe der eschatologischen Teilung der Zeit im Symbol des „Großen Mittag".

Marx' Unterscheidung zwischen Vorgeschichte und Geschichte versucht, ein genau bestimmtes qualitatives Element in den Ablauf der quantitativen Zeit einzuführen. Der „Religiöse Sozialismus" hat mit seiner Lehre von der „Mitte der Geschichte", die Anfang und Ende der „historischen Zeit" bestimmt, dasselbe Ziel verfolgt; er versucht, durch seine Idee von der „erfüllten Zeit" oder dem „Kairos" die quantitative Zeit in Richtung auf die qualitative Zeit zu transzendieren. Bergsons Kampf gegen die quantitative und objektive Zeit, in der die Zeit dem Raum unterworfen ist, gehört in dieselbe Entwicklung.

Am radikalsten ist Heideggers Unterscheidung zwischen „existentieller" und „objektiver" Zeit. Niemand hat die Identität von Existenz und Zeitlichkeit so nachdrücklich betont wie er. „Zeitlichkeit enthüllt sich als der Sinn der eigentlichen Sorge",[34] und Sorge ist endliche Existenz. Heidegger verfolgt diesen Gedanken im Blick auf die Gesamtstruktur der Existenzerfahrung, besonders in Verbindung mit der Vorwegnahme unseres eigenen Todes, durch die allein wir die Möglichkeit

---

[34] Heidegger. Sein und Zeit. Halle 1927. S. 326.

gewinnen, uns selbst als Ganzheit zu erfassen. In der Analyse Kants weist er darauf hin, daß für ihn die Zeit durch „Selbst-Affektion" definiert ist (das Ergreifen des eigenen Selbst oder der eigenen Existenz). Zeitlichkeit ist Existentialität. Im Unterschied zu dieser qualitativen Zeit ist die objektive Zeit die Zeit, in die wir vor unserer eigenen persönlichen Existenz fliehen in das allgemeine „Man", das „Jedermann", das durchschnittliche Dasein des Menschen, in dem das quantitative Messen notwendig und gerechtfertigt ist. Aber diese allgemeine Zeit ist nicht „eigentlich"; es ist eine objektivierte Zeit, die von der existentiellen, der unmittelbar erfahrenen Zeit aus interpretiert werden muß und nicht umgekehrt.

III. Die ethische Haltung der Existenzphilosophie

1. *Die Deutung der Geschichte von der Zukunft her*

Alle Philosophen der Existenz sind einig in der Überzeugung, daß die unmittelbare persönliche Erfahrung geschichtlichen Charakter hat. Aber die Tatsache, daß die Existenz des Menschen ursprünglich „geschichtlich" ist, bedeutet nicht, daß der Mensch ein theoretisches Interesse an der Vergangenheit hat; die Existenz ist überhaupt nicht auf die Vergangenheit ausgerichtet. Der Mensch hat nicht die Haltung eines unbeteiligten Zuschauers, sondern er ist Akteur, der der Zukunft begegnen und persönliche Entscheidungen treffen muß.

Schelling nennt seine positive Philosophie „historische Philosophie", weil für ihn Historisch-Sein ein Offen-Sein für die Zukunft bedeutet. Da die Offenbarung des Unvordenklichen niemals vollendet ist, ist auch die positive Philosophie niemals abgeschlossen. Kierkegaards Lehre vom „entscheidenden Augenblick", von „Gleichzeitigkeit" und „Wiederholung" haben wir schon berührt und auch erwähnt, daß der „Religiöse Sozialismus" mit Hilfe dieser Ideen die Geschichte interpretiert hat. Für Marx ist die menschliche Erfahrung durch die jeweiligen geschichtlichen und kulturellen Lebensumstände fundamental bedingt.

Die Natur des Menschen ist selber geschichtlich und kann nur verstanden werden, wenn man den gegenwärtigen Zustand der Entmenschlichung sieht und die Forderung nach einem „wahren Humanismus" in der Zukunft anerkennt. Die philosophischen Lehren von der menschlichen Natur und der Ontologie sind abhängig von der zukünftigen revolutionären Durchführung dessen, was der Mensch aus sich machen kann.

In der zweiten „Unzeitgemäßen Betrachtung" betont Nietzsche nachdrücklich den geschichtlichen Charakter der menschlichen Erfahrung. „Der Spruch der Vergangenheit ist immer ein Orakelspruch: nur als Baumeister der Zukunft, als Wissende der Gegenwart werdet ihr ihn verstehn."[35] Heidegger folgt ihm und sieht den geschichtlichen Charakter der menschlichen Erfahrung in ihrer Ausrichtung auf die Zukunft. Bloßes historisches Wissen ist nicht die wirkliche Aufgabe des Menschen als eines geschichtlichen Wesens. Ein Aufgehen in der Vergangenheit bedeutet eine Entfremdung von des Menschen eigentlicher Aufgabe, nämlich Bildner der Geschichte zu sein.[36]

2. *Endlichkeit und Selbst-Entfremdung*

Die Beschreibung der „existentiellen Situation" oder des zeitlichen Daseins des Menschen als Endlichkeit wird gewöhnlich mit dem Widerspruch zwischen dem augenblicklichen Zustand und dem, was der Mensch „seinem Wesen nach" ist und deshalb sein sollte, in Zusammenhang gebracht. Seit Schellings „Untersuchungen über das Wesen der menschlichen Freiheit" ist die Welt, in der wir leben, einschließlich der Natur, als eine gebrochene Einheit, als Fragment und zerstörtes Sein beschrieben worden. In Übereinstimmung mit Kants halbmythologischer und echt existentieller Lehre vom „radikalen Bösen" spricht Schelling vom transzendenten Fall des Menschen als „der Voraussetzung für die tragische Natur der Existenz". Kierkegaards berühmtes Buch über die Angst, in dem er den Übergang von der Essenz zur Existenz interpretiert, ist sein psychologisches Meisterwerk. Die Angst der Endlichkeit treibt den Menschen zum Handeln und zu gleicher Zeit zur Entfremdung von seinem essentiellen Sein und damit in die tiefere Angst, die aus der Schuld stammt und zur Verzweiflung führt.

Beide, Schelling und Kierkegaard, möchten die „Endlichkeit" von der „Entfremdung" unterscheiden. Aber es gelingt keinem von beiden wirklich; der endliche Charakter der unmittelbaren persönlichen Erfahrung macht den „Fall" praktisch zu einer unentrinnbaren Notwendigkeit. Nietzsche, Heidegger, Jaspers und Bergson versuchen nicht zu unterscheiden. Sie beschreiben die unmittelbare Erfahrung in Begriffen

[35] Nietzsche. Werke. Bd. 2: Unzeitgemäße Betrachtungen. Leipzig 1922. S. 185.

[36] Vgl. Heidegger. Sein und Zeit. S. 396.

der Endlichkeit und der Schuld – das heißt in tragischen Begriffen. Verfallenheit, Verloren-sein und der Existenz ausgeliefert, schafft Schuld. So sagt Heidegger: „Das Schuldigsein resultiert nicht erst aus einer Verschuldung, sondern umgekehrt: diese wird erst möglich ‚auf Grund' eines ursprünglichen Schuldigseins."[37] Die tragische Interpretation des Lebens, die sich bei der Intelligenz Europas während der letzten Jahrzehnte mehr und mehr durchgesetzt hat, steht in innerem Zusammenhang mit der Existenzphilosophie.

Marx hat die Situation der Entmenschlichung und Selbst-Entfremdung in unzähligen Fragmenten beschrieben. Eines der kostbarsten Stücke ist seine Beschreibung der Funktion des Geldes, das für ihn das Hauptsymbol der Selbst-Entfremdung in der gegenwärtigen Gesellschaft ist. Aber die Entfremdung ist für ihn keine unentrinnbare tragische Notwendigkeit. Sie ist das Resultat einer besonderen historischen Situation und kann durch menschliches Handeln überwunden werden. Auf diese Überzeugung gründen sich die utopischen Elemente der späteren marxistischen Bewegungen. Aber die Geschichte dieser Bewegungen hat gezeigt, daß Marx' Beschreibung des Menschen als eines leidenschaftlichen und leidenden Wesens wahr bleibt – selbst nach einer siegreichen Revolution. Die Beziehung zwischen Endlichkeit und Entfremdung hat also fundamentale Bedeutung für die Existenzphilosophie.

3. *Endlichkeit und Vereinzelung*

Für Jaspers ist jede persönliche Existenz einmalig. So kann er sagen: „Wir sind ein jeweils schlechthin Unvertretbares, nicht Fälle eines Gattungsbegriffs ‚Existenz'."[38] Heidegger spricht von der „Jemeinigkeit" der persönlichen Existenz und meint die Tatsache, daß sie nur mir und niemand anderem gehört.[39] Die Menschen leben jedoch gewöhnlich in den allgemeinen Erfahrungen des täglichen Lebens, sie verdecken mit Geschwätz und Betriebsamkeit ihre wirkliche innere Erfahrung. Aber Gewissen, Schuld und die Gewißheit des Todes ergreifen den Menschen in seiner letzten Vereinzelung. Der Tod eines anderen Menschen als objektives Ereignis hat mit unserer persönlichen Einstellung zum eigenen Tode nichts zu tun. Nietzsche preist den höheren Menschen, der einsam bleibt und nicht nur von den Massen, sondern auch von seinesgleichen geschieden ist. Seine Einschätzung des Durch-

[37] Ebd. S. 284

[38] Jaspers. Philosophie. Bd. 1. S. 19.

[39] Heidegger, Sein und Zeit. S. 42.

schnittsmenschen gleicht der Heideggers und Jaspers. Kierkegaard geht über sie alle hinaus, wenn er des Menschen letzte innere Einsamkeit als Allein-Sein vor Gott hervorhebt. Alles Objektive und Allgemeine hat für ihn nur den Sinn der Flucht vor der ethischen Entscheidung, die jeder Einzelne zu treffen hat.

Feuerbach und Marx scheinen in diesem Punkt von den anderen Philosophen der Existenz abzuweichen. So sagt Feuerbach über die Einsamkeit: „Die wahre Dialektik ist kein Monolog des einsamen Denkers mit sich selbst. Sie ist ein Dialog zwischen Ich und Du."[40] Diese Ich-Du-Philosophie hat die heutige deutsche Theologie seit Buber und Grisebach stark beeinflußt. Aber die Frage ist, was wir an die Stelle dieser inneren Einsamkeit setzen können. Ohne solche Alternative bleibt die Ich-Du-Relation eine bloße Form. Dieses Urteil ist in Marx' Kritik an Feuerbach enthalten, wenn er ihm vorwirft, er kenne den Menschen nur in abstracto und als Individuum, jedoch nicht als soziales Wesen. Marx selbst wiederum sieht nur diesen sozial gebundenen Menschen. Aber er entdeckt an ihm die Entfremdung, die nicht nur eine Entfremdung des Einzelnen von sich selbst, sondern auch von jedem Anderen ist. Für Marx ist diese Vereinzelung in den geschichtlichen Verhältnissen seiner Gegenwart begründet, die geändert werden müssen. Aber die Bemühung, ein wahrhaft menschliches Dasein für das Proletariat zu schaffen, hat in Wirklichkeit nicht dazu geführt, „Gemeinschaft" zu stiften, sondern nur „Solidarität". Auch diese Beziehung ist nur äußerlich und bleibt ebenfalls ein Symbol der Selbst-Entfremdung des Menschen.

Bei allen Philosophen der Existenz hat dieser Verlust der Gemeinschaft zur Flucht aus der objektiven Welt geführt. Denn nur in der Welt, die Heraklit „die gemeinsame Welt, in der wir unser waches Leben leben" nannte, ist ursprünglich Gemeinschaft zwischen Mensch und Mensch möglich. Wenn diese gemeinsame Welt geschwunden oder unerträglich geworden ist, wendet sich der Einzelne zu seiner letzten inneren Einsamkeit, wo er nur noch Träume spinnen kann, die ihn noch weiter von dieser Welt isolieren, mag auch sein objektives Wissen von ihr noch so umfassend sein. In dieser Selbstvereinsamung könnte der soziologische Hintergrund der Existenzphilosophie gefunden werden.

[40] Feuerbach. Grundsätze der Philosophie der Zukunft. S. 319.

Schlußwort: Die Bedeutung der Existenzphilosophie

Wir haben die Gedanken vieler Philosophen der Existenz erörtert, deren Werke sich über einen Zeitraum von ungefähr hundert Jahren erstrecken. Sie repräsentieren viele verschiedenartige und sogar sich widersprechende Tendenzen in ihrem philosophischen Denken, und sie haben viele verschiedenartige und sogar sich widersprechende Wirkungen auf Religion und Politik ausgeübt. Haben sie nun alle aber auch einen gemeinsamen Zug, der es rechtfertigt, daß man sie alle Philosophen der Existenz nennt? Wenn die vorstehende Analyse richtig ist, offenbaren sie zweifellos eine grundlegende Übereinstimmung, die sowohl in negativen als auch in positiven Begriffen dargestellt werden kann. Sie alle stehen in gemeinsamer Abwehr gegen einen gemeinsamen Feind, und sie alle haben ein gemeinsames Ziel, obwohl sie es auf sehr verschiedenen Wegen zu erreichen suchen.

Alle Philosophen der Existenz bekämpfen die „rationale" Ordnung des Denkens und Lebens, die in der industriellen Gesellschaft des Westens und von ihren philosophischen Vertretern entwickelt wurde. Während der letzten hundert Jahre sind die Konsequenzen dieses Systems immer deutlicher geworden: ein logischer oder naturalistischer Mechanismus, der individuelle Freiheit, persönliche Entscheidung und organische Gemeinschaft zu zerstören scheint; ein analytischer Rationalismus, der die vitalen Kräfte des Lebens unterminiert und alles, auch den Menschen selbst, in ein Objekt der Kalkulation und Herrschaft verwandelt; ein säkularisierter Humanismus, der Mensch und Welt vom schöpferischen Ursprung und dem letzten Geheimnis der Existenz abschneidet. Die Philosophen der Existenz gewahrten, bewußt oder unbewußt, das Heraufkommen dieses selbst-entfremdeten Lebens, und sie fanden Beistand an Dichtern und Künstlern in jedem Land Europas. Sie versuchten, in geradezu verzweifeltem Kampf zu widerstehen, einem Kampf, der sie oft bis zur geistigen Selbstzerstörung trieb und ihre Äußerungen höchst aggressiv, leidenschaftlich, paradox, fragmentarisch, revolutionär, prophetisch, ekstatisch machte. Aber das hinderte sie nicht, fundamentale Einsichten in die soziologische Struktur der modernen Gesellschaft zu gewinnen und die psychologische Dynamik des modernen Menschen, die Ursprünglichkeit und Unmittelbarkeit des Lebens, den paradoxen Charakter der Religion und die existentiellen Wurzeln der Erkenntnis zu erfassen. Sie bereicherten die Philosophie im höchsten Maße, sofern man in ihr des Menschen Interpretation seiner eigenen Existenz sieht, und sie schufen die geistigen Hilfsmittel und Symbole für die europäische Revolution des 20. Jahrhunderts.

Wenn man das Hauptanliegen und die Funktion der Existenzphilosophie verstehen will, muß man sie unbedingt vor dem Hintergrund der Geschehnisse sehen, die sich im 19. Jahrhundert auf religiösem Gebiet, besonders in Deutschland, ereigneten. Denn alle geistigen Richtungen nach 1830 sahen sich dem gleichen Problem gegenüber, das durch den Zusammenbruch der religiösen Tradition nach dem Ansturm der Aufklärung, der sozialen Revolution und des bürgerlichen Liberalismus geschaffen war. Die Religion verlor ihre „Unmittelbarkeit" zuerst in den gebildeten Klassen, dann mehr und mehr in der Arbeiterschaft: Sie bot keine unbezweifelte Sinngebung und keinen Rückhalt für das menschliche Leben mehr. Was an Unmittelbarkeit verloren gegangen war, versuchte Hegel durch bewußte Neu-Interpretation wiederzugewinnen. Aber diese vermittelnde Neu-Interpretation wurde von zwei Seiten angegriffen und zerstört: durch eine erneuerte Theologie und durch den philosophischen Positivismus. Die Philosophen der Existenz versuchten ihrerseits, einen letzten Lebenssinn jenseits der Neu-Interpretation, der erneuerten Theologie oder des Positivismus aufzufinden. Bei diesem Suchen lehnten sie die „entfremdete" objektive Welt mit ihren Religiös-Radikalen, Reaktionären oder Vermittlern ab. Sie wendeten sich an die unmittelbare Erfahrung des Menschen, an die „Subjektivität", nicht als an etwas, das der „Objektivität" entgegengesetzt ist, sondern an die lebendige Erfahrung, in der beide, Objektivität und Subjektivität, wurzeln. Sie wendeten sich zur Wirklichkeit, wie sie die Menschen in ihrem Leben unmittelbar erfahren, zur „Innerlichkeit". Sie versuchten, jenen schöpferischen Bereich des Seins zu finden, der dem Unterschied von Subjektivität und Objektivität zuvorliegt und über ihn hinausgeht.

Wenn die Erfahrung dieser Schicht des Lebens „mystisch" ist, dann kann man die Existenzphilosophie den Versuch nennen, den Lebenssinn mit Hilfe „mystischer" Begriffe wiederzugewinnen, nachdem er sowohl in den kirchlichen wie in den positivistischen Begriffen verloren gegangen war. Doch muß, was „mystisch" ist, neu definiert werden, wenn wir es auf die Existenzphilosophie anwenden wollen. In diesem Zusammenhang bezeichnet der Ausdruck nämlich nicht die mystische Vereinigung mit dem transzendenten Absoluten, sondern vielmehr das „gläubige" Wagnis, einer Vereinigung mit den Tiefen des Lebens entgegenzustreben, sei es als Einzelner, sei es als Gruppe. In dieser „Mystik" ist mehr protestantisches als katholisches Erbe; aber es *ist* Mystik, wenn man versucht, die entfremdete „Objektivität" ebenso wie die entleerte „Subjektivität" der gegenwärtigen Epoche zu transzendieren. Historisch gesehen versucht die Existenzphilosophie zu einer vorkartesianischen Haltung zurückzukehren, in der der tiefe Abgrund zwischen den subjektiven und objektiven „Bereichen“ noch nicht aufgerissen war und das Wesen der Objektivität in der Tiefe der Subjektivität gefunden werden konnte, in der man Gott in der Tiefe der Seele am innigsten nahe kam.

Dieses Problem und diese Lösung des Problems sind in mancher Hinsicht für die deutsche Situation charakteristisch, in anderer Sicht aber allen europäischen Kulturen gemeinsam. Analogien zur Existenzphilosophie gibt es in ganz Europa, von Frankreich bis Rußland, von Italien bis Norwegen. Immer ist es der verzweifelte Kampf um einen neuen Lebenssinn in einer Wirklichkeit, in der die Menschen entfremdet sind, in einer kulturellen Situation, in der die beiden großen Traditionen des Christentums und des Humanismus ihre umfassende Gültigkeit und ihre überzeugende Kraft verloren haben. Die Wendung zur „Innerlichkeit“, oder genauer gesagt, zu den schöpferischen Quellen des Lebens in der Tiefe der menschlichen Erfahrung, findet sich in ganz Europa. Aus soziologischen Gründen war sie in Deutschland stärker philosophisch bestimmt und auch radikaler als in anderen Ländern. Dort wurde sie zu jener quasi-religiösen Macht, von wo aus sie in der ersten Hälfte des 20. Jahrhunders die Gesellschaft, zuerst in Rußland und dann in anderen Teilen Europas, umformte.

Ein Vergleich mit der Situation in England mag zum besseren Verständnis der Existenzphilosophie beitragen. England ist das einzige Land Europas, in dem das existentielle Problem, einen neuen Lebenssinn zu finden, keine Bedeutung gehabt hat, denn dort lebten Positivismus und religiöse Tradition nebeneinander und waren auch durch einen sozialen Konformismus verbunden, der ein radikales Fragen nach dem Sinn der menschlichen „Existenz“ verhinderte. Hierbei ist wichtig, daß das einzige Land ohne Existenzphilosophie das Land ist, in dem in der Zeit von 1830 bis 1930 die religiöse Tradition am wenigsten erschüttert war. Die Abhängigkeit der Existenzphilosophie von den Problemen, die durch den Zusammenbruch der religiösen Tradition auf dem europäischen Kontinent entstanden sind, wird dadurch noch einmal beleuchtet.

In ihrem Kampf gegen die Sinnlosigkeit der modernen technisierten Zivilisation gebrauchten die einzelnen Philosophen der Existenz sehr verschiedene Methoden und hatten sehr verschiedene Ziele. Für sie alle war die Betonung der Existenz nur ein Faktor unter anderen, der aber ihre Philosophie mehr oder weniger beherrschte. Schelling glaubte mit der deutschen Romantik, daß eine neue Philosophie, und besonders eine neue Interpretation der Religion, eine neue Wirklichkeit schaffen könne.

Aber diese Erwartung war irrtümlich und Schellings unmittelbarer Einfluß blieb gering; er beschränkte sich auf die Theologie der Restaurationszeit. Feuerbachs Bedeutung für das existentielle Denken liegt mehr in seiner Zerstörung der Hegelschen Versöhnung von Christentum und moderner Philosophie als in seinem metaphysischen Materialismus, der in Wirklichkeit die bürgerlich-mechanistische Interpretation von Natur und Mensch erheblich stärkte.

Kierkegaard verkörpert den religiösen Flügel der Existenzphilosophie. Er selbst wollte kein Philosoph sein, und auch diejenigen, die in ihm den klassischen Vertreter des existentiellen Denkens sehen, betonen oft, daß ein ursprünglich existentieller Denker kein Philosoph sein könne. Aber in Wirklichkeit offenbart das Werk Kierkegaards eine viel engere Verbindung zwischen Theologie und Philosophie. Als religiöser Denker stieß er auf das Hindernis einer Kirche, die in Theorie und Praxis „bourgeois" geworden war. Er konnte daher sein eigenes radikales Christentum nur in absolut paradoxen Begriffen und in leidenschaftlich-persönlicher Hingabe festhalten. Als philosophischer Denker jedoch schuf er eine „dialektische" Psychologie, die viel zu einer anti-rationalistischen und anti-mechanistischen Interpretation der menschlichen Natur beigetragen hat.

Wenn wir Marx einen existentiellen Denker nennen, so kann sich das offensichtlich nur auf gewisse Einzelzüge seines Denkens beziehen, nämlich auf seinen Kampf gegen die Selbst-Entfremdung des Menschen unter der Herrschaft des Kapitalismus, gegen jede Theorie, die die Welt nur deutet, ohne sie umzugestalten, und gegen die Behauptung, die Erkenntnis sei völlig unabhängig von der sozialen Lage, in der sie gesucht wird. Wie Kierkegaard wollte Marx kein Philosoph sein. Er verkündete das Ende aller Philosophie und ihre Verwandlung in eine revolutionäre Soziologie. Aber der Impuls, den er der Geschichtsdeutung gab, seine Lehre von der „Ideologie", seine Einführung der soziologischen Analyse in die Wirtschaftslehre machten ihn zu einer machtvollen Erscheinung in der philosophischen Diskussion des ausgehenden 19. und beginnenden 20. Jahrhunderts, lange bevor er zur größten politischen Kraft im Kampf des 20. Jahrhunderts gegen die Tradition des 19. Jahrhunderts wurde.

Wie Marx sind auch Nietzsche und die Lebensphilosophen nur in gewisser Hinsicht Philosophen der Existenz. Nietzsches Angriff auf den „europäischen Nihilismus", seine biologische Interpretation der Erkenntniskategorien, sein fragmentarischer und prophetischer Stil, seine eschatologische Leidenschaft, Diltheys Problem der existentiellen Wurzeln der verschiedenen Interpretationen des Lebens, Bergsons

Angriff auf das räumliche Denken im Namen schöpferischer Lebendigkeit, der Vorrang des Lebens gegenüber dessen Schöpfungen bei Simmel und Scheler – alle diese Ideen offenbaren ihren existentiellen Charakter. Aber ebenso wie Marx die Naturwissenschaften, die ökonomische Theorie und die dialektische Vernunft niemals in Frage stellte, so setzten Nietzsche und die Lebensphilosophen immer die wissenschaftliche Methode und eine Ontologie des Lebens voraus. Heidegger aber und weniger ausdrücklich Jaspers kehrten zum Kierkegaardschen Typ der Existenzphilosophie und insbesondere zu seiner dialektischen Psychologie zurück. Sie nahmen den Begriff „existentiell" wieder auf, um damit eine Philosophie zu bezeichnen, die an die unmittelbare Erfahrung appelliert, und sie wirkten in lebendiger Verbindung mit einer Theologie, die von Kierkegaard tief beeinflußt war, besonders von seinem Angriff auf die säkularisierten bourgeoisen Kirchen. Aber mit Hilfe von Aristoteles und der Lebensphilosophie verwandelte Heidegger die dialektische Psychologie in eine Ontologie, wobei er die religiösen Konsequenzen der existentiellen Haltung radikal ablehnte und durch die unbedingte Entschlossenheit des tragischen und heroischen Einzelnen ersetzte.

Es ist ein dramatisches Bild, das die Existenzphilosophie bietet. Die Polarität zwischen der existentiellen Haltung und ihrem philosophischen Ausdruck beherrscht die ganze Bewegung. Zuzeiten hat das existentielle Element das Übergewicht, zuzeiten das philosophische – sogar in demselben Denker. Bei ihnen allen überwiegt das kritische Interesse; sie alle wirken in Theorie und Praxis einem historischen Schicksal entgegen, dessen Erfüllung sie durch ihre starke Abwehr gerade beschleunigen. So sind sie der geistige Ausdruck der großen Revolution, die sich innerhalb der industriellen Gesellschaft des Westens und gegen sie entwickelte – der großen Revolution, die sich im 19. Jahrhundert vorbereitete und nun im 20. Jahrhundert ausgetragen wird.

WESEN UND BEDEUTUNG DES EXISTENTIALISTISCHEN DENKENS

Der Existentialismus soll hier als geschichtliche Bewegung dargestellt werden. Als solche ist er Erscheinungen der vergangenen Jahrhunderte, wie der Aufklärung, der Romantik oder dem Naturalismus, vergleichbar. Wie diese Bewegungen für lange Perioden des 18. und 19. Jahrhunderts, so ist der Existentialismus für das 20. Jahrhundert kennzeichnend. Kennzeichnend sein heißt nicht völlig beherrschend. Es gab und gibt in all diesen Erscheinungen Widerstände, Gegenbewegungen, Rückfälle in frühere geistige Haltungen sowie Vorwegnahme späterer Gedanken. Doch gekennzeichnet ist jede Epoche durch ihre dynamischste und schöpferischste Bewegung, die in unserem Jahrhundert meiner Überzeugung nach der Existentialismus ist.

Zum Beweis dieser Behauptung muß als erstes der Begriff Existentialismus, wie er hier gebraucht wird, definiert oder besser umschrieben werden. Unzweifelhaft ist „Existentialismus" ein umfassender Begriff, der keineswegs auf eine philosophische Schule beschränkt ist. Existentialismus ist eine kulturelle Bewegung, die sich im Tanz und in der Bildhauerkunst ebenso wie in der Malerei, der Musik, der Poesie und im Drama manifestiert. Im Roman hat diese Bewegung machtvollen Ausdruck gefunden, und mit der Psychologie des Unbewußten steht sie in enger Verbindung. Sie gründet in einer einzigartigen Begegnung des Menschen mit der Wirklichkeit in allen Funktionen seines geistigen Lebens. In der Existenzphilosophie hat sie ihre Systematisierung gefunden. Wenn dieser oder jener unter uns geneigt ist, über „das Elend der Philosophie" zu klagen, d. h. über ihr Unvermögen, Antworten auf die dringendsten Fragen der menschlichen Existenz zu geben, so ist das im Hinblick auf manche Katheder-Philosophie berechtigt. Dennoch möchte ich einen optimistischeren Ton anschlagen, was ich als Theologe vielleicht eher tun kann als ein reiner Philosoph. Ich möchte die Arbeit einer Philosophie rühmen, die fähig war und ist, überzeugend die Erfahrungen zum Ausdruck zu bringen, auf denen die charakteristische kulturelle Bewegung unserer Zeit beruht. Das aber trifft auf die Existenzphilosophie zu.

Man kann den Existentialismus dem Essentialismus gegenüberstellen, besonders dem Hegels, gegen den die existentialistische Revolte der vierziger und fünfziger Jahre des 19. Jahrhunderts vor allem gerichtet war. Man kann auf Schelling in seiner letzten Periode hinweisen. Seine Unterscheidung zwischen negativer und positiver Philosophie brachte nicht nur eine klare Formulierung des Gegensatzes zwischen Essentialismus und Existentialismus, sondern in seiner Beschreibung des Wesens einer positiven Philosophie prägte er auch einige Hauptbegriffe, die von allen späteren Existentialisten gebraucht wurden. Kierkegaard, der Schellings Berliner Vorlesungen besuchte, gehörte zu denen, die die geschichtliche Bedeutung von Schellings Bruch mit seiner eigenen Vergangenheit und auch mit Hegel erfaßten, obwohl er die Art ablehnte, in der Schelling sein neues System entwickelte. Doch beschränkte sich die Auflehnung gegen Hegels essentialistische Philosophie nicht auf diese zwei Männer. Auch Feuerbach muß hier genannt werden, ebenso der junge Marx und Schopenhauer, später Nietzsche und die Vertreter der „Lebensphilosophie". Eine Analogie hierzu ergab sich im 20. Jahrhundert, als der führende Existenzphilosoph Heidegger sich vom reinen Essentialismus der Husserlschen Phänomenologie trennte. Dadurch, daß Husserl für das Eindringen in die reine Essenz des Bewußtseins und der Wirklichkeit eine Ausklammerung der Existenz forderte, wurde das Problem von Existenz und Essenz aufs neue sichtbar. Die Klammer wurde von Scheler und Heidegger wieder entfernt, und die Existenz beherrschte das Feld, zum großen Kummer des Erfinders der phänomenologischen Methode, der ursprünglich Mathematiker war. Husserl hatte ausgiebig Anleihen bei Brentano und Descartes gemacht, die beide auf die platonische Tradition des Mittelalters und auf Plato selbst zurückgingen. In Platos Lehre von den Essenzen („Ideen"), die er später mathematisch auszudrücken versuchte, wurzelt die ontologische Unterscheidung zwischen Essenz und Existenz. Mathematische Beziehungen sind das klassische Beispiel für Essenzen ohne Existenz.

Die Kritiker des Existentialismus haben versucht, das gesamte Problem von Essenz und Existenz auf das von Universalität und Partikularität zurückzuführen. In gewisser Hinsicht ist das berechtigt, denn das absolut Partikulare kann nicht in Essenzen aufgelöst werden. Es transzendiert den Bereich des Essentiellen, das in Beziehung zur Existenz reine Potentialität ist. Dennoch wird diese Auslegung des Existentialismus seiner Intention in keiner Weise gerecht. Denn bei den Philosophen, deren Lehre schon existentialistische Elemente enthielt, z. B. bei Plato, Augustin, Pascal, Schelling — und auch bei den reinen Existenzphilosophen Kierkegaard, Heidegger, Sartre — ist der Gegensatz von Essenz und Existenz mit dem von Objektivität und Subjektivität verbunden. Obgleich der Begriff „Existentialismus" historisch mehr auf das erste Gegensatzpaar hinweist, scheint es mir angebrachter, das zweite Gegensatzpaar, Objektivität - Subjektivität, zu betonen – ohne daß dabei die Beziehung zum ersten aus den Augen gelassen werden sollte. Denn Existenz wird unmittelbar erlebt als Existenz des erlebenden Subjekts.

Der Existentialismus ist der Protest gegen die Auflösung des existierenden Subjekts in Objekte seiner eigenen Schöpfung, gegen die Auflösung in die Welt von Dingen und Essenzen. In dieser Auflehnung ist sowohl der antinaturalistische wie der antiidealistische Zug des Existentialismus enthalten. Beides kann verstanden werden als Konsequenz einer radikalen Umwandlung des Descartesschen Ausgangspunktes, der Selbstwahrnehmung des „ego" im Akt der „cogitatio". Für Descartes ist die Gewißheit des „sum" die Gewißheit des *erkennenden* Subjektes, das von der Totalität des *existierenden* Subjekts abstrahiert ist. Pascal und allen seinen existentialistischen Schülern geht es vor allem darum, das existierende Subjekt zu bewahren einerseits vor seiner Reduzierung auf das erkennende Subjekt, andererseits vor seiner Umwandlung in ein Ding unter Dingen. Das existierende Subjekt ist weder eine *res cogitans* noch eine *res extensa* und kann auch nicht mit dem chaotischen Bereich bloßer Emotionen identifiziert werden. Es hat eine analysierbare Struktur, die sich ausdrückt in dem, was Pascal „les raisons du coeur" nannte. Die Analyse dieser Struktur der existierenden Subjektivität hat sich der Existentialismus in allen seinen Formen innerhalb und außerhalb der reinen Philosophie zur Aufgabe gemacht. Heidegger nennt die Elemente dieser Struktur die „Existenzialien". Sie sind die charakteristischen Merkmale der existierenden Subjektivität, die diese als existierend qualifizieren.

An diesem Punkt möchte ich auf ein Argument eingehen, das wahrscheinlich gegen die Folgerichtigkeit der Argumentation erhoben wird. Man wird sagen, die Beschreibung der existentialen Struktur könne nur mit Hilfe von Allgemeinbegriffen erfolgen, was unvereinbar sei mit der Forderung des Existentialismus, den Bereich der Essenzen zu transzendieren. Verwandelt eine Beschreibung der Existenz nicht die Existenz selbst in eine Essenz? Dieses Argument ist teils berechtigt, teils unberechtigt. Berechtigt ist es, sofern es auf das hinweist, was Schelling im Gegensatz zu Kierkegaard klar erkannte, daß nämlich die positive Philosophie die negative, daß der Existentialismus den Essentialismus voraussetzt. (Es ist ein grundlegender Fehler Sartres, daß er diese Abhängigkeit nicht erkannte, obwohl jede Seite seiner Schriften sie bestätigt.) Unberechtigt ist das Argument, weil es keinen Unterschied macht zwischen Universalien im Sinne von Essenzen und Universalien im Sinne von Existentialien. Logisch haben beide denselben Charakter, ontologisch sind sie getrennt durch die Kluft, die das Potentielle, das „Was" scheidet von dem Konstituierenden des Aktuellen, des „Daß". Begriffe wie Endlichkeit, Nicht-Sein, Freiheit, Selbst, Angst, Entfremdung, Schuld, Mut sind Universalien im logischen Sinn; aber sie sind, oder genauer, sie *können* auch Existentialien im ontologischen Sinn sein. Dieses „können" deutet auf die grundsätzliche Schwierigkeit des existentialen Denkens hin, sich verständlich zu machen. Dieselben Begriffe können im Sinne von Existentialien, sie können aber auch im Sinne von Essenzen, nämlich als physikalische, psychologische, soziologische und moralische Phänomene verstanden werden. Diese letztere Möglichkeit veranlaßt die Kritiker des Existentialismus, die Unterscheidung zwischen Essenzen und Existentialien völlig abzulehnen und zurückzukehren zur Zweiheit von erkennendem Subjekt und der Welt der Objekte, zu der das existierende Subjekt als ein Ding unter anderen gehört. Doch hier liegt der grundsätzliche Irrtum von Idealismus und Naturalismus. Denn die Tatsache, daß ein Phänomen eine physikalische oder psychologische, eine soziologische oder moralische Qualität hat, schließt nicht aus, daß es auch zu einer Struktur gehört, die *Existenz* möglich macht. Betrachtet man es aber in *dieser* Funktion, so hört das Phänomen auf, eine Essenz zu sein, die aktualisiert sein kann oder nicht, sondern es gehört zur immer gegenwärtigen Struktur der Aktualisierung. Verschiedene Beispiele sollen das beweisen. Sie zeigen zugleich einige Existentialien auf, die eine entscheidende Rolle in der Existenzphilosophie spielen.

Der erste und zugleich wichtigste Begriff, der im existentialphilosophischen Denken niemals fehlt, ist „Endlichkeit". Im Gegensatz zur zeitlosen Gültigkeit der reinen Essenzen ist Existenz an die Zeitlichkeit gebunden. „Zeitlichkeit" ist der Hauptbegriff der Endlichkeit. Die beiden Begriffe Endlichkeit und Zeitlichkeit zeigen die oben erwähnte Doppeldeutigkeit. Endlichkeit – und entsprechend Unendlichkeit – sind in Mathematik und Physik Strukturformen des Bereichs der Objektivität. Sie sind Objekte eines kalkulierenden, messenden und schlußfolgernden erkennenden Subjekts. Doch stehen sie zum existierenden Subjekt und zur Frage *seiner* Endlichkeit und Unendlichkeit nur in indirekter Beziehung. Endlichkeit als *Existential* ermöglicht die zweiseitige Erfahrung des existierenden Subjekts: an die Vergänglichkeit gebunden zu sein und diese doch durch das Gewahren des Überzeitlichen zu transzendieren. Das existierende Subjekt weiß um seine Zugehörigkeit zum Unendlichen und weiß zugleich, daß es davon ausgeschlossen und der Endlichkeit ausgeliefert ist. Diese Zweiseitigkeit erklärt die tiefe Melancholie der klassischen griechischen Kultur, die von allen Wesen, denen das Sterben auferlegt ist, nur die Menschen die Sterblichen nennt, im Gegensatz zu den Unsterblichen, den Göttern, in denen die menschliche Möglichkeit, die Vergänglichkeit zu transzendieren, sich verkörpert. Dieselbe Zweiseitigkeit steht hinter dem alttestamentlichen Gedanken: der Mensch ist aus Staub, und zu Staub muß er wieder werden, er ist vergänglich wie das Gras und die Tiere auf dem Felde – er steht im Widerspruch zu seiner wesenhaften Bestimmung, an der göttlichen Überzeitlichkeit teilzuhaben.

Endlichkeit in diesem Sinn ist ein Existential. Pascal vereinigte in seiner Erfahrung – nicht ohne schwere Konflikte – den mathematisch-essentialistischen Sinn von Endlichkeit und den existentialistischen, den er als des Menschen Größe und Elend kennzeichnete. Leibniz, der wegen seiner Behandlung des Mathematisch-unendlichen von Bedeutung ist, versuchte dieses in seinem Begriff der Monade mit dem Existentialistisch-unendlichen zu verbinden. Auf diese Weise schuf er in der Periode der Aufklärung ein klassisches Argument für die Unsterblichkeit der Seele. Aber gerade dieser Versuch zeigte, wie notwendig es ist, den essentialistischen vom existentialistischen Sinn des Endlichen und des Unendlichen zu unterscheiden. Macht man aus der Zugehörigkeit des Menschen zum Ewigen ein Argument dafür, daß ein Ding, genannt Seele, endlose Dauer in der Zeit habe, so hat eine *„metabasis eis allo genos“* stattgefunden. Es ist eines der verborgenen existentialistischen Elemente in Kants Kritik, daß er diese falsche Kombination zerstörte und dem Menschen seine existentielle Endlichkeit in dieser und anderer Beziehung wieder zum Bewußtsein brachte.

Hier möchte ich kurz auf Heideggers Unterscheidung zwischen objektiv „gemessener“ und existentiell „besorgter“ Zeit eingehen. Letztere ist qualitativ, charakterisiert durch die Unablässigkeit der Sorge und durch das Vorlaufen des existierenden Subjekts in seinen eigenen Tod. Diese „ekstatische“ (wie Heidegger sie nennt) Qualität der unmittelbar besorgten Zeit schafft die Einheit und Ganzheit des existentiellen Selbstseins des Menschen. Zugleich aber bringt sie die Angst vor dem Nicht-Sein hervor.

„Nicht-Sein“ ist der zweite Begriff, den ich wegen seiner Bedeutung für das existentialistische Denken erwähnen möchte. Wahrscheinlich ist er unter den Hauptbegriffen des Existentialismus der meistkritisierte, oft im Zusammenhang mit dem Begriff der „Angst“. Die Kritik richtet sich teils gegen die metaphorische Weise, in der z. B. Heidegger über das Nicht-Sein als einen gesonderten Bereich oder als eine besondere Macht spreche, teils bestritt sie, daß „Nicht-Sein" ein ontologisches Problem sei, und beschränkte seine Bedeutung auf die Logik der negativen Urteile. Aber auch hier muß man zwischen dem objektivierenden und dem existentialen Gebrauch der Begriffe unterscheiden.

Nimmt man die Frage des Existentialismus „Warum gibt es überhaupt etwas, warum nicht Nichts?" im objektivierenden Sinn als eine Frage nach Grund und Ursache im Reich der Objekte, dann führt sie zu einer Frage-Antwort-Reihe ohne Ende, und der Angriff der Kritiker ist berechtigt. Im existentialen Sinn aber offenbart die Frage etwas, was man den urphilosophischen Schock angesichts der brutalen Tatsache des Seins nennen könnte, und dieser Schock könnte ohne den Gedanken an das mögliche Nicht-Sein nicht eintreten. Gewiß, Sein geht dem Nicht-Sein logisch und ontologisch voraus, doch der Gedanke des möglichen Nicht-Seins geht der Frage nach dem Sein voraus. Aus diesem Gedanken sind die Schöpfungsmythologien wie die Seinsontologien geboren worden. Nicht-Sein in diesem ursprünglichen Sinn liegt dem Nicht-Sein im Sinne des bloßen Fehlens ebenso wie dem Nicht-Sein in der Logik negativer Urteile zugrunde. Es ist nicht ein Bereich, sondern die Bedrohung aller Bereiche.

Das Gewahrwerden des drohenden Nicht-Seins ist die Angst. Im Fall der Angst ist es besonders wichtig, die objektiv-psychologische und die existentiale Anwendung des Begriffs zu unterscheiden. Im Unterschied zur Furcht finden wir Angst sowohl bei Tieren wie bei Menschen. Sie ist ein Zustand, in dem man etwas Negatives, das sich nicht näher bestimmen läßt, vor sich hat, weshalb es auch nicht möglich ist, diesem Negativen direkt zu begegnen. Dieses Fehlen eines bestimmten Objekts charakterisiert die Angst im Gegensatz zur Furcht, und es mag sein, daß nur der Mensch Furcht haben kann, weil nur er fähig ist, zu objektivieren, wohingegen beide, Mensch und Tier, Angst haben können. Weil die Angst kein bestimmtes Objekt hat, kann der Angstbegriff ein Zentralbegriff des Existentialismus werden. Angst ist das Gewahrwerden des drohenden Nicht-Seins als solchen. Es fehlt ein bestimmtes Objekt, das die Bedrohung verursacht. Sie ist das Gewahrwerden der Bedrohtheit des existierenden Subjekts selbst. Daher kann die existentielle Angst durch ebenso viele Gelegenheiten hervorgerufen werden, wie das Subjekt Möglichkeiten hat, sich und seine essentielle Seins-Macht in der Existenz zu verlieren. Die existentialistische Literatur ist voll von Beschreibungen dieser Möglichkeiten. Sie sind gut bekannt und brauchen nicht aufgezählt zu werden. Doch muß man auf ein Element in ihnen hinweisen, ohne daß das Wesen der existentiellen Angst unverständlich bleibt, nämlich auf die Freiheit.

Die existentialistische Lehre von der Freiheit zeigt noch einmal den Unterschied zwischen dem objektivierenden und dem existentialen Verstehen eines Begriffes. In der traditionellen naturalistischen Diskussion zwischen Determinismus und Indeterminismus wird das Problem der Freiheit dadurch zu lösen versucht, daß die Freiheit zu einem Objekt innerhalb des Bereiches der Objekte gemacht wird. Damit bleibt dem Naturalisten nur noch die Wahl zwischen der Notwendigkeit, die die Bewegung der Objekte bestimmt, und der Zufälligkeit, die die Unbestimmbarkeit in ihr Verhalten hineinbringt. Aber keine dieser beiden Lösungen kommt an den Sinn der Freiheit heran, wie sie unmittelbar erfahren wird. Aber auch der *idealistische* Freiheitsbegriff ist dazu nicht imstande. In gut existentialistischer Weise protestiert der radikalste der deutschen Idealisten, Fichte, gegen die Verwandlung des existierenden Subjekts in ein bloßes Objekt für das Erkennen, wenn er meint, die meisten Menschen wüßten gar nicht, daß sie ein „ego" sind und nicht etwa ein „Stück Lava auf dem Mond". Doch bei der Durchführung seiner Philosophie der Freiheit oder der „Tathandlung", wie er sie nennt, verfällt er darauf, die Freiheit auf den Prozeß der bloßen moralischen Selbstverwirklichung zu reduzieren (eine Reduktion, die später von Hegel fortgesetzt wurde, als er die Freiheit als rein geistige Selbstverwirklichung verstand). Für Fichte ist das Fehlen moralischer Aktivität kein Akt der Freiheit, sondern die nichtüberwundene Versklavung an die Natur, die er als Trägheit bezeichnet. Die existentialistische Kritik an dieser (und an Hegels) Lehre von der Freiheit findet sich in Schellings klassischem Buch über die Freiheit, in dem er Freiheit als die Möglichkeit von gut und böse definiert. Nietzsche und Sartre gingen einen Schritt weiter und verstanden Freiheit als die nicht determinierte Selbstverwirklichung des existierenden Subjekts. Das hat nichts zu tun mit dem indeterministischen Begriff der Freiheit als Zufall. Freiheit ist Möglichkeit des existierenden Subjekts. Sie ist seine wahre „Natur".

Hierin liegt der Grund für die zentrale Rolle des Freiheitsbegriffes im existentialistischen Denken. Die Existenz steht außerhalb der strukturellen Notwendigkeiten der Essenz. Sie ist weder logisch noch physikalisch noch moralisch durch dieselben bestimmt. Sie ist die Freiheit des nichtgelenkten Sprunges. Argumente, die zu beweisen suchten, daß dieser Sprung durch den vorhergehenden Zustand des Selbst bestimmt werde, könnten den Existentialisten nicht beeindrucken, denn er würde sie wieder als *„metabasis eis allo genos"* betrachten, weil sie das existierende Subjekt in ein Objekt für das erkennende Subjekt verwandeln.

Es gibt noch andere Begriffe, die analog behandelt werden könnten durch die Unterscheidung ihres essentialistischen von ihrem existentialistischen Gebrauch. Es würde z. B. interessant sein, aufzuzeigen, wie Ausdrücke, die das essentialistische Denken mit großem Mißtrauen betrachtet, in der existentialistischen Auslegung sinnvoll werden. Ich denke an Ausdrücke wie Seele, Geist, Ego, Selbst, Schuld, Leere, Verzweiflung, Todesinstinkt, das Tragische, Sinnverlust oder auch an Ausdrücke wie Entschlossenheit und Mut. (Die existentiale Bedeutung des Mutes habe ich dargestellt und von seiner essentialen oder moralischen Bedeutung unterschieden in meinem Buch „Der Mut zum Sein".) Der beschränkte Umfang dieser Abhandlung erlaubt mir nicht, hier ins einzelne zu gehen, doch hoffe ich, daß die angeführten Beispiele ausreichen, die methodologische Voraussetzung des existentialistischen Denkens aufzuzeigen.

Im Blick auf die vorangegangenen Beschreibungen und Analysen möchte ich nun zur grundsätzlichen These dieser Abhandlung zurückkehren, die besagt, daß der Existentialismus für unsere Epoche ebenso charakteristisch ist, wie die Romantik und der Naturalismus es für frühere Epochen waren. Die Bedeutung des existentialistischen Denkens zeigt sich in seinem Versuch, dem drohenden Sich-verlieren des existierenden Subjekts an den Bereich der reinen Objekte zu widerstehen.

Zum Schluß möchte ich das Gesagte zusammenfassen:

1. Der Grundgedanke des Existentialismus ist ebenso alt wie die erste Deutung, die der Mensch seinem Sein gibt, d. h. so alt wie die von ihm geschaffenen *Mythen*. Das philosophische Problem von Essenz und Existenz wurde zuerst von Plato prägnant formuliert und in der gesamten Geschichte des westlichen Denkens immer wieder neu aufgenommen. Die existentialistische Revolte begann zugleich mit der modernen „objektivierenden" Interpretation der Wirklichkeit, mit der idealistischen ebenso wie mit der naturalistischen. Die Ursprünge des zeitgenössischen Existentialismus liegen in der anti-essentialistischen Revolte in der Mitte des 19. Jahrhunderts.

2. In der Philosophie tauchten neue Bewegungen auf, die den Existentialismus teils vorbereiteten, teils sich parallel zu ihm entwickelten. Ich habe schon auf die große Bedeutung hingewiesen, die Husserls phänomenologische Methode für Existenzphilosophen wie Heidegger im positiven und negativen Sinn hatte. Auch der Einfluß der Vertreter der „Lebensphilosophie" — Bergson, Dilthey, Scheler — auf den zeitgenössischen Existentialismus ist offensichtlich. Nicht ganz so deutlich, aber doch sehr stark, ist die Parallele im amerikanischen Pragmatismus, wie ihn James und Dewey vertreten mit ihrem Ver-

such, die Subjekt-Objekt-Trennung im philosophischen Denken zu überwinden. Teils in Parallele zur existentialistischen Philosophie, teils in Abhängigkeit von ihr — besonders von Kierkegaard — steht die „Theologie der Krise“, die heute in einen traditionsgebundenen und einen kritischen Flügel zerfällt. Der erstere wird von Karl Barth und seinen vielen Schülern vertreten, der letztere von Rudolf Bultmann, der durch seine kühne, auf Heideggers Deutung der Existenz sich stützende Bibelkritik in den letzten Jahren von großer Wirkung war. Ich selbst betrachte mich dieser Gruppe zugehörig.

3. Ich habe die existentialistische Interpretation der Geschichte bisher nicht erwähnt. Ansätze dazu finden sich bei Schelling, und ein sehr heftiger Angriff auf den bürgerlichen Historismus bei Nietzsche. Die prophetische Kritik an der zeitgenössischen Zivilisation durch den frühen Marx, durch Nietzsche, Jakob Burckhardt, Spengler, die Religiösen Sozialisten und Jaspers geschieht offen oder versteckt in existentialistischen Ausdrücken. Heideggers Unterscheidung zwischen „besorgter“ und „gemessener“ Zeit gab ihm die Möglichkeit, „geschichtliche“ Zeit in den Ausdrücken der Zeitlichkeit des existierenden Subjekts zu beschreiben.

4. Eine abschließende Feststellung muß gemacht werden hinsichtlich der Fähigkeit des existentialistischen Denkens, Antwort zu geben auf die Fragen, die implizit in der existentiellen Situation des Menschen enthalten sind. Um dieses Problem diskutieren zu können, hat man zwischen atheistischem und theistischem Existentialismus unterschieden. Doch eine solche Unterscheidung ist irreführend. Gewiß, es gibt Existentialisten, die solche Fragen in der Terminologie einer besonderen religiösen Überlieferung beantworten. Andere taten es in der Sprache des Humanismus. Doch sind solche Antworten nicht von ihren existentialistischen Analysen abgeleitet, sondern bedingt durch die kulturellen oder religiösen Überlieferungen, aus denen sie kommen. Sicherlich ist die Form, in die sie die tradierten Inhalte brachten, durch das Resultat ihrer existentialistischen Analysen bestimmt, aber die Substanz ihrer Tradition hat sich im wesentlichen nicht verändert. Sie waren oder sind augustinische oder neu-thomistische Katholiken, orthodoxe oder kritische Protestanten, Griechisch-Orthodoxe oder Juden, deutsche Idealisten oder westliche Humanisten, naturalistische Anhänger der Entwicklungslehre oder französische Moralisten. Jede dieser Traditionen hat die Substanz geliefert für die Antwort eines oder mehrerer Existentialisten. Aber wenn sie auch ihre Antworten aus diesen alten Traditionen heraus gaben, so empfingen diese doch einen neuen Sinn, eine neue Macht und eine neue „existentielle Wahrheit“.

ENTFREMDUNG UND VERSÖHNUNG IM MODERNEN DENKEN

Der moderne Mensch hat ein tiefes Empfinden für die Entfremdung von seinem ursprünglichen und wahren Sein. Er ist sich seiner Feindschaft gegen sich selbst und gegen die Welt bewußt; er weiß um seine Trennung vom letzten Grund des Seins und Sinnes. Getrieben von der Not dieser Entfremdung stellt er die Frage nach der Versöhnung, wenn er auch nicht immer dieses Wort dafür gebraucht. Aber auch dann erkennt ein scharfer Beobachter in der Selbstinterpretation des modernen Menschen Züge, die für eine apologetische Theologie, und das heißt für eine Theologie der Versöhnung, überaus wichtig sind.

In der traditionellen Theologie gehört „Versöhnung" zu einer Gruppe von Begriffen, die seit 2000 Jahren allen Versuchen, sie genau zu definieren und systematisch zu ordnen, widerstanden haben. Heil und Wiedergeburt, Erlösung und Sühne, Rechtfertigung und Heiligung gehören dazu – und so auch Versöhnung. Sie alle weisen auf *ein* allumfassendes Geschehen hin, jedoch auf dem Hintergrund verschiedener Symbole und mit verschiedener Betonung. Dieses Geschehen ist die Wiederherstellung einer ursprünglichen, aber zerstörten Einheit. Heilung heißt: Ganzmachen und Gesundmachen; Erlösung heißt: Loskauf; Versöhnung: Wiedervereinigung. Alle diese Begriffe meinen dasselbe Geschehen. Das besondere Merkmal der „Versöhnung" liegt darin, daß sie dem Bereich personhafter Beziehungen angehört. Dieses Element ist immer zu spüren, wenn das Wort gebraucht wird, obwohl es häufig die Wiedervereinigung eines personhaften oder personifizierten Seienden mit einem Objekt bezeichnet und nicht die Wiedervereinigung mit einer anderen Person.

Wir wollen hier nicht auf die Geschichte des theologischen Begriffs der Versöhnung eingehen; aber es soll an einigen bedeutsamen Beispielen gezeigt werden, in welcher Weise das moderne Bewußtsein zum Ausdruck bringt, daß es der Versöhnung bedarf und an Versöhnung glaubt. Die Ausdrücke „modernes Bewußtsein" und „modernes Denken" können so weit gefaßt werden, daß man so verschiedenartige Philosophen wie den frühen Hegel, Marx in seiner philosophischen Periode, William James und C. G. Jung dazu zählen kann. Das verbindende Element bei ihnen und manchen verwandten Denkern ist ihr intuitives Verständnis der tiefen Konflikte des modernen Menschen und ihr philosophisches und wissenschaftliches Bemühen, den Punkt aufzuzeigen, an dem die Gegensätze wesensmäßig versöhnt sind und in der Realität wieder versöhnt werden können. Ein anderer Grund für die Wahl dieser vier Denker ist die Tatsache, daß jeder von ihnen die Idee der Entfremdung und Versöhnung auf eine bestimmte Sphäre des Lebens bezieht: Hegel auf das Leben als Ganzes, James auf die Idee der Wahrheit, Marx auf unsere soziale und Jung auf unsere persönliche Existenz.

In einigen abschließenden Worten soll die Frage gestellt werden, in welcher Weise sich zu diesen Begriffen der Entfremdung und Versöhnung, die der Form nach profan, der Sache nach religiös sind, der christliche Gedanke der Versöhnung verhält und wie er sich praktisch zu ihnen verhalten sollte.

Entfremdung und Selbst-Entfremdung

Entfremdung – im Gegensatz zur Versöhnung – bezeichnet das Zerbrechen einer essentiellen Einheit und folglich eine Situation der Zerstörung. Die Entfremdung von Menschen, die durch eine mehr flüchtige Beziehung verbunden sind, oder die Entfremdung eines Menschen von einer Sache, die für ihn nur von geringer Wichtigkeit ist, hat keine zerstörerischen Konsequenzen; aber eine unerträgliche Situation entsteht, wenn Subjekt und Objekt der Entfremdung identisch sind: die Entfremdung wird zur Selbst-Entfremdung. Die Angst vor dem drohenden Selbstverlust und die Qual, im Widerstreit mit sich selbst zu stehen, sind die Folge solcher inneren Entfremdung. Hieraus aber entspringt notwendig die Frage nach der Versöhnung. Selbst-Entfremdung kann in einem Wir-Selbst ebenso entstehen wie in einem Ich-Selbst; sie kann die Einheit des Lebens als Ganzes ebenso bedrohen wie die Einheit des göttlichen Lebensgrundes (in dem sie freilich in Ewigkeit abgewehrt ist). Sie kann die Gemeinschaft des Erkennenden und des Erkannten ebenso gefährden wie die des Liebenden und des Geliebten. In allen diesen Fällen gilt, daß für jede lebendige Einheit Selbst-Entfremdung die absolute Bedrohung und Versöhnung die absolute Forderung ist.

Die Korrelation von Selbst-Entfremdung und Versöhnung enthält wichtige Folgerungen für die theologische Idee der Versöhnung und ihr philosophisches Verständnis. Wo immer Entfremdung Versöhnung fordert, ist es Selbst-Entfremdung, die gemeint ist. Das gilt in der Gott-Mensch-Beziehung sowohl vom Menschen wie von Gott, wenn auch von Gott in hoch symbolischer Weise. Der Mensch ist sich selbst entfremdet, wenn er Gott entfremdet ist; aber auch Gott ist sich selbst entfremdet, wenn er dem Menschen entfremdet ist. Wenn Gott das mächtigste und vollkommenste Seiende wäre, aber nur *neben* mir existierte, so würde die Entfremdung von diesem anbetungswürdigen Gefährten zwar bedauerlich sein, aber nichts, was mich unbedingt angeht; sie würde keine absolute Forderung nach einer Versöhnung in sich schließen. Gott könnte mich äußerlich zerstören, aber niemals innerlich – d. h. in die Hölle der Verzweiflung stürzen –, wenn das Zentrum meines Seins sich nicht im Zentrum seines Seins befände. Und andererseits: Wenn der Mensch das Seiende wäre, das Gott am ähnlichsten ist und ihm am nächsten steht, wenn er aber nicht zugleich eine ewige Möglichkeit innerhalb der Einheit des göttlichen Lebens darstellte, so wäre seine Entfremdung von Gott nicht zugleich eine göttliche Selbst-Entfremdung, die Versöhnung fordert. Das Symbol der Partizipation Gottes am leidenden und selbstentfremdeten Geschöpf würde sinnlos sein. Die Interpretation des Kreuzes als Manifestation der göttlichen Selbsthingabe für die Versöhnung der Welt würde menschliche Arroganz sein, und alle Versuche der protestantischen Mystik von Böhme bis Berdjajew, der Partizipation des göttlichen Lebens am Leben der Welt Ausdruck zu verleihen, wären vergeblich. Von hier aus werden die beiden Hauptrichtungen der Religionsphilosophie verständlich. Für die eine Richtung ist Gott ein Fremder für mich, wie ich ein Fremder für ihn bin; und wir beide verhalten uns so, wie es einem Fremden gegenüber angemessen ist: ich nähere mich ihm wie jemandem, der zufällig in meinen Gesichtskreis tritt. Ich mache Feststellungen über ihn in der Form des Zweifels, der Möglichkeit und vielleicht der Wahrscheinlichkeit. Zunächst bin ich mißtrauisch, dann aufgeschlossen und kann schließlich sogar sein Freund werden. Und er als das mächtigste und vollkommenste Wesen kann mir Hilfe, Führung und Gnade schenken; er kann sich mir im Rahmen der stets bleibenden Fremdheit offenbaren. Aber alles dies geschieht zufällig auf beiden Seiten; es kann sich ereignen, braucht es aber nicht. – In der anderen Richtung der Religionsphilosophie begegnet der Mensch sich selbst und nicht einem Fremden. Aber zugleich begegnet ihm etwas, das mehr er *selbst* ist, als *er* es ist, und was ihn zu gleicher Zeit unendlich transzendiert. Es ist sozusagen das „prius“ seiner selbst, und daher ist es gegenwärtig, auch in der radikalsten Selbstentfremdung und Feindschaft gegen sich selbst und gegen Gott – eine Grundgewißheit, die nicht verlorengehen kann. Das ist der Unterschied zwischen einer Religionsphilosophie der Fremdheit und einer Religionsphilosophie der Selbst-Entfremdung. Selbst-Entfremdung als eine Realität ist ein Grundzug aller Kulturen. Selbst-Entfremdung als eine Erfahrung ist Fluch und Gnade zugleich. Das Christentum hat ein tiefes Wissen um die Entfremdung – mehr als alle anderen großen Religionen. Aber es hat zugleich – im Unterschied zu den Religionen Indiens – den großen Glauben an eine Versöhnung, die keine Selbst-Verneinung ist. Andererseits gibt es im sozialen Rationalismus Chinas und im technischen Rationalismus Europas, vor allem der Aufklärung, nur wenig Wissen um die Entfremdung. Da aber Europa eine christliche Vergangenheit hat, dauerte der Aufklärungsglaube an die Harmonie nicht sehr lange. Hegel steht auf der Grenze. Indem er das Prinzip der Negation in alles Geschehen einführte, erkannte er die Selbst-Entfremdung in allem, was ist, an. Sofern er aber dieses Prinzip den Anforderungen eines vollständigen harmonischen Systems unterwarf, hielt er am Aufklärungsglauben an eine Welt fest, die realiter versöhnt ist. Sein bürgerlicher Konservatismus, in dem die frühen revolutionären Tendenzen erstickten, führte dazu, daß er seine eigene Einsicht in den entfremdeten Zustand der Existenz im allgemeinen und der bürgerlichen Existenz im besonderen preisgab. Trotz alledem aber war der Geist des Christentums in Hegels dialektischem Verständnis der Selbst-Entfremdung so mächtig, daß er sich in seinen Schülern gegen ihn selbst kehrte und die antibürgerliche Revolution einleitete, in deren Vollzug wir noch mittendrin stehen.

Entfremdung und Versöhnung im Leben: der frühe Hegel

Hegels frühe Fragmente, die 1907 zum erstenmal veröffentlicht wurden, gehören zu den faszinierendsten Dokumenten in der Geschichte des europäischen Denkens. Sie zeigen Hegel als Lebensphilosophen. Das Prinzip seiner Philosophie ist vom ersten Anfang an „das entfremdete und versöhnte Leben". Die Tore zum Leben waren für ihn persönlich Religion und Politik. Der Absolutismus in der Politik und der Transzendentismus in der Religion galten ihm als Ausdruck des entfremdeten Lebens, gegen das er kämpfte. Im griechischen Stadt-Staat sah er die Symbole der Versöhnung: politische Demokratie und religiösen Immanentismus.

Der religiöse Transzendentismus wird von ihm in dem wichtigen Fragment über Abraham beschrieben. Abraham (und mit ihm das ganze Judentum) ist Symbol der Entfremdung. Abraham ist getrennt von seiner Familie. Er zieht fort und löst die Beziehung zu Boden, Umwelt und Natur. Seiner nomadenhaften Existenz entspricht seine Unfähigkeit zur Liebe. Er ersetzt das Glück des Daseins durch eine glücklose Unterwerfung unter das, was „sein soll". Gegensatz tritt an die Stelle der Einheit, Gewalt an die Stelle des Eros, Gesetz an die Stelle der Gemeinschaft. Abraham verkörpert die unversöhnte religiöse Transzendenz.

In einem anderen Fragment über das Christentum im Römischen Reich spricht Hegel von der totalen Verderbtheit des menschlichen Lebens in dieser Periode, die eine absolute Entwertung der Natur des Menschen und eine Übertragung aller Werte auf einen transzendenten Gott gebracht habe. Der selbstentfremdete Mensch projiziere alles, was gut in ihm ist, in ein fremdes Absolutes, das nicht mehr *sein* Absolutes ist.

In der Lehre von der doppelten Prädestination sei eine immerwährende Entfremdung zwischen Gott und dem größten Teil der Menschheit aufgerichtet, eine Entfremdung, für die es keine Versöhnung gibt. Das Geschöpf habe keinen ewigen Ort im göttlichen Leben.

In der Philosophie führe Kant das Prinzip der Entfremdung weiter durch, und zwar mit der absoluten Trennung von Form und Materie, Pflicht und Neigung, Freiheit und Notwendigkeit. Kant habe die autonome Vernunft befreit; aber er habe aus ihr ein neues Gesetz gemacht, das ebenso tyrannisch sei wie das Gesetz in der Religion und ebenso unversöhnt mit dem Leben des Menschen.

Neben diesen religiösen Fragmenten stehen andere Fragmente Hegels, die die politische Entfremdung der Regierung vom Volk beklagen. Letztlich aber weisen sie alle auf dieselbe Realität hin: die Selbst-Entfremdung des Lebens in der modernen industriellen Gesellschaft, die Trennung des Menschen vom Leben der Natur durch die Herrschaft über die Natur, die Trennung des Menschen vom Menschen im System der Konkurrenz und die Trennung des Menschen von sich selbst, insofern er sich den Forderungen dieses Systems ausliefert. Für dies alles gebraucht Hegel Symbole aus der Vergangenheit: den Geist des Judentums, den Geist des Calvinismus und den Geist des Kantianismus. In ihnen ist sehr viel von dem schon vorweggenommenen, was die neuesten soziologischen und psychologischen Einsichten als den Geist der modernen Gesellschaft und seine Formen der Selbst-Entfremdung gekennzeichnet haben.

Angesichts dieser Situation schreibt Hegel seine schönen Fragmente über die Versöhnung des Lebens durch die Liebe. Er beschreibt, wie in der Liebe das Leben sich verdoppelt, insofern die Liebe den anderen neu schafft und ihn mit sich wieder vereinigt. Der Weg von der ursprünglichen Einheit durch die Selbst-Entfremdung zur Versöhnung ist der Weg der Liebe. Der Reichtum des Lebens beruht auf der Möglichlichkeit unendlicher Widersprüche und Trennungen, aber reich ist es nur dann, wenn sie versöhnt werden und die Einheit nicht zerstören. Liebe in diesem Sinn konstituiert das Sein. Sein ist Synthese, nämlich die Synthese der Liebe. Wenn wir uns heute abgestoßen fühlen durch den logischen Mechanismus, mit dem Hegel sein Schema von Thesis, Antithesis und Synthesis durchgeführt hat, so sollten wir nicht vergessen, daß die ursprüngliche Schau selbst beim späten Hegel noch lebendig ist, daß Thesis Leben bedeutet, Antithesis Gesetz, Tyrannei und Entfremdung, Synthesis aber Liebe, Gemeinschaft und Versöhnung. In einem sehr charakteristischen Fragment über die Versöhnung des Schicksals durch Liebe sagt Hegel: „Der Verbrecher meint, es mit fremdem Leben zu tun zu haben; aber er hat nur sein eigenes Leben zerstört; denn Leben ist vom Leben nicht verschieden, weil das Leben in der einigen Gottheit ist; und in seinem Übermut hat er zwar zerstört, aber nur die Freundlichkeit des Lebens: er hat es in einen Feind verkehrt."[1] Das Leben ist für den Verbrecher zum Gesetz geworden, und als Gesetz ist es unversöhnlich. Die Furcht vor dem Gesetz ist die Furcht vor etwas Fremdem, Ausschließendem und Verdammendem. Eine Versöhnung aber ist nur möglich, wenn das Gesetz als Schicksal angenommen wird, als Reaktion meines eigenen Lebens gegen meine Verletzung des Lebens. „Im Schicksal erkennt der Mensch sein eigenes Leben wieder, und sein Flehen zu demselben ist nicht das Flehen zu einem Herrn, sondern ein Wiederkehren und Nahen zu sich selbst."[2] Das bedeutet natürlich nicht, daß die Konsequenzen unserer Selbstverletzung ausgelöscht wären; das dürfen wir nicht einmal wünschen. Wenn wir unserem eigenen Schicksal ins Auge sehen, können wir nicht um Gnade bitten. Wir müssen die Feindschaft unseres Schicksals in all ihrem Schrecken empfinden, wir müssen die Not der Entfremdung vom Leben auf uns nehmen. Nur dann gibt es auch eine wirkliche Versöhnung.

Hegels späteres System ist eine beständige und umfassende Interpretation dieses Fragments über die Versöhnung des Lebens mit sich selbst. Er ändert die Terminologie und ersetzt Leben durch Geist. Aber Geist bleibt Leben: er ist immer dynamisch-schöpferisch, immer im Prozeß

---

[1] Hegels theologische Jugendschriften. Hrsg. v. H. Nohl, Tübingen 1907. S. 280.

[2] Ebd. S. 282.

der Selbst-Entfremdung und Versöhnung. Der Philosoph spricht von diesem Prozeß in Begriffen, aber der Prozeß selbst ist beständiges Wirken in allen Bereichen des Lebens. Er hat zwei Seiten. Einerseits muß die Versöhnung in alle Ewigkeit vollzogen sein, wie Hegel sagt: „Wenn das Leben nicht versöhnt ist in sich selbst, ist es überhaupt nicht zu versöhnen." Die ewige Einheit des Lebensgrundes ist die Basis aller aktuellen Selbst-Entfremdung und Versöhnung. Andererseits vollzieht sich die Versöhnung im zeitlichen Prozeß. „Diese Versöhnung ist die Philosophie: die Philosophie ist insofern Theologie; sie stellt dar die Versöhnung Gottes mit sich selbst und mit der Natur, daß die Natur, das Anderssein an sich göttlich ist, und daß der endliche Geist teils an ihm selbst dies ist, sich zur Versöhnung zu erheben, teils in der Weltgeschichte zu dieser Versöhnung kommt."[3] In bezug auf die Lehre von der Versöhnung schreibt Hegel: „‚Gott selbst ist tot', heißt es in einem lutherischen Liede; dies Bewußtsein drückt dies aus, daß das Menschliche, das Endliche, das Gebrechliche, die Schwäche, das Negative göttliches Moment selbst ist, daß das Anderssein, das Endliche, das Negative nicht außer Gott ist, als Anderssein die Einheit mit Gott nicht hindert."[4]

Wenn nun eine theologische Kritik an Hegels Idee von der Versöhnung geübt werden soll und damit zugleich an den meisten seiner bewußten oder unbewußten Nachfolger, so ist zu sagen: dies ist eine Versöhnung ohne „Rechtfertigung". Die Situation des Philosophen ist hier die Situation des Mystikers, der sich Stufe um Stufe zum Thron der ewigen Versöhnung erhoben hat und von dort auf die Harmonie einer versöhnten Welt herniederschaut. Aber das ist nicht die Situation des Menschen. Für den Menschen ist die Versöhnung immer ein Paradox, ein Schweben zwischen dem Wagnis des Glaubens und dem Empfangen unerwarteter Gnade. Entfremdung in der Existenz schließt Versöhnung nicht in sich. Keine Lebensanalyse kann sie herausbringen. Das ist die Kritik, die Hegel auch von allen existentiellen Denkern erfahren hat, vom späten Schelling und von Kierkegaard an bis zum heutigen Existentialismus. Aber trotz dieser Kritik haben sie alle seine Schau von der Selbst-Entfremdung des Lebens übernommen, sie aber losgelöst von seinem System, das von sich aus auf Versöhnung schon angelegt ist, das aber in Widerspruch zu der wirklichen, aber unversöhnten Welt steht.

---

[3] Hegel. Sämtl. Werke. Hrsg. v. H. Glockner. Bd. 16: Vorlesungen über die Philosophie der Religion. Stuttgart 1928. S. 354.

[4] Ebd. S. 306.

Nach Hegel wird nur durch die Liebe die Macht des Objektiven gebrochen. Objekt ist der Ausdruck für die Selbst-Entfremdung des Lebens auf dem Gebiet der Erkenntnis. Der genaue Sinn des Wortes „Ob-jekt", im Deutschen: „Gegen-stand", bezieht sich auf den Gegensatz von Objekt und Subjekt. Ein Abgrund liegt zwischen beiden, eine Trennung in der ursprünglichen Einheit des Lebens. Solange diese kognitive Selbst-Entfremdung nicht versöhnt ist, gibt es keine Wahrheit. Natürlich muß das Leben immer objektivieren, damit es dann reicher als vorher zu sich selbst zurückkehren kann. Aber wenn das Objekt sich verselbständigt, widersteht es der Versöhnung und macht Erkenntnis unmöglich; denn Erkenntnis ist das Ereignis, in dem Subjekt und Objekt versöhnt werden. Wahrheit ist eine Frucht der Versöhnung. Im Zustand der Entfremdung kann das Subjekt die essentielle Einheit seiner selbst *und* des Objekts nicht erkennen; es findet sich nicht wieder im Objekt. Deshalb macht es das Objekt zum Ziel seiner Begierde, hört nicht auf den Ruf des Objekts und wird darum in der unendlichen Leere der Begierde, die den modernen Menschen in seiner Entfremdung von der Natur und von sich selbst kennzeichnet, von einem Objekt zum anderen getrieben. Das entfremdete Objekt und das in Begierde entfremdete Subjekt können nicht zur Einheit der Wahrheit gelangen. Ohne die Versöhnung von Subjekt und Objekt ist keine wahre Erkenntnis möglich.

Wir müssen uns diese Gedankengänge vergegenwärtigen, um die Überhöhung, ja manchmal Vergöttlichung der Erfahrung im modernen Pragmatismus zu verstehen. William James sagt von seiner Philosophie der Erfahrung, daß sie eigentlich eine Art von Identitätsphilosophie sei, denn wenn es überhaupt so etwas wie Erkenntnis gäbe, so müßten der Erkennende und der Gegenstand der Erkenntnis Teil *einer* Erfahrung sein. Diese Einheit von Subjekt und Objekt ist der einzige Begriff des Absoluten, den James anerkennt. Nach ihm ist das Absolute eine reine Erfahrung, ist undifferenziert und undifferenzierbar, dem Denken und der Sache nach. Das sei von den nachkantischen Idealisten stets anerkannt worden, insofern sie ihre Lehre Identitätsphilosophie nannten. „Wirklichkeit" wird stets definiert als ein Begriff, der nur innerhalb des Bereichs der Erfahrung gilt; sie wird dadurch erkannt, daß die Erfahrung sie repräsentiert. Der Gegensatz von Subjekt und Objekt ist aufgehoben. „Erfahrung" ist der Begriff der Versöhnung; ein Begriff, der weniger romantisch klingt als „Liebe", aber dem Wesen nach nicht sehr verschieden davon ist, wie eine andere Stelle zeigt.

In Abwehr gegen den Dualismus Kants sagt James: „*Moralische* Trennung wird jedenfalls durch Einheit überwunden. In der Leidenschaft der Liebe haben wir den mystischen Keim, aus dem die vollständige Einheit alles empfindenden Lebens hervorwachsen kann.“[5] Gegenüber der absolutistischen Philosophie, in der ein Allwissender die Kategorien wie ein Netz über die Dinge wirft, preist James die pragmatische Haltung als „Mittler und Versöhner“. Sie schließt Ausschließlichkeit aus, sie akzeptiert die Sinnesdaten ebenso wie die logischen Prinzipien, sie ist allumfassend. Während die Formulierungen sehr ähnlich wie die von Hegel klingen, gibt es doch einen deutlichen Unterschied. Für James liegt die aktuelle Versöhnung des Lebens, die Einheit der Erfahrung, in der Zukunft. Er spricht gern vom „Letzten“ anstatt vom „Absoluten“. In der gegenwärtigen Welt herrscht Zusammenhanglosigkeit und unversöhnte Trennung; es gibt nur Fragmente, deren Einheit über die unmittelbare Erfahrung hinausliegt. Die Versöhnung ist Gegenstand der Erwartung und des Handelns auf Grund solcher Erwartung. Wahrheit als das Gesamt aller Erfahrung ist eine Antizipation, allerdings eine berechtigte Antizipation; denn die Einheit möglicher Erfahrung ist gegenüber dem pluralistischen Aufbau der Wirklichkeit immer vorausgesetzt. Der Pluralismus kann dies monistische Element nicht leugnen, wenn er nicht in metaphysisches Scheindenken verfallen will.

Das aber wäre das letzte, was der Pragmatismus wollte; denn die Kriterien der Wahrheit sind für ihn Gesundheit und Wachstum. Es ist leicht, sie zu kritisieren und zu fragen: Was ist das Maß für Gesundheit, und wann ist Wachstum gut, wann schlecht? Aber vielleicht können wir auch den Sinn dieser Kriterien im Lichte der Idee von der Versöhnung verstehen. Gesundheit bedeutet so viel wie Heil-Sein, Heilsein an Leib und Seele, und in der Gesellschaft bedeutet sie Ausgewogenheit und Einheit auseinanderstrebender Kräfte. Und wenn solch eine Einheit durch Selbst-Entfremdung verlorengegangen ist, so ist die Gesundheit in erster Linie Versöhnung. Wahrheit ist, was versöhnt, und zwar nicht nur im Sinn von Wiederherstellung, sondern im Sinn von *schöpferischer* Wiedervereinigung oder Wachstum. In diesem Sinne ist die mystische Idee einer vollkommenen Versöhnung zwischen Selbst und Welt dann Wahrheit, wenn sie tatsächlich Versöhnung bewirkt. Das Kriterium der Wahrheit einer religiösen Idee ist ihre versöhnende Macht, die der Mensch entweder als „moralischen Feiertag“ erlebt (wie

[5] William James. Der Pragmatismus. 2. Aufl. Übers. v. W. Jerusalem. Leipzig 1928. Bd. 1 S. 97. Übers. v.: Pragmatism. London 1908. S. 155: „Oneness overcomes *moral* separateness at any rate. In the passion of love we have the mystic germ of what might mean a total union of all sentient life.“

James es nannte), an dem das Leben ewig versöhnt erscheint, oder als „moralischen Alltag", an dem die aktuelle Versöhnung erhofft und Tag für Tag gesucht wird. – Hier möge ein Wort von John Dewey eingefügt werden, bei dem das empirisch-wissenschaftliche das pragmatisch-philosophische Element zurückgedrängt hat. Er sagt, in vielleicht unbewußter Erinnerung an seine Hegelsche Vergangenheit: „Es ist der Wert der Erfahrung für den Philosophen, daß sie ihn beständig an etwas erinnert, was weder isoliertes Subjekt noch isoliertes Objekt, weder Materie noch Geist ist, noch die Addition beider. Die Tatsache der Integration ist eine Grundtatsache im Leben."[6] Weiter sagt er: „Es gibt etwas, was die verschiedenartigen Elemente unseres Seins zusammenhält und zur Harmonie bringt ... Dies ... schließt ein Element der Ergebung ein, die aber freiwillig ist und nicht von außen gefordert ... Sie ist ... eine Verwandlung des Willens selbst und nicht bloß die Veränderung von etwas Gewolltem."[7]

Eine theologische Kritik an der pragmatischen Idee der Versöhnung in der Erfahrung muß hauptsächlich darauf hinweisen, daß der Idee der Entfremdung eine zu geringe Bedeutung beigemessen wird und daß eine Beschreibung der Selbst-Entfremdung völlig fehlt. Der Grund hierfür ist die pluralistische Ontologie des Pragmatismus, derzufolge die Entfremdung weniger ernst genommen wird als von vielen anderen modernen Denkern und in der das tragische Element in Hegels Philosophie des Lebens und besonders der Geschichte verlorengegangen ist. Der rational handelnde Pragmatist fühlt sich nicht im universalen Sinn versöhnt, sondern nur in den Augenblicken produktiven Handelns. Er fühlt sich selbst oft mehr als einer, der die Versöhnung bringt, und weniger als einer, der der Versöhnung bedarf. Er hat wenig Sinn für das Symbol des Keuzes, aber um so mehr für das Symbol des Reiches Gottes und seiner Verwirklichung auf Erden. Trotzdem aber hat er mit Hegel erkannt, daß Wahrheit Versöhnung voraussetzt und daß Erfahrung versöhnte Wirklichkeit *und* versöhnte Erkenntnis zugleich ist.

---

[6] John Dewey. Experience and Nature. Chicago, London 1925. S. 28: „The value of experience for the philosopher is that it serves as a constant reminder of something which is neither exclusive and isolated subject or object, matter or mind, nor yet one plus the other. The fact of integration in life is a basic fact."

[7] John Dewey. A Common Faith. New Haven 1934. S. 16 f. „There is a composing and harmonizing of the various elements of our being ... This attitude includes a note of submission. But it is voluntary, not externally imposed ... It is a change *of* will ... rather than any special change *in* will."

Entfremdung und Versöhnung in der Gesellschaft: der junge Marx

Wie die frühen theologischen Fragmente Hegels mehr von seinen grundlegenden Anschauungen offenbaren als alle späteren Schriften, so ist es auch bei den frühen philosophischen Fragmenten von Marx und seinen grundlegenden Impulsen. Bei ihm erhält die Erfahrung der Entfremdung explosive Macht und die Forderung der Versöhnung revolutionäre Kraft. Seine Verwendung des Wortes Entfremdung und ähnlicher Worte wie Entmenschlichung ist die Hauptursache für deren Bedeutung im zeitgenössischen Denken. Religion ist nach Marx die sakrale Form der Selbst-Entfremdung des Menschen. Aber diese sakrale Form ist nur die Projektion der profanen Form der Selbst-Entfremdung. In der Religion, wie Marx sie versteht, ist der Mensch nicht der, der er essentiell ist und der er sein sollte. Die Religion ist eine *Schein*-Verwirklichung der wahren Natur des Menschen, da es in der gegenwärtigen Situation keine *aktuelle* Verwirklichung für sie gibt. Es gibt sie nicht, insofern der Mensch das sozial handelnde und produzierende Wesen ist und seine gegenwärtige soziale Wirklichkeit gerade durch einen vollständigen Verlust seiner Menschlichkeit bestimmt wird. Das Prinzip der industriellen Gesellschaft ist der immanente Kampf. Die kapitalistische Form des Privateigentums ist der vollkommene Ausdruck der Selbst-Entfremdung des Menschen. Durch die Macht des Geldes wird Liebe in Haß verwandelt, Haß in Liebe, Tugend in Laster, Laster in Tugend, der Knecht in den Herrn, der Herr in den Knecht. Alle Beziehungen zwischen Mensch und Mensch werden zu Geschäftsbeziehungen; der Mensch selbst wird zur Ware, einem Quantum Arbeitskraft, das man verkauft und kauft. Alles wird zum Objekt, einem Objekt der Herrschaft und der Begierde, aber nicht „Teil der Erfahrung" oder Element in der Einheit der Liebe. Die Identität von Selbst-Entfremdung, Objekt-Werdung und absolutem Privateigentum, die schon in einem der Fragmente von Hegel angedeutet war, ist der Ausgangspunkt für die Marxsche Kritik an der bürgerlichen Gesellschaft.

Versöhnung ist dort gefordert, wo Entfremdung und Entmenschlichung ohne Schleier und ideologische Verhüllung offenbar sind, nämlich im Proletariat. Obwohl die herrschenden Klassen an der allgemeinen Entfremdung teilhaben, können sie sie hinter wirtschaftlicher Macht und kulturellen Gütern verbergen. Die enterbten Klassen können das nicht, und deshalb sind sie die möglichen Versöhner einer entfremdeten Menschheit. Sie sind nicht besser als die anderen. Aber es ist ihr geschichtliches Schicksal, daß sie die Idee der Menschheit durch ein Programm des Handelns verwirklichen können. Sie kämpfen für einen *realen* Humanismus, in dem das Leben mit sich selbst versöhnt ist; nicht nur für den Philosophen und in der Theorie versöhnt, sondern für jeden Menschen und in der Praxis. Die Hoffnung auf diesen Sieg über die Selbst-Entfremdung, der Glaube an diese Versöhnung und der Kampf dafür haben die Massen in der industriellen Gesellschaft versöhnt und ihre Menschlichkeit wiederhergestellt. Auf diese Weise ist die soziale Revolution eins der großen Symbole der Versöhnung im modernen Denken geworden.

Als Überleitung zum Problem der Entfremdung und Versöhnung in der Einzelpersönlichkeit möge ein Zitat eines zeitgenössischen Denkers dienen, der, wie das heute häufig vorkommt, tiefenpsychologische und tiefensoziologische Einsichten verbindet und ihre gegenseitige Abhängigkeit aufweist. Erich Fromm sagt in seinem Buch „Die Furcht vor der Freiheit“: „... er (der Mensch) hat seine Welt aufgebaut... Aber er ist diesen seinen eigenen Produkten fremd und nicht Herr über die Welt, die er baute ... Er nährt noch den Wahn, Mittelpunkt dieses ganzen Getriebes zu sein, und fühlt dabei im Tiefsten, wie überflüssig er ist ... Auch die mitmenschlichen Beziehungen sind verändert. Die Beziehung von Mensch zu Mensch ist nicht mehr menschlich, sondern mechanisch instrumentiert. Die Gesetze des Marktes gelten jetzt auch für die persönlichen und sozialen Beziehungen ... Wie die wirtschaftlichen tragen auch die persönlichen Beziehungen den Charakter menschlicher Entfremdung – es sind nur noch Beziehungen zwischen Dingen. Aber vielleicht die wichtigste und die verheerendste Auswirkung dieses Geistes der Instrumentalität und Entfremdung findet sich in den Beziehungen des Individuums zum eigenen Ich. Der Mensch verkauft nicht nur Waren; er verkauft sich selbst und empfindet sich als Ware.“[8]

Einige Worte theologischer Kritik an der Idee der Versöhnung bei Marx mögen genügen. Die Annahme, daß die vollkommene Entmenschlichung der Wendepunkt zur Versöhnung sei, kann nicht einsichtig gemacht werden, weder empirisch noch rational. Marx selbst spricht von der Avantgarde in der proletarischen Bewegung. Aber diese Avantgarde muß doch besondere persönliche Macht besitzen, und das widerspricht dem Dogma von der vollständigen Entmenschlichung. Nur das Menschliche im Menschen kann gegen das Unmenschliche vorgehen. Jene, die erfolgreich gegen die Entfremdung und für die Versöhnung kämpfen, müssen innerhalb ihrer entfremdeten Situation Versöhnung erfahren haben, wie z. B. die jüdischen Propheten und die

---

[8] Erich Fromm. Die Furcht vor der Freiheit. Zürich 1945. S. 120 f.

revolutionären Bewegungen im Christentum. Mit der Idee der Versöhnung bei Marx muß die christliche Theologie die Feststellung Hegels verbinden, daß das Leben nicht versöhnt werden kann, wenn es nicht versöhnt ist in sich selbst. Aus dieser Einsicht entstand die Bewegung des Religiösen Sozialismus.

Entfremdung und Versöhnung in der Persönlichkeit: Jung

Die psychotherapeutische Psychologie ist das Ergebnis ärztlicher Erfahrung; sie ist kein metaphysisches System und keine Lehre vom Menschen. Sie ist eine Methode des Heilens, des Heilens der selbstentfremdeten Persönlichkeit. Sie ist ein Weg zur Versöhnung der Persönlichkeit mit sich selbst – eine halb-medizinische, halb-priesterliche Hilfe, die dem selbstentfremdeten Einzelnen gewährt wird mit dem Ziel, ihn von den Mechanismen des Selbsthasses und der Selbstzerstörung zu befreien und zur ursprünglichen Selbstliebe und schöpferischen Freiheit in der Beziehung zur Welt zu führen.

C. G. Jung beschreibt in einem Buch mit dem charakteristischen Titel, „Modern Man in Search of a Soul" (Der moderne Mensch auf der Suche nach der Seele), die neurotische Selbstentfremdung der Persönlichkeit mit folgenden Worten: „Die Neurose ist eine innere Spaltung – der Zustand eines Krieges mit sich selbst ... Was den Menschen zum Kriege mit sich selbst treibt, ist die Vorstellung, daß er aus zwei Personen besteht, die im Konflikt miteinander liegen ... Eine Neurose ist eine Spaltung der Persönlichkeit."[9] Der moderne Mensch möchte lernen, „wie er sich mit seiner eigenen Natur aussöhnen – wie er den Feind in der eigenen Brust lieben und den Wolf Bruder nennen kann".[10] In diesem Satz sind die meisten vorher besprochenen Gedankengänge enthalten. In Karl Menningers Buch mit dem ebenfalls charakteristischen Titel „Man against himself" (Der Mensch gegen sich selbst) lesen wir: „So sehr wir es auch versuchen: es ist schwer, das Universum als harmonisch aufzufassen, da wir überall der Tatsache des Konflikts begegnen. Liebe und Haß, Schöpfung und Zerstörung – in ihnen erscheint

---

[9] C. G. Jung. Modern Man in Search of a Soul. London 1933. S. 273: „Neurosis is an inner cleavage — the state of being at war with oneself ... What drives people to war with themselves is the intuition or the knowledge that they consist of two persons in opposition to one another. ... A neurosis is a dissociation of personality."

[10] Ebd. S. 274: ... „how he is to reconcile himself with his own nature — how he is to love the enemy in his own heart and call the wolf his brother."

uns das dynamische Herz der Welt."[11] Das gilt auch für das innere Leben des Selbst. Leidende *wollen* oft gar nicht geheilt werden. Sie zerstören sich auf vielerlei Weise, und Selbstmord ist nur *eine* Art der Selbstzerstörung. Der Todestrieb, durch dessen Entdeckung Freud einen äußerst wichtigen Beitrag zur Idee der Selbst-Entfremdung lieferte, wirkt im Menschen oft stärker als der Lebenstrieb. Das Zerstörerische siegt über das Schöpferische. Das selbstentfremdete Selbst ist in zwei oder mehr Selbste aufgespalten, die aber in demselben Selbst bleiben. Für diese Situation kann man das Wort Selbsthaß mehr in Analogie als im eigentlichen Sinne verwenden. Das gleiche gilt vom Stand der Versöhnung, der ebenfalls in Analogie Selbstliebe genannt werden kann. Die Feindschaft gegen sich selbst drückt sich nach Fromm auf folgende Weise aus: „Die Menschen werden zu ihrem eigenen Sklavenaufseher. Anstatt die Sklaven eines fremden Herrn zu sein, haben sie den Herrn in sich selbst hineinverlegt. Dieser Herr ist hart und grausam."[12] Bei der Feindschaft des modernen Menschen gegen sich selbst spielt seit der Reformation, besonders dem Calvinismus, und später im Kantianismus das Gewissen eine große Rolle. Es wendet „den Ur-Zerstörungstrieb, der im Menschen wohnt, gegen ihn selbst in der Form der Pflicht und der moralischen Forderung" (Fromm). Selbstsucht im Unterschied von Selbstliebe ist eine Folge unserer Abneigung gegen uns selbst. Sie ist endlose Begierde, die niemals befriedigt wird, weil wir unserer selbst nicht sicher sind und uns nicht mit der Liebe lieben, die Versöhnung ist. Während die Feindschaft gegen sich selbst Feindschaft gegen jeden anderen erweckt, bewirkt die Liebe zu sich selbst auch Liebe zu den anderen.

Selbst-Entfremdung schließt den Verlust der Freiheit ein. Der Mensch kann seiner Freiheit nicht standhalten und „sucht sie leidenschaftlich loszuwerden und sich irgendeiner Art von Autorität zu unterwerfen. Er wagt es nicht, sein eigenes Leben zu leben, und liefert sich denen aus, die solche Selbst-Aufgabe fordern – einem lieblosen moralischen Gott oder einer lieblosen moralistischen Gesellschaft. Aber ungelebtes Leben

---

11 Karl Menninger. Man against Himself. New York 1938. S. 3: „Try as we may, it is difficult to conceive of our universe in terms of concord, instead we are faced everywhere with the evidences of conflict. Love and hate, creation and destruction — would appear to be the dynamic heart of the world."

12 Erich Fromm, Selfishness and Selflove. In: Psychiatry. Journal of the Biology and the Pathology of Interpersonal Relations. Vol. II. (1939) S. 517. „People are their own slave drivers; instead of a master outside of themselves, they have put the master within. This master is harsh and cruel."

ist die Quelle aller Zerstörung. Zerstörung seiner selbst und Zerstörung anderer ist die Rache für die Unterdrückung der Freiheit. Am Ende verliert das Selbst, unfähig, sich selbst in Freiheit auszudrücken, seine Identität, nimmt ein Pseudo-Selbst an und wird zu einem willenlosen Automaten, der sagt: ‚Ich bin, wie du mich haben willst.' – Der heutige Mensch dürstet nach Leben; aber der Automat, zu dem er geworden, kann kein Dasein im Sinne freiwilliger, natürlicher Selbstbestimmung spontan erleben, und so nimmt er als Surrogat jede Art Aufregung und Nervenkitzel: Drinks, Sportsensationen und nebenher im Kino immer wieder das Reizmittel gedrehter Schicksale erfundener Personen, deren spontane Gefühle er in Vertretung nachlebt."[13]

Wie kann die selbstentfremdete Persönlichkeit versöhnt werden, wie kann der Mensch seine Freiheit wiedergewinnen? Jung antwortet im Kapitel „Psychotherapeut oder Priester", daß es unmöglich sei, jemanden zu heilen, ohne daß man ihn ganz und gar bejaht, denn der Patient fühle sich nicht bejaht, wenn nicht auch das Schlimmste in ihm bejaht ist. Jede Verurteilung würde ihn entfremden, auch wenn sie nicht ausgesprochen wird. Aber wir können das Schlimmste im Anderen nur akzeptieren, wenn wir auch uns selbst in unserem Schlimmsten akzeptiert haben. Wir müssen die Wirklichkeit unserer eigenen Neurose, unseren unversöhnten Zustand anerkennen, und wir dürfen nicht versuchen, uns davon wegzustehlen. Wenn wir uns in dieser radikalen Weise akzeptieren und gleichzeitig jede fremde Autorität ablehnen, werden wir die hilfreiche Kraft unserer eigenen Natur erfahren. Wir werden ein fundamentales Lebensgesetz bemerken: die Wiedervereinigung der widerstreitenden Hälften der Persönlichkeit und das Ende des Bürgerkrieges in uns. Und Erich Fromm sagt: „Spontane Aktivität ist der einzige Weg, auf welchem der Mensch den Terror der Einsamkeit ohne Opferung seines reinen Selbst überwinden kann; denn in der spontanen Verwirklichung seines Selbst vereinigt der Mensch sich aufs Neue mit der Welt – mit Mensch, Natur und sich selbst. Die Liebe ist die wichtigste Komponente solcher Spontaneität ... Die zweite Komponente ist Arbeit."[14]

Dies ist die Idee der Versöhnung im modernen Denken, die bei allen Philosophen, die wir besprachen, wiederkehrt.

Eine theologische Kritik der Lehre von der Versöhnung durch schöpferische Freiheit muß nun aber die Frage stellen: Was ist der Inhalt dieser Freiheit? Worauf ist sie gerichtet? Ist Freiheit nur Freiheit *von*

[13] Erich Fromm. Die Furcht vor der Freiheit, S. 248.

[14] Ebd. S. 253 f.

etwas? Wenn nicht, wozu ist sie dann Freiheit? Zu einem versöhnten Schöpfertum ohne Kriterien? Wenn aber Kriterien da sind, welches ist das letzte Kriterium und wie kann vermieden werden, daß es ein neues Gesetz aufrichtet?

Entfremdung und Versöhnung in der christlichen Theologie

In allen Auffassungen der Versöhnung im modernen Denken sind einige fundamentale christliche Ideen als Voraussetzung enthalten. In ihnen allen wird eine essentielle Einheit des Lebens bewußt oder unbewußt vorausgesetzt, sogar im pragmatischen Pluralismus. Ohne die essentielle Einheit, die eine Konsequenz des christlichen Schöpfungsglaubens ist, würde es keine Versöhnung geben. In allen Lehren von der Versöhnung wird die jüdisch-christliche Geschichtsauffassung bejaht. Die Entfremdung ereignet sich in der Geschichte, in der Persönlichkeit und in der Gesellschaft. Aber Geschichte ist nicht nur der Ort für unsere Entfremdung vom Ewigen, sondern auch der Ort, wo das Neue erscheint und Versöhnung aktuell wird. In allen Auffassungen von der Versöhnung ist auch eine verborgene Christologie zu erkennen, nämlich der Gedanke der Versöhnung im partizipierenden Leiden, das die Entfremdung des Lebens oder der Gesellschaft oder der Persönlichkeit auf sich nimmt. In all diesen Auffassungen wird der christliche Kampf gegen jede Art von absolutem Gesetz und zugleich die Macht der Gnade im Leben, in der Natur und im Menschen sichtbar. In allen ist die Entfremdung keine Sache bewußter Entscheidung, sondern ein Zustand, der allen persönlichen Entscheidungen vorausgeht, wie das die christliche Lehre vom Fall aussagt. In allen ist die Liebe die Verwirklichung der Versöhnung; sie ist die Aufhebung entfremdeter Objektivierung, der Fremdheit und Feindschaft gegen andere und gegen sich selbst. In allen ist es die Liebe, die beide über sich selbst erhebt: den Liebenden und den Geliebten, den Erkennenden und das Erkannte. Es ist die Liebe im Sinn der neutestamentlichen Agape.

Um all dieser Zusammenhänge willen müssen die modernen Auffassungen der Entfremdung und Versöhnung als autonome Entwicklung fundamentaler christlicher Grundgedanken aufgefaßt werden; und daraus folgt die Grundhaltung, die die christliche Theologie ihnen gegenüber einnehmen sollte. Zu allererst sollte sie sie als selbstentfremdete Theologie, als Blut von ihrem Blut anerkennen, – entfremdet durch jene Verflochtenheit von Gnade und Schuld, die das ganze Leben durchzieht und beide Seiten zur Versöhnung verpflichtet, nicht aber zur ge-

genseitigen Zerstörung. Deshalb darf die christliche Theologie dem modernen Bewußtsein und seinen Ideen von der Versöhnung gegenüber nicht als intellektuelles, moralisches oder emotionales Gesetz auftreten. Sie darf nicht als Fremder zu ihm kommen, der im Namen göttlicher Autorität Forderungen stellt und so die Entfremdung vertieft, sondern sie muß kommen als jemand, der sich selbst im anderen liebend wiederfindet. Liebe ist nicht Selbst-Aufgabe, und die christliche Theologie darf sich dem modernen Denken und seinen Ideen der Versöhnung nicht ausliefern. Sie sollte jene Ideen vielmehr mit sich versöhnen, indem sie sie über sich selbst hinausführt, wie es die Agape tut und wie es die klassische Apologetik immer getan hat. Gewiß bleiben Fragen offen bei jeder der vier Ideen der Entfremdung und Versöhnung, die wir dargestellt haben –, Fragen, auf die die christliche Botschaft die letzte Antwort gibt. Aber noch einmal: diese Antwort darf nicht gewaltsam und von außen her denen aufgezwungen werden, die die Frage stellen. Sie müssen von der christlichen Antwort *ergriffen* werden; es muß die Antwort sein, nach der sie sich sehnen, die versöhnende Antwort, die autonom und theonom zugleich ist.

BIBLIOGRAPHISCHE ANMERKUNGEN

1. PHILOSOPHIE. Ursprünglicher Titel: Philosophie, Begriff und Wesen. In: Die Religion in Geschichte und Gegenwart. 2. Aufl. Tübingen 1930. Bd. 4.

2. PHILOSOPHIE UND SCHICKSAL. Akademische Antrittsvorlesung, gehalten in Frankfurt am Main im Juni 1929. Erschien erstmalig in: Kant-Studien. Jg. 34. 1929. H. 3/4.
   — Amerik. Übers. (Philosophy and Fate. Vom Verf. neu bearbeitet) in: The Protestant Era. Chicago 1948.
   — Deutsche Rückübers. in: Der Protestantismus. Stuttgart 1950.
   — Hier: die überarbeitete deutsche Rückübers.

3. WISSENSCHAFT. In: Die Religion in Geschichte und Gegenwart. 2. Aufl. Tübingen 1930. Bd. 5.

4. KAIROS UND LOGOS. EINE UNTERSUCHUNG ZUR METAPHYSIK DES ERKENNENS. In: Kairos. Zur Geisteslage und Geisteswendung. Darmstadt 1926.

5. GLÄUBIGER REALISMUS I. Vortrag, gehalten auf der Älterentagung des Bundes deutscher Jugendvereine in Hannoversch-Münden am 9. Juli 1927. In: Theologenrundbrief für den Bund deutscher Jugendvereine e. V. Göttingen. Jg. 2. November 1927.

6. GLÄUBIGER REALISMUS II. Ursprünglicher Titel: Über gläubigen Realismus. Vortrag, gehalten vor der Theologenschaft der Universitäten Marburg, Tübingen und Halle, 1927. In: Theologische Blätter. Jg. 7. 1928. H. 5.
— Erneut gedruckt in: Religiöse Verwirklichung. Berlin 1930. Daselbst im Anhang mit 39 Anmerkungen versehen.
— Amerik. Übers. (vom Verfasser neu bearbeitet unter dem Titel: Realism and Faith) in: The Protestant Era. Chicago 1948.
— Deutsche Rückübers. in: Der Protestantismus. Stuttgart 1950.
— Hier: die überarbeitete deutsche Rückübers.

7. TRENNUNG UND EINIGUNG IM ERKENNTNISAKT. Deutsche Übers. von: Participation and Knowledge. Problems of an Ontology of Cognition. In· Sociologica. Max Horkheimer zum 60. Geburtstag. Frankfurt am Main 1955 (Frankfurter Beiträge zur Soziologie. Bd. 1).

8. DIMENSIONEN, SCHICHTEN UND DIE EINHEIT DES SEINS. Vortrag im Nordwestdeutschen Rundfunk am 26. März 1959 (nach einem hektographierten Manuskript).

9. SCHELLING UND DIE ANFÄNGE DES EXISTENTIALISTISCHEN PROTESTES. Vortrag, gehalten anläßlich der Gedächtnisfeier zum 100. Todestag von Schelling am 26. September 1954. In: Zeitschrift f. philos. Forschung. Jg. 9. 1955. H. 2.

10. EXISTENZPHILOSOPHIE. Übers. von: Existential Philosophy. In: Journal of the History of Ideas (New York). Jg. 5. 1944. H. 1.

11. WESEN UND BEDEUTUNG DES EXISTENTIALISTISCHEN DENKENS. Übers. von: The Nature and the Significance of Existentialist Thought. In: Journal of Philosophy (New York). Jg. 53. 1956. H. 23. Symposium mit George Boas und George A. Schrader, jr.: „Existentialist Thought and Contemporary Philosophy in the West."

12. ENTFREMDUNG UND VERSÖHNUNG IM MODERNEN DENKEN. Übers. von: Estrangement and Reconciliation in Modern Thought. In: Review of Religion (New York). Jg. 9. 1944. H. 1.
— Erstmalige deutsche Übers. in: Eckart. Jg. 26. 1957. H. 2.
— Hier: die überarbeitete Übers. von 1957.

NAMEN- UND SACHREGISTER

Bearbeitet von Theodor Mahlmann

Gesammelte Werke
Herausgeber: Renate Albrecht

Band I	*Frühe Hauptwerke* 440 Seiten, Leinen DM 34,– (Subskr. Preis DM 29,80) erschienen 1959
Band II	*Christentum und soziale Gestaltung* Frühe Schriften zum Religiösen Sozialismus 380 Seiten, Leinen DM 30,50 (Subskr. Preis DM 26,90) erschienen 1962
Band III	*Das religiöse Fundament des moralischen Handelns* Schriften zur Ethik und zum Menschenbild 240 Seiten, Leinen DM 23,80 (Subskr. Preis DM 21,–) erschienen 1966
Band IV	*Philosophie und Schicksal* Schriften zur Erkenntnislehre und Existenzphilosophie 212 Seiten, Leinen DM 23,– (Subskr. Preis DM 20,–) erschienen 1961
Band V	*Die Frage nach dem Unbedingten* Schriften zur Religionsphilosophie 260 Seiten, Leinen DM 25,– (Subskr. Preis DM 22,–) erschienen 1964
Band VI	*Der Widerstreit von Raum und Zeit* Schriften zur Geschichtsphilosophie 230 Seiten, Leinen DM 23.– (Subskr. Preis DM 20,–) erschienen 1963
Band VII	*Der Protestantismus als Kritik und Gestaltung* Schriften zur Theologie I 278 Seiten, Leinen DM 26,– (Subskr. Preis DM 22,90) erschienen 1962
Band VIII	*Offenbarung und Glaube* Schriften zur Theologie II 368 Seiten, Leinen DM 30,50 (Subskr. Preis DM 26,90) erschienen 1970
Band IX	*Die religiöse Substanz der Kultur* Schriften zur Theologie der Kultur 402 Seiten, Leinen DM 32,– (Subskr. Preis DM 28,20) erschienen 1968
Band X	*Die religiöse Deutung der Gegenwart* Schriften zur Zeitkritik 382 Seiten, Leinen DM 28,40 (Subskr. Preis DM 25,–) erschienen 1968
Band XI	*Sein und Sinn* Zwei Schriften zur Ontologie und Ethik 240 Seiten, Leinen DM 23,80 (Subskr. Preis DM 21,–) erschienen 1969
Band XII	*Begegnungen* Paul Tillich über sich selbst und andere 360 Seiten, Leinen DM 31,50 (Subskr. Preis DM 27,80) erscheint 1971

EVANGELISCHES VERLAGSWERK 7000 STUTTGART 1

FSC
www.fsc.org
MIX
Papier | Fördert
gute Waldnutzung
FSC® C083411

Kolibri 360 GmbH
Ferdinand-Jühlke-Straße 7
99095 Erfurt, Deutschland
produktsicherheit@kolibri360.de